U0227049

零点起飞学
Excel
数据处理与分析

◎ 杨诚 杨阳 编著

清华大学出版社
北京

内 容 简 介

本书以 Excel 2013 为依托，全面讲解了 Excel 数据处理方面的各类功能，全书共 11 章。主要内容包括 Excel 基本操作、不同类型的数据输入、单元格区域与工作表的基本操作、数据的格式设置、函数与公式的使用、数据的排序、筛选、分类汇总、透视表的使用、数据的模拟分析、图表的应用等内容，并在最后一章列举了大量的实例对本书作进一步总结。通过本书的学习，读者一定会快速掌握 Excel 强大的数据处理功能！

本书专门为办公人士以及 Excel 初学者量身打造，同时也适合各类院校作为 Excel 教材使用。

图书在版编目（CIP）数据

零点起飞学 Excel 数据处理与分析 / 杨诚，杨阳编著. —北京：清华大学出版社，2014
（零点起飞）
ISBN 978-7-302-34069-0

Ⅰ. ①零…　Ⅱ. ①杨… ②杨…　Ⅲ. ①表处理软件　Ⅳ. ①TP391.13

中国版本图书馆 CIP 数据核字（2013）第 238078 号

责任编辑：袁金敏
封面设计：张　洁
责任校对：徐俊伟
责任印制：刘海龙

出版发行：清华大学出版社
　　　　网　　　址：http://www.tup.com.cn, http://www.wqbook.com
　　　　地　　　址：北京清华大学学研大厦 A 座　　　邮　　编：100084
　　　　社 总 机：010-62770175　　　　邮　　购：010-62786544
　　　　投稿与读者服务：010-62776969，c-service@tup.tsinghua.edu.cn
　　　　质 量 反 馈：010-62772015，zhiliang@tup.tsinghua.edu.cn
印 刷 者：三河市君旺印装厂
装 订 者：三河市新茂装订有限公司
经　　销：全国新华书店
开　　本：185mm×260mm　　　印　张：21.5　　　字　数：534 千字
　　　　附光盘
版　　次：2014 年 6 月第 1 版　　　印　次：2014 年 6 月第 1 次印刷
印　　数：1～3500
定　　价：59.00 元

产品编号：054082-01

前　　言

　　首先感谢您对本书的信任，同时也恭喜您选择了一本物超所值的书！

　　当前，计算机办公已经是各类工作人员必须要掌握的一种技能，作为 Office 软件系列中的一个重要成员，Excel 一直深受广大用户的喜爱，也已成为办公人员必不可少的助手之一。它以其强大的数据处理与分析功能、电子表格制作、图表制作等功能一直在同类软件中拥有着无可比拟的用户群。对于一些经常使用电子表格进行数据处理的用户来讲，Excel 无疑是最好的选择之一。

　　当然，Excel 的功能实在是太强大了，也不是一两本书就可以进行透彻讲解的，而这类书籍也多如牛毛，既有根据行业划分的、也有根据软件本身的内容划分的。很多朋友在面对这类书籍时往往不知道该如何选择。实际上，大多数用户使用 Excel 的功能往往并不是很复杂，而且主要集中在对表格与数据的分析与处理方面。本书正是根据绝大多数用户的需求进行精心编写的一本实用型学习书籍。希望能在最短的时间内让广大读者掌握最有用、最实用的东西，快速掌握 Excel 的精华。

本书主要内容

　　本书共 11 章。主要内容包括 Excel 基本操作、不同类型的数据输入、单元格区域与工作表的基本操作、数据的格式设置、函数与公式的使用、数据的排序、筛选、分类汇总、透视表的使用、数据的模拟分析、图表的应用等内容，并在最后一章列举了大量的实例对本书作了进一步的总结。通过本书的学习，相信一定会让您快速掌握 Excel 强大的数据处理功能！

本书特点

　　在策划之初，笔者就对本书做了一个认真的定位，那就是服务初中级读者。而多年的软件使用经验也让我深知这部分读者所渴望得到的东西，了解他们需要一本什么样的书来帮助他们。因此，本书在一开始就以实用、简单、实战为原则对每一个知识点进行讲解，并最终让读者掌握 Excel 的精髓所在！

- ❑ 实用：对于一本书，特别是办公类的图书，如果脱离了实用性，阅读起来将是非常痛苦的一件事情，完全的知识点罗列只会让读者厌烦。而结合办公环境的举例以及各种实用的操作技巧则可以让读者在不知不觉中体会到软件的妙处所在。
- ❑ 简单：坚持用简单易懂的语言描述，把复杂的问题简单化，避免啰唆重复的话语，是本书的另一大亮点。而版面设计上同样采用了简洁的排版方式，没有纷乱的箭头和序号，使得读者阅读起来更加轻松。

❏ 实战：本书列举的案例均考虑到了办公的实战性，笔者凭借多年的工作经验及使用心得精心选择了每一个案例，目的就是为读者营造一个真实的办公环境。做到学有所成，学有所用。

❏ 版本最新：本书选择了目前的最新版本 Excel 2013 进行讲解，其中增加了一些实用的新功能，当然，绝大多数的功能也适用于 Excel 2010/2007。

❏ 超值光盘：为了方便读者更好地学习，笔者还特意录制了每章的主要知识点以及相关案例的讲解过程，以视频的形式展开给读者，这些视频可以帮助读者朋友更好地掌握相关的内容。同时，光盘中提供了本书相关的素材文件，供读者学习和练习使用。

特别感谢

要特别感谢 IT 部落窝的站长杨阳女士，她专门为本书读者开辟了交流的平台。

本书作者

本书由杨诚、杨阳编写，笔者均有着多年的 Excel 使用经验，精通 Excel 各项功能。另外曹培培、胡文华、尚峰、蒋燕燕、张阳、唐龙、张旭、伏银恋、陈丽丽、马陈、王亚坤、贺金玲、王梦迪、薛峰、张丽等人也参与了部分内容的编写与校对工作。在此表示一一感谢。当然，虽然笔者在写作的过程中力求完美、精益求精，但仍难免有不足和疏漏之处，恳请广大读者予以指正。

技术支持

如果您在阅读本书的过程中，或者今后的办公中遇到什么问题或者困难，欢迎加入本书读者交流群（QQ1 群：200167566 和 QQ2 群 330800646）与笔者取得联系，或者与其他读者相互交流。

另外，还可以登录 IT 部落窝网站（http://www.blwbbs.com），找到本书论坛地址进行交流！

目　　录

第 1 章　不同类型数据的输入

内容导读

　　作为全球领先的电子表格软件，Excel 强大的数据处理和分析功能至今还没有哪一个软件可以超越。它被广泛应用于日常办公、财务、工程预算、金融、教育等领域，已经成为人们办公不可或缺的软件之一。本章将从基础的数据输入开始，来开启我们的 Excel 学习之旅！

　　通过本章的学习，您将掌握以下内容：

- ❑　了解 Excel 2013 的新增功能
- ❑　熟悉 Excel 的操作环境
- ❑　掌握不同数据的输入方法
- ❑　学会序列的输入与定义
- ❑　各种输入技巧的应用

1.1　初识 Excel 2013

　　Excel 2013 是目前 Excel 的最新版本，不仅在功能上有了进一步的提升，在界面上也做了较大的变化，下面我们就来对这一全新的界面做简单的了解。

1.1.1　Excel 2013 的工作界面

　　启动 Excel 程序后，默认会打开一个开始屏幕，其左侧显示最近使用的文档，右侧显示一些常用的模板，用户需先选择模板，然后才能进入 Excel 工作环境，如图 1-1 所示。

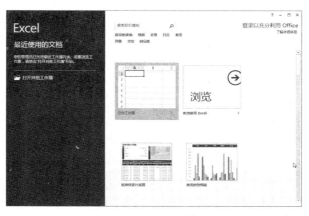

图 1-1　开始屏幕

这里单击选择"空白工作簿"模板，进入 Excel 2013 的空白工作簿，如图 1-2 所示。

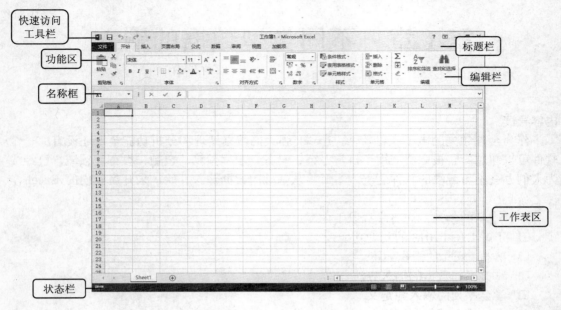

图 1-2　Excel 2013 的工作窗口

如图 1-2 所示，Excel 2013 的工作环境主要由标题栏、快速访问工具栏、功能区、编辑栏、工作表区、状态栏等元素组成。

1．标题栏

标题栏位于 Excel 工作界面的最上方，居中显示了程序名称及当前工作簿的名称，在标题栏中用户可以最小化、向下还原/最大化和关闭文档。标题栏的左侧为快速访问工具栏，提供用户常用的保存、撤销、重做等命令按钮。

2．功能区

功能区主要由"开始"、"插入"、"页面布局"等选项卡组成，每个选项卡根据功能的不同又分为若干个选项组，这些选项组将相关的命令组合在一起来完成各种任务，命令的表现形式为按钮、用于输入信息的对话框或者菜单。

此外，用户也可根据需要添加或删除功能区的选项或将功能区隐藏，默认情况下每个选项卡所拥有的功能如下。

❑ **"开始"选项卡**

"开始"选项卡主要用于帮助用户对表格中的文字进行编辑，以及对单元格的格式进行设置，包含了用户最常用的命令。该选项卡包括"剪贴板"、"字体"、"对齐方式"等选项组，如图 1-3 所示。

图 1-3　"开始"选项卡

❑ "插入"选项卡

"插入"选项卡主要用于在 Excel 2013 表格中插入各种对象。该选项卡包括"表格"、"插图"、"应用程序"等选项组，如图 1-4 所示。

图 1-4　"插入"选项卡

❑ "页面布局"选项卡

"页面布局"选项卡主要用于帮助用户设置 Excel 2013 表格页面样式。该选项卡包括"主题"、"页面设置"、"调整为合适大小"等选项组，如图 1-5 所示。

图 1-5　"页面布局"选项卡

❑ "公式"选项卡

"公式"选项卡主要用于在 Excel 2013 表格中进行各种数据的计算。该选项卡包括"函数库"、"定义的名称"、"公式审核"和"计算"选项组，如图 1-6 所示。

图 1-6　"公式"选项卡

❑ "数据"选项卡

"数据"选项卡主要用于在 Excel 2013 表格中进行数据处理相关方面的操作。该选项卡包括"获取外部数据"、"连接"、"排序和筛选"等选项组，如图 1-7 所示。

图 1-7　"数据"选项卡

❑ "审阅"选项卡

"审阅"选项卡主要用于对 Excel 2013 表格进行校对和修订等操作，适用于多人协作处理 Excel 2013 表格数据。该选项卡包括"校对"、"中文简繁转换"、"语言"等选项组，如图 1-8 所示。

❑ "视图"选项卡

"视图"选项卡主要用于帮助用户设置 Excel 2013 表格窗口的视图类型，以方便操作。

该选项卡包括"工作簿视图"、"显示"、"显示比例"等 5 个选项组，如图 1-9 所示。

图 1-8 "审阅"选项卡

图 1-9 "视图"选项卡

3．名称框和编辑栏

名称框和编辑栏是位于功能与工作表之间的两个矩形框，左边的矩形框为名称框，右边的为编辑栏。其中，名称框会显示当前选中的单元格地址、区域范围、对象名称，以及为单元格或区域定义的名称；在名称框内单击鼠标左键后，即可对其进行编辑，输入单元格地址或定义名称后，可快速定位到相应的单元格或单元格区域。编辑栏内会显示活动单元格中的数据或公式，并可以提供编辑修改操作。

4．工作表区

工作表区由行号、列标、滚动条、工作表标签等组成，如图 1-10 所示。这也是用户处理数据的主要场所，在工作表区，用户可以创建表格、输入数据、处理数据、插入图表、插入图片等操作。

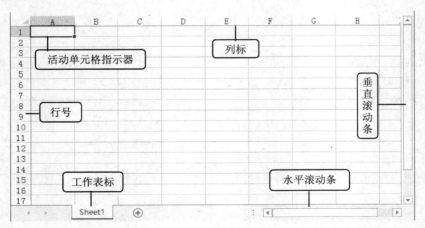

图 1-10 工作表区

5．状态栏

状态栏位于工作界面的最下方，其左端显示当前的工作状态（如"就绪"、"输入"、"编辑"等）以及一些操作提示信息，右端为视图模式切换按钮和"显示比例"缩放滑块，如图 1-11 所示。

图 1-11　状态栏

运用状态栏可以进行一些快速操作，例如求某一区域的平均值、求和、求最大值、求最小值等。

1.1.2　了解 Excel 的基本概念

在了解了界面之后，还应该对 Excel 中的一些基本概念做一些了解，比如要明白什么是工作簿，什么又是工作表等。

1.　工作簿

简单地说，工作簿就是保存的 Excel 文件。也就是说 Excel 文档就是工作簿。它是 Excel 工作区中一个或多个工作表的集合，旧版本的扩展名为 xls，从 Excel 007 开始采用了 .xlsx 作为新的扩展名，但仍然兼容旧扩展名。

2.　工作表

每一本工作簿可以拥有许多不同的工作表，也就是在窗口下方显示的 Sheet1、Sheet2、……工作簿中最多可建立 255 个工作表。

3.　行与列

每一个工作表又是由行和列组成的，行的序号以阿拉伯数字为编号，从 1 开始至 1048576 行，列的名称采用英文字母，从 A 开始至 XFD 结束。排列的方法是从 A～Z，然后再从 AA～AZ、BA～BZ……

4.　单元格

单元格是表格中行与列的交叉部分，它是组成表格的最小单位，数据的输入和修改都是在单元格中进行的。单元格按所在的行列位置来命名，例如：地址"A3"指的是"A"列与第 3 行交叉位置上的单元格。

1.1.3　地址的引用

在 Excel 中，很多的计算公式往往不是以简单的数值来表示的，而是通过引用数据所在的单元格的名称或者一批数据所在的范围来表示，这就需要给单元格指定相应的名称，以满足用户的需要。

1.　单元格地址引用

❑　相对引用

直接以列名+行名的引用方式，如 A1、B5 等，是一种相对的地址引用，如果引用包含在公式中，则引用的位置会随着单元格的变化而变化。举个例子，如果 A3 单元格的公式为"=A1+A2"，如果将 A3 复制到 B3，则 B3 单元格的公式就会变为"=B1+B2"，如图 1-12 所示。默认情况下，公式使用的都是相对引用。

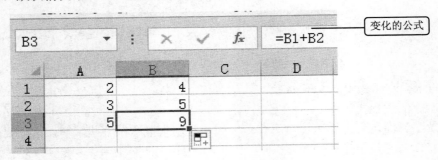

图 1-12　相对引用的公式变化

❏ **绝对引用**

绝对引用是指被引用的单元格不会因为公式的位置改变而发生变化。在行和列前加上"$"符号就构成了绝对引用，如"$A$6"。还以上面的公式为例，如果 A3 单元格的公式为"=$A$1+$A$2"，如果将 A3 复制到 B3，则 B3 单元格的公式仍是"=$A$1+$A$2"，而不会发生改变，如图 1-13 所示。

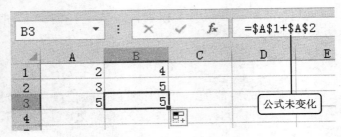

图 1-13　绝对引用的公式变化

❏ **混合引用**

混合引用具有绝对列和相对行，或是绝对行和相对列。绝对引用列采用$A1、$B1 等形式。绝对引用行采用 A$1、B$1 等形式。如果公式所在单元格的位置改变，则相对引用改变，而绝对引用不变。具体的用法将会在以后的例子讲到。

❏ **跨工作表引用**

如果公式中需要用到同一工作簿中另一工作表的单元格，同样可以引用。只要在单元格的前面把工作表的名称加上，然后再加上一个"!"即可，即"工作表!单元格"。比如在 Sheet1 工作表中某个单元格的公式中想引用 Sheet2 工作表中的 D3 单元格，那么，这个 D3 就可以表示为"Sheet2!D3"，如果需要绝对引用，则表示为"Sheet2!$D$3"。

❏ **跨工作簿引用**

Excel 不仅可以引用别的工作表中的单元格，还可以引用别的工作簿中的单元格。其表示方法为"[工作簿 1]工作表!单元格"，如"[工资表]Sheet3!$A$2"，表示引用的单元格位置是工资表文件中 Sheet3 工作表中的 A2 单元格，而且是绝对引用。

2. 单元格区域引用

实际运用中，很多时候需要引用一个范围内的数据，比如要计算从 A2～A20 单元格数据的总和，如果逐个引用单元格进行相加，显然是费时费力的。而如果能采用一种简单的方式来表示这个区域，则会大大提高工作效率。当然，这对于 Excel 来讲只是小事一桩，要表示两个单元格之间的区域，只需要在首尾两个单元格中间加上一个冒号即可，如 A2:A20、B2:D10 等。

如图 1-14 所示的 B15 单元格中的公式就引用了一个区域 B3:B14，公式“=SUM(B3:B14)”的意思是求 B3:B14 这个范围内所有单元格的和。

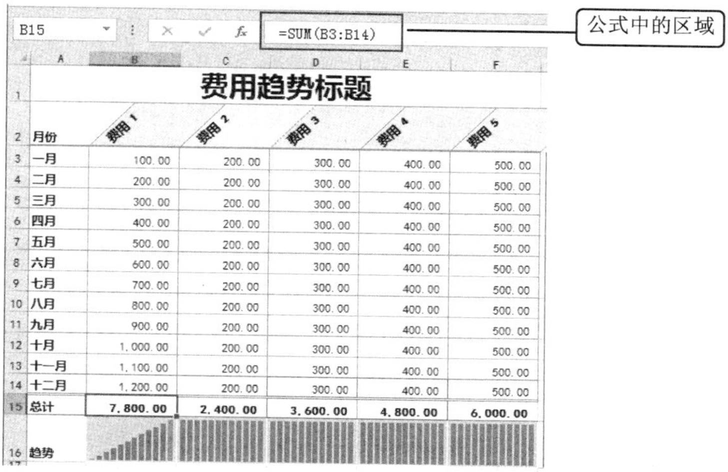

	A	B	C	D	E	F
1	费用趋势标题					
2	月份	费用 1	费用 2	费用 3	费用 4	费用 5
3	一月	100.00	200.00	300.00	400.00	500.00
4	二月	200.00	200.00	300.00	400.00	500.00
5	三月	300.00	200.00	300.00	400.00	500.00
6	四月	400.00	200.00	300.00	400.00	500.00
7	五月	500.00	200.00	300.00	400.00	500.00
8	六月	600.00	200.00	300.00	400.00	500.00
9	七月	700.00	200.00	300.00	400.00	500.00
10	八月	800.00	200.00	300.00	400.00	500.00
11	九月	900.00	200.00	300.00	400.00	500.00
12	十月	1,000.00	200.00	300.00	400.00	500.00
13	十一月	1,100.00	200.00	300.00	400.00	500.00
14	十二月	1,200.00	200.00	300.00	400.00	500.00
15	总计	7,800.00	2,400.00	3,600.00	4,800.00	6,000.00
16	趋势					

图 1-14　区域的引用

说明： 当被引用的单元格内容发生变化时，引用的位置的值也会发生相应的改变。

1.2　不同的数据的输入方法

在了解了 Excel 的一些基本概念之后，接下来开始学习一些数据的输入方法，如普通数值的输入、文本型数值的输入、分数的输入等。

1.2.1　文本的输入

文本的输入很简单，只需选中要输入内容的单元格，然后直接输入文本内容即可。默认情况下，文本输入后，单元格靠左对齐。

1.2.2　数值的输入

正常的数值，也是直接在单元格中输入，默认情况下，单元格靠右对齐。在输入小数后，还可以在"开始"菜单中的"数字"组中增加或减少小数位数，如图 1-15 所示。

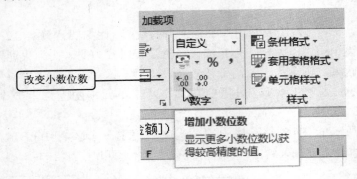

图 1-15　改变小数位数

1.2.3　分数的输入

由于 Excel 的单元格内不支持直接显示分数的形式，而是以 5/6、1/2 等形式显示，但是这与日期的显示格式相冲突，如果直接输入了"5/6"，则会显示出 5 月 6 日。为了避免这一情况，分数的输入可以采用下面的方法。

先输入一个 0，然后输入一个空格再输入分数的数值，比如要输入 5/6，则可以输入"0 5/6"，而要输入带分数的形式，比如 4 又 2 分之 1，则可以输入"4 1/2"。

1.2.4　文本型数字的输入

所谓的文本型数字，意思是以数值的形式显示，但这一串数字不需要参考数学的四则运算，如学号、身份证号等。特别是当字符串很长的时候，如果不将这些字符定义为文本类型，则系统会自动利用科学计数法将其表示。还有时作为序号和学号之类的，需要在序号前加 0，如 001、002，这样的表达方式也只能通过文本型数字的方式来完成。

文本型数字输入的方式通常可以采用以下两种：

❑ 先将光标定位在要输入内容的位置，如果在一个区域范围内都需要进行类似的输入，则可以选择这个范围。然后切换至开始菜单，在数字选项组中将数字格式定义为"文本"，如图 1-16 所示。接下来再输入内容即可。

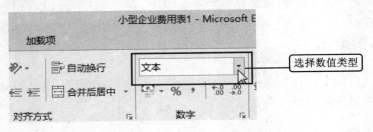

图 1-16　更改数据格式

❑ 在输入数值之前，先输入一个单引号（英文状态下），然后再输入数值，这样该单元格的数值就会变成文本的形式。

提示：实际上，将数值定义成文本的形式，仍可以参与公式的运算，如 008，则会看作数字 8。

1.2.5　特殊字符的输入

对于一些特殊字符的输入，则可以通过插入菜单中的"符号"命令来完成，或者通过输入法中的符号键盘来实现一些符号的插入。单击"插入"菜单中的"符号"命令，可以打开符号对话框，选择需要的符号，单击"插入"按钮即可，如图 1-17 所示。

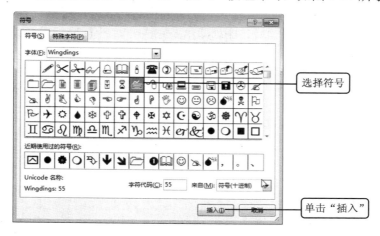

图 1-17　插入特殊符号

提示：符号会因为字体的不同而不同，读者朋友可以尝试更换不同的字体再获得不同的符号。

各种数据输入后的显示效果如图 1-18 所示。

	A	B	C
1	普通文本	中国	北京
2	普通数值	100	101
3	小数	9.88	0.008
4	增加小数位数后	9.880	0.0080
5	减少小数位数后	9.9	0.01
6	分数	3/7	1/2
7	带分数	3 3/7	3 1/2
8	文本型数值	3203231980111111111	0090
9	特殊符号	◆●&▦▥	

图 1-18　各类数据输入后的显示效果

1.3　序列的输入

批量地输入有规则的数据是 Excel 的特色之一，对于一些等差序列、等比序列以及相同的数据等，Excel 都能快速完成输入，下面我们来分别作介绍。

1.3.1　等差序列的输入

如果一个数列从第二项起，每一项与它的前一项的差等于同一个常数，这个数列就叫做等差数列，也就是 Excel 中所说的等差序列。而前后两个数之间的差则称为步长值。如 2、4、6、8、……。在 Excel 中可以按照以下两种方式输入等差序列。

方法一：输入序列的前两个数值，如输入 5、8，然后选中这两个单元格，按住左键向下拖动鼠标至序列最后一个单元格，松开鼠标即可。

方法二：输入序列的前两个数值，如输入 5、8，然后选中这两个单元格，按住右键拖动单元格右下角的填充柄至要填充的最后一个单元格松开鼠标，在弹出的菜单中选择等差序列，如图 1-19 所示。松开鼠标后，序列即填充完成，如图 1-20 所示。

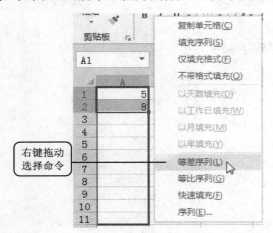

图 1-19　拖动鼠标并选择菜单命令

图 1-20　填充效果

方法三：在序列的起始单元格输入一个数值，然后单击"开始"菜单"编辑"组中的"填充"命令，选择"序列"命令，如图 1-21 所示。打开"序列"对话框，根据需要设置步长值（即两个数的差）、终止值，还可以选择系列产生的位置是行还是列。单击"确定"按钮即可完成序列的填充，如图 1-22 所示。

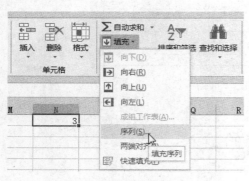

图 1-21　选择序列命令

图 1-22　设置序列选项

方法四：也可以在方法二的基础上，在弹出的菜单中选择"序列"命令，打开"序列"对话框进行设置。

🔔**注意**：利用方法一、方法二和方法四来填充序列时，如果想向右填充，则第二个数值在右边单元格输入，然后鼠标向右拖动即可。同样，也可以向上或者向左拖动。

实际上，除了纯数字的序列，中文加数字的序列也是可以通过等差序列来实现，比如第 1 名、第 2 名、第 3 名、……工号 001、工号 002、工号 003、……读者可以尝试进入类似的输入。

1.3.2　等比序列的输入

如果一个数列从第 2 项起，每一项与它的前一项的比等于同一个常数，这个数列就叫做等比序列。如 2、4、8、16、……。等比序列的输入与等差序列基本相同，关于等差序列输入的四种方式，除第一种之外，其余三种都适用。读者可以自己动手尝试一下，这里就不再赘述。

1.3.3　日期序列的输入

通常情况下，日期的序列用得相对较少，但也会偶尔用到，在 Excel 中，可以以天、月、年和工作日等进行有规律的填充，如图 1-23 所示。下面做一下简单的介绍。

	A	B	C	D
1	以天填充	以月填充	以年填充	以工作日填充
2	2013/3/3	2013/3/3	2008/8/8	2013/8/8
3	2013/3/4	2013/4/3	2009/8/8	2013/8/9
4	2013/3/5	2013/5/3	2010/8/8	2013/8/12
5	2013/3/6	2013/6/3	2011/8/8	2013/8/13
6	2013/3/7	2013/7/3	2012/8/8	2013/8/14
7	2013/3/8	2013/8/3	2013/8/8	2013/8/15
8	2013/3/9	2013/9/3	2014/8/8	2013/8/16
9	2013/3/10	2013/10/3	2015/8/8	2013/8/19
10	2013/3/11	2013/11/3	2016/8/8	2013/8/20
11	2013/3/12	2013/12/3	2017/8/8	2013/8/21
12	2013/3/13	2014/1/3	2018/8/8	2013/8/22

图 1-23　填充各类日期

以天数填充为例，假设为向下填充，有以下几种方法：

方法一：在序列的第一个单元格内输入第一个日期，如 2013/3/3，然后选择该单元格按住右下角的填充柄向下拖动即可以递增一天向下填充。

方法二：在序列的第一个单元格内输入第一个日期，然后右键按住填充柄向下拖动鼠标，松开鼠标后选择"以天数填充"命令，如图 1-24 所示。

方法三：在方法二的基础上，在弹出的菜单中选择"序列"命令，打开"序列"对话框进行相应的设置，其中同样可以设置步长值和终止值，如图 1-25 所示。

除此之外，还可以利用开始菜单中的填充命令进行填充。实际上，日期和数字的填充是类似的，因为 Excel 中日期也是可以被当成数字来处理的。比如 1 即为 1900 年 1 月 1

日，2 为 1900 年 1 月 2 日，依此类推。

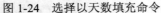
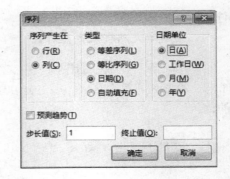

图 1-24　选择以天数填充命令　　　　　图 1-25　"序列"对话框

　　读者可以尝试着填充以下序列：2013 年 3 月 3 日、2013 年 3 月 5 日、2013 年 3 月 7 日……

　　掌握了以天数填充，那么以工作日、以月和以年填充就自然可以掌握了，这里也不再做过多的介绍。

1.3.4　输入相同内容的序列

　　无论是文本还是数字，或者是日期等其他格式的数据，都可以使用以下的方式填充相同的内容。

　　以向下填充相同的内容为例。

　　方法一：在序列的第一个单元格内输入要填充的内容，然后右键按住单元格的填充柄向下拖动，至序列最后一个单元格松开鼠标，选择"复制单元格"命令，如图 1-26 所示。

　　方法二：在序列的第一个单元格内输入要填充的内容，然后选择包括该单元格在内的所有需要填充序列的单元格，单击"开始"菜单项"编辑"组中的"填充"命令，选择"向下"即可，如图 1-27 所示。

　　而对于纯文本或者纯数字来讲，如果不是系统内置的序列或者用户自定义的序列，都可以按照下面的方法快速实现复制。

　　在序列的第一个单元格内输入要填充的内容，然后用左键拖动填充柄向要填充的方向拖动即可。

1.3.5　自定义序列的应用

　　Excel 除了可以快速填充一些数字和日期等序列，还可以利用一些内置的自定义序列，如一月、二月、三月、……星期日、星期一、星期二、……等。另外，用户也可以自定义一些序列，以方便今后的输入和排序等操作。把常用的序列定义成序列之后，就可以在以后通过序列的方式快速完成输入。另外，对于其他的一些操作也是很有帮助的，比如在排序时，系统可以根据第 1 名、第 2 名、第 3 名、……的顺序排列，但对于第一名、第二名、第三名、……这样的顺序则无法实现正确的排序效果。而如果我们能将这些顺序定义成序列的话，就可以实现正确的排序效果。有关通过自定义序列排序的方法将会在后面的章节中介绍，这里我们主要介绍如何自定义序列并输入自定义序列。

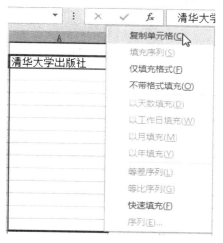

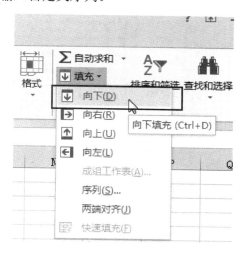

图 1-26　通过右键填充　　　　　　　图 1-27　通过功能区命令填充

　　假如我们要将"北京、上海、天津、湖北、湖南、江苏、安徽"定义成一个序列，则可以按照下面的步骤操作。

　　（1）选择"文件"|"选项"命令，打开 Excel 选项对话框，选择"高级"选项卡，然后单击其中的"编辑自定义列表"，如图 1-28 所示。

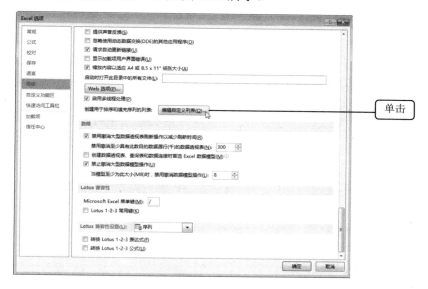

图 1-28　"Excel 选项"对话框

　　（2）在打开的"自定义序列"，单击左侧列表中的"新序列"，然后在"输入序列"下的文本框中输入序列的条目，每输入完一个按回车键换行，完成后单击"添加"按钮，再单击"确定"按钮即可，如图 1-29 所示。

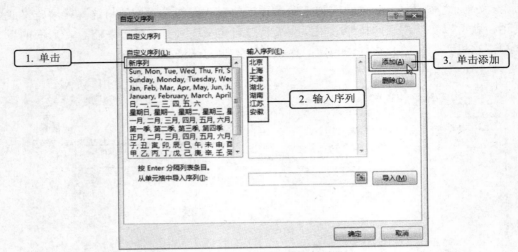

图 1-29　输入并添加序列

　　除了自己输入序列之外，如果要定义的序列正好是工作表中的某一行或者某一列范围内的值，则可以直接将其导入到序列中，而无需再次输入了。只要将光标定位到"从单元格中导入序列"后的文本框内，然后选择工作表中的行或列的范围，这个区域就会被输入到文本框中，单击"导入"即可，然后单击"确定"按钮即可，如图 1-30 所示。

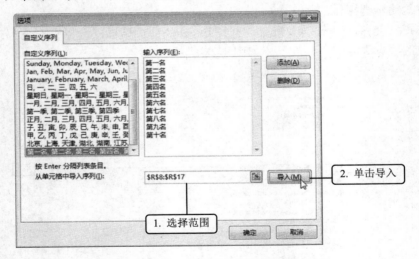

图 1-30　从单元格导入序列

　　序列定义完成之后，就可以按照序列的方式进行输入了，如输入"第一名"，然后按住填充柄向下拖动鼠标，则可以填充第二名、第三名……

1.3.6　成组工作表

　　我们经常会遇到几个工作表需要在同一位置录入相同的数据的情况，或者希望快速将一个工作表中的内容复制到另外一个工作表的相同位置。这时，Excel 成组工作表就可以帮助我们很方便地实现这些功能。将几个工作表组合到一起后，无论在其中任何一个工作表中输入的数据，都会被自动复制到其他工作表的相同位置。

1. 成组后输入数据

成组操作非常简单，其中一种方法就是直接选择要成组的工作表，如图 1-31 所示选择了 Sheet1 和 Sheet2 两个工作表（按住 Ctrl 键单击工作表名称可多选），然后在任意单元格中输入内容，则两个工作表都会实现相同的输入。如果要取消成组的操作，只要单击其他任一工作表即可。

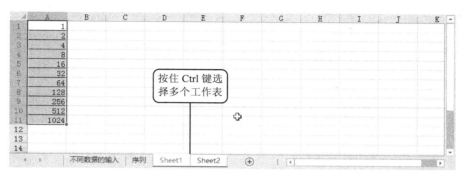

图 1-31　成组工作表

2. 成组复制数据

如果想把其中某一工作表中的内容通过成组的方式直接复制到另一工作表中，则可以选择要成组的工作表之后，再选择要复制的内容，如图 1-32 所示。然后单击"开始"菜单"编辑"组中的"填充"命令，选择"成组工作表"，如图 1-33 所示。接着在打开的"填充成组工作表"对话框中选择"全部"，如图 1-34 所示。单击"确定"按钮后内容就会被复制到另一个工作表中，而且是在相同的位置。

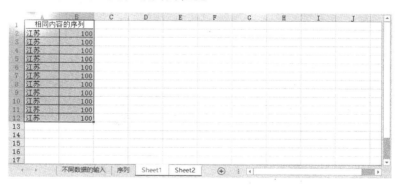

图 1-32　选择要复制的内容

注意：成组后两个工作表如果在自己原有数据的基础上进行填充，则另一工作表不会填充相同的内容，而是在另一工作表的基础上按相同的方式进行填充。如 Sheet1 的 A1 单元格原有内容为 2、Sheet2 的 A1 单元格原有内容为"3"，重组后拖动 A1 单元格向下复制，则 Sheet1 会向下填充 2，而 Sheet2 会向下填充 3。

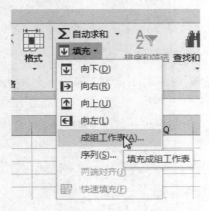 

图 1-33　选择"成组工作表"命令　　　　图 1-34　"填充成组工作表"对话框

1.4　输入技巧的使用

掌握了以上的基本知识之后，下面我们来学习一些另类的输入技巧。这些技巧在很大程度上可以帮助我们提高工作效率。

1.4.1　让指针在指定的单元格区域中移动

有时我们只需要在一个矩形的区域内录入数据，这时我们可以采用以下两种方式来实现这一输入技巧。

❑ 如果输入方向为横向，则在输入第一个单元格的数据之后，按 Tab 键切换至下一单元格输入，当一行输入完之后，按回车键，则光标会自动切换至下一行的左边起始单元格，而不是直接移动到下面的单元格。

❑ 如果输入方向为竖向，则可以先选定要输入数据的范围，在输入第一个单元格的数据之后，使用回车键切换至下一单元格，如图 1-35 所示。

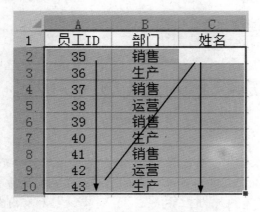

图 1-35　按回车键移动单元格

1.4.2　巧用双击填充

当要填充的数据与左边或者右边的区域长度相同时，利用双击左键的方式来填充数据则非常方便。如图1-36 所示，假设从 C2～C10 的部门都填充为"生产"，那么就可以在 C2 单元格输入完"生产"之后，双击右下角的填充柄即可。

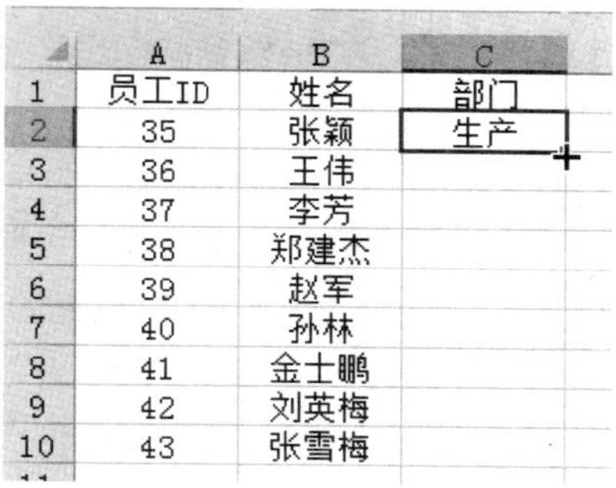

1.4.3　将 Word 表格转换至 Excel 中

图 1-36　双击填充

有时可能会需要导入 Word 中已经做好的表格，其实对于 Word 表格来讲，可以直接复制，然后到 Excel 里面进行粘贴。不过，正常粘贴时会带有表格的边框，如果不希望带有边框，则可以在粘贴时，通过右键选择"匹配目标格式"命令，如图 1-37 所示。

1.4.4　导入 Access 数据库数据

如果要导入 Access 中的记录，可以将光标定位在要导入数据的位置，单击"数据"菜单选项中的"获取外部数据"组中的"自 Access"命令。在打开的"选择数据源"对话框中选择要导入的数据库文件，然后单击"打开"按钮即可，如图 1-38 所示。图 1-39 为导入后的效果。

图 1-37　选择粘贴方式

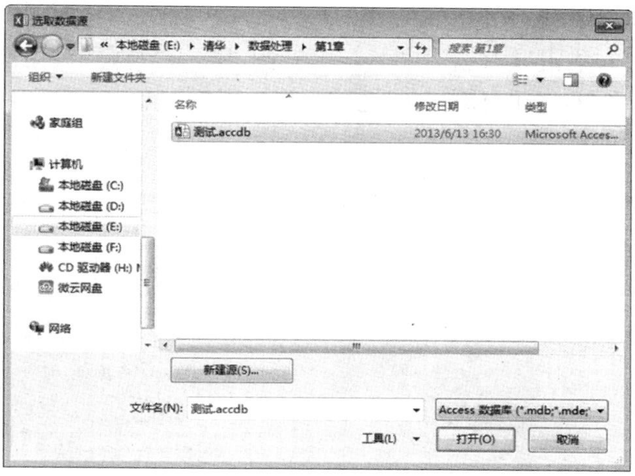

图 1-38　选择数据源

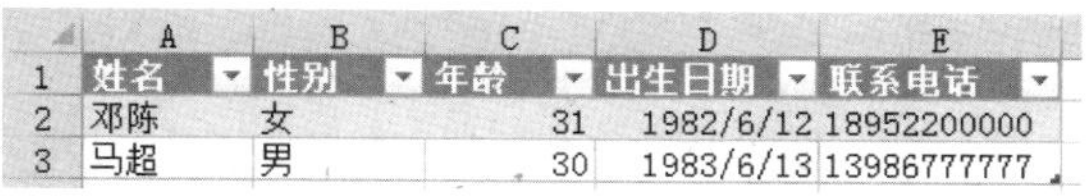

图 1-39　导入后的效果

1.4.5 导入 Internet 网页数据

对于网页中的数据，我们同样可以导入到 Excel 的工作表中，具体步骤如下：

（1）复制要导入的网址，然后将光标定位在要导入数据的位置，单击"数据"菜单选项中的"获取外部数据"组中的"自网站"命令。

（2）打开"新建 Web 查询"对话框，粘贴复制的网址打开网页，可以看到每一个表格前都有一个图标，单击这个图标就可以选择相应的数据，如图 1-40 所示。

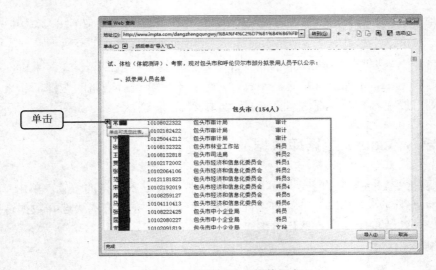

图 1-40　选择要导入的数据表

（3）单击导入按钮之后，会打开"导入数据"对话框，在其中可以选择数据的放置位置，如图 1-41 所示。由于之前已经选择好位置，这里直接单击"确定"按钮。

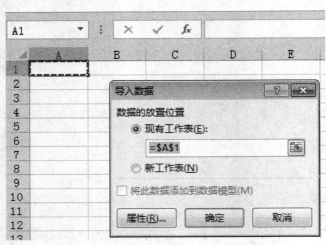

图 1-41　选择数据存放位置

（4）稍等片刻，系统就会完成导入，效果如图 1-42 所示。

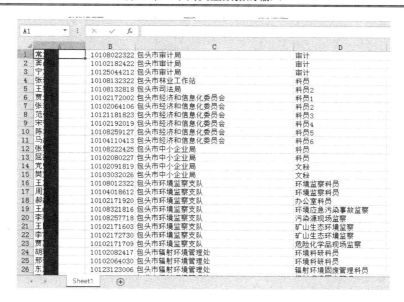

图 1-42 完成导入

1.4.6 导入文本数据

对于一些文本型的数据，也可以通过导入的方法将其导入到 Excel 中。步骤如下：

（1）将光标定位在要导入数据的位置，单击"数据"菜单选项中的"获取外部数据"组中的"自文本"命令。在打开的"导入文本文件"对话框中选择要导入的文件，单击"导入"按钮，如图 1-43 所示。

图 1-43 选择文件

（2）在向导的第一步，选择合适的文件类型，设置导入的起始行，这里直接单击"下一步"按钮，如图 1-44 所示。

（3）选择分隔符号，这里选择 Tab 键，在下面的数据预览效果中如果实现了想要的效果，单击"下一步"按钮，如图 1-45 所示。

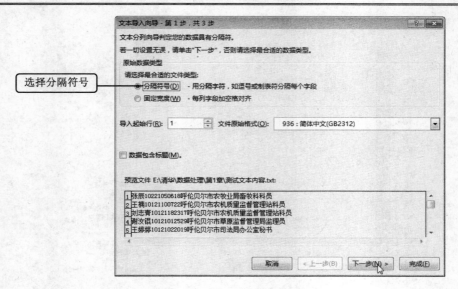

图 1-44　选择合适的文件类型

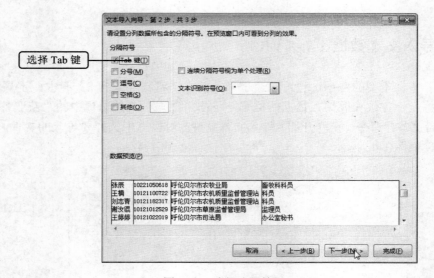

图 1-45　选择分隔符

（4）设置每一列的数据格式，可以单独设置每列的格式，如果不想选择某一列数据，则可以在选择列之后，选择"不导入此列"选项。设置后单击"完成"按钮，如图 1-46 所示。

（5）选择数据的存放位置，单击"确定"按钮，如图 1-47 所示。导入后的效果如图 1-48 所示。

1.4.7　多行输入的实现

有时需要在一个单元格内输入两行甚至是多行数据，而 Excel 的单元格与 Word 的单元格不同，在 Excel 中按回车键会将光标移动到下一行中，并不会在单元格中换行，如果在单元格中换行，则可以按住 Alt+回车键实现。如图 1-49 所示中的 A1 单元格，就可以在输入完年度之后，按 Alt+回车键，再输入月份。

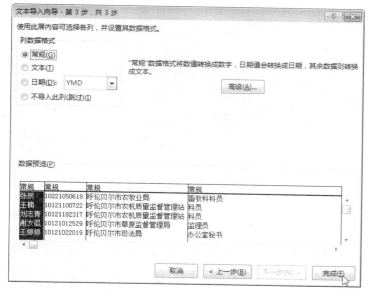

图 1-46　设置完成

图 1-47　选择数据存放位置

图 1-48　导入后的效果

	A	B	C	D
1	年度 月份	2011年	2012年	2013年
2	一月	2300	2320	2350
3	二月	2400	2420	2450
4	三月	2300	2320	2350
5	四月	2350	2370	2400
6	五月	2600	2620	2650
7	六月	2780	2800	2830
8	七月	3000	3020	3050
9	八月	2340	2360	2390
10	九月	2300	2320	2350
11	十月	2350	2370	2400
12	十一月	5030	5050	5080
13	十二月	3000	3020	3050

图 1-49　双行输入

而如果要实现图 1-50 所示的效果，则可以先利用空格键将"年度"移动到右侧，然后选择单元格，右键单击单元格选择"设置单元格格式"命令。切换至"边框"选项卡，添加一根斜线，单击"确定"按钮即可，如图 1-51 所示。有关单元格格式的设置，我们将在后面的章节中详细介绍。

1.4.8　限制单元格的数值类型

有时为了避免收集到错误的数据，我们会希望限制一些单元格可接收的数据，比如，对于出生日期，可以限制为日期的格式，年龄限制为整数的格式等。要实现这些功能，可以使用 Excel 的数据验证功能来实现。下面举例说明。

年度\月份	2011年	2012年	2013年
一月	2300	2320	2350
二月	2400	2420	2450
三月	2300	2320	2350
四月	2350	2370	2400
五月	2600	2620	2650
六月	2780	2800	2830
七月	3000	3020	3050
八月	2340	2360	2390
九月	2300	2320	2350
十月	2350	2370	2400
十一月	5030	5050	5080
十二月	3000	3020	3050

图 1-50　添加斜线后的效果

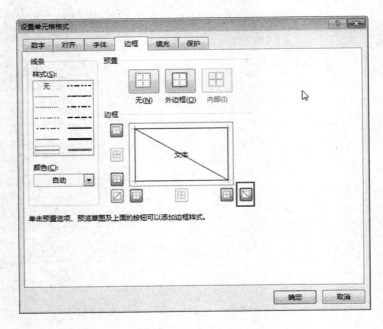

图 1-51　添加斜线边框

如图 1-52 所示，对于年龄字段下的单元格，我们希望输入的是整数，年龄在 18～60，那么就可以使用下面的步骤进行。

（1）选择要限制的单元格，然后选择"数据"菜单项中"数据工具"组中的"数据验证"命令，如图 1-52 所示。

（2）打开"数据验证"对话框，切换至"设置"选项卡，选择"允许"下面的数据格式为"整数"，然后设置数据介于 18～60，如图 1-53 所示。

（3）切换至"输入信息"选项卡，此处可以设置鼠标放至单元时的提示信息，以提示用户，避免出现输入错误。设置内容如图 1-54 所示。

（4）切换至"出错警告"选项卡，此处可以设置输入无效数据后弹出的信息，这里选择"警告"样式，并输入标题和错误信息，设置完成后单击"确定"按钮，如图 1-55 所示。

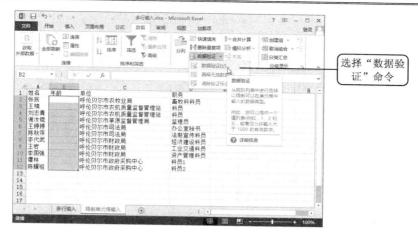

图 1-52　选择"数据验证"命令

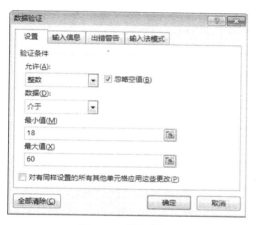

图 1-53　设置数据范围

图 1-54　设置单元格提示输入信息

（5）当鼠标放在要输入的单元格中，就会看到输入的提示，如图 1-56 所示。如果输入正确则会接受输入，如果超出范围或者数值的格式不正确，则会显示如图 1-57 所示的提示信息。

图 1-55　设置出错警告

图 1-56　输入正确的数据

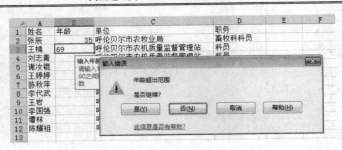

图 1-57　出错提示

1.5　实例：快速制作出勤明细表

本例制作的是一个计时人员的出勤明细表，主要是利用单元格的快速填充功能实现表格的快速制作，从而节省大量的数据录入时间，表格最后效果如图 1-58 所示。

月份	财务核算部门	车间	产品线	岗位名称	姓名	实出勤
2013年3月	燃气工厂灶具车间	FQC/IPQC检验班	燃气品质中心	检验员	茹盛杰	21.25
2013年3月	燃气工厂灶具车间	FQC/IPQC检验班	燃气品质中心	灶具FQC/IPQC	卓茂策	7.25
2013年3月	燃气工厂灶具车间	FQC/IPQC检验班	燃气品质中心	灶具FQC/IPQC	从珍	19.19
2013年3月	燃气工厂灶具车间	IQC检验班	燃气品质中心	IQC抽检	和思芬	18.19
2013年3月	燃气工厂灶具车间	IQC检验班	燃气品质中心	IQC抽检	宫菲怡	20.13
2013年3月	燃气工厂灶具车间	IQC检验班	燃气品质中心	电灶抽检	殳馨	16.63
2013年3月	燃气工厂灶具车间	IQC检验班	燃气品质中心	电灶抽检	钟振	5.50
2013年3月	燃气工厂灶具车间	IQC检验班	燃气品质中心	全检员	安妍怡	18.88
2013年3月	燃气工厂灶具车间	IQC检验班	燃气品质中心	全检员	左会国	17.31
2013年3月	燃气工厂灶具车间	IQC检验班	燃气品质中心	全检员	申树光	18.63
2013年3月	燃气工厂灶具车间	IQC检验班	燃气品质中心	燃气IQC组长	岑露莲	18.75
2013年3月	燃气工厂灶具车间	IQC检验班	燃气品质中心	灶具抽检	空敬福	17.88
2013年3月	燃气工厂灶具车间	IQC检验班	燃气品质中心	灶具抽检	蒲栋仁	18.88
2013年3月	燃气工厂灶具车间	IQC检验班	燃气品质中心	灶具抽检	尉迟东东	18.88
2013年3月	燃气工厂灶具车间	IQC检验班	燃气品质中心	灶具抽检	于广广	20.00
2013年3月	燃气工厂灶具车间	IQC检验班	燃气品质中心	灶具抽检	通瑶蓓	17.00
2013年3月	燃气工厂灶具车间	IQC检验班	燃气品质中心	灶具抽检	阎骑瑙	17.00
2013年3月	燃气工厂灶具车间	燃气过程检验班	燃气组装中心	燃气组装过程检验班长	章哲翰	22.25
2013年3月	燃气工厂灶具车间	燃气灶具部装班	燃气组装中心	燃气灶具部装线长	宗香荔	23.06
2013年3月	燃气工厂灶具车间	燃气灶具组装A线	燃气组装中心	清洁工	杭宏利	19.75
2013年3月	燃气工厂灶具车间	燃气灶具组装A线	燃气组装中心	燃气灶具线长	诸葛姨梦	21.56
2013年3月	燃气工厂灶具车间	燃气灶具组装B线	燃气组装中心	燃气灶具线长	于翠茜	22.25
2013年3月	燃气工厂灶具车间	燃气灶具组装C线	燃气组装中心	燃气灶具线长	井腾全	9.56
2013年3月	燃气工厂灶具车间	燃气组装中心	燃气组装中心	打标员	屈婉芳	18.13

图 1-58　出勤明细表

步骤如下：

（1）新建一个工作簿文件，在 A1:G1 区域，分别输入表格字段。

（2）在 A2 单元格输入日期 2013 年 3 月，然后用鼠标右键拖动填充柄向下拖动，在弹出的菜单中选择"复制单元格"命令，如图 1-59 所示。

（3）用同样的方法输入具有相同内容的单元格数据，如图 1-60 所示。

（4）输入其他数据，如遇连续几个相同数据，仍可用复制单元格功能填充，如图 1-61 所示。

图 1-59　输入日期

	A	B	C	D	E	F	G
1	月份	财务核算部门	车间	产品线	岗位名称	姓名	实出勤
2	2013年3月	燃气工厂灶具车间	FQC/IPQC检验班	燃气品质中心			
3	2013年3月	燃气工厂灶具车间	FQC/IPQC检验班	燃气品质中心			
4	2013年3月	燃气工厂灶具车间	FQC/IPQC检验班	燃气品质中心			
5	2013年3月	燃气工厂灶具车间	IQC检验班	燃气品质中心			
6	2013年3月	燃气工厂灶具车间	IQC检验班	燃气品质中心			
7	2013年3月	燃气工厂灶具车间	IQC检验班	燃气品质中心			
8	2013年3月	燃气工厂灶具车间	IQC检验班	燃气品质中心			
9	2013年3月	燃气工厂灶具车间	IQC检验班	燃气品质中心			
10	2013年3月	燃气工厂灶具车间	IQC检验班	燃气品质中心			
11	2013年3月	燃气工厂灶具车间	IQC检验班	燃气品质中心			
12	2013年3月	燃气工厂灶具车间	IQC检验班	燃气品质中心			
13	2013年3月	燃气工厂灶具车间	IQC检验班	燃气品质中心			
14	2013年3月	燃气工厂灶具车间	IQC检验班	燃气品质中心			
15	2013年3月	燃气工厂灶具车间	IQC检验班	燃气品质中心			
16	2013年3月	燃气工厂灶具车间	IQC检验班	燃气品质中心			
17	2013年3月	燃气工厂灶具车间	IQC检验班	燃气品质中心			
18	2013年3月	燃气工厂灶具车间	IQC检验班	燃气品质中心			
19	2013年3月	燃气工厂灶具车间	燃气过程检验班	燃气组装中心			
20	2013年3月	燃气工厂灶具车间	燃气灶具部装线	燃气组装中心			
21	2013年3月	燃气工厂灶具车间	燃气灶具组装A线	燃气组装中心			
22	2013年3月	燃气工厂灶具车间	燃气灶具组装A线	燃气组装中心			
23	2013年3月	燃气工厂灶具车间	燃气灶具组装B线	燃气组装中心			
24	2013年3月	燃气工厂灶具车间	燃气灶具组装C线	燃气组装中心			
25	2013年3月	燃气工厂灶具车间	燃气组装中心	燃气组装中心			

图 1-60　输入其他相同单元格数据

	A	B	C	D	E	F	G
1	月份	财务核算部门	车间	产品线	岗位名称	姓名	实出勤
2	2013年3月	燃气工厂灶具车间	FQC/IPQC检验班	燃气品质中心	检验员	荔盛杰	21.25
3	2013年3月	燃气工厂灶具车间	FQC/IPQC检验班	燃气品质中心	灶具FQC/IPQC	卓茂策	7.25
4	2013年3月	燃气工厂灶具车间	FQC/IPQC检验班	燃气品质中心	灶具FQC/IPQC	从珍	19.19
5	2013年3月	燃气工厂灶具车间	IQC检验班	燃气品质中心	IQC抽检	和思芬	18.19
6	2013年3月	燃气工厂灶具车间	IQC检验班	燃气品质中心	IQC抽检	宫菁怡	20.13
7	2013年3月	燃气工厂灶具车间	IQC检验班	燃气品质中心	电灶抽检	艾馨	16.63
8	2013年3月	燃气工厂灶具车间	IQC检验班	燃气品质中心	电灶抽检	钟振	5.50
9	2013年3月	燃气工厂灶具车间	IQC检验班	燃气品质中心	全检员	安妍怡	18.88
10	2013年3月	燃气工厂灶具车间	IQC检验班	燃气品质中心	全检员	左会国	17.31
11	2013年3月	燃气工厂灶具车间	IQC检验班	燃气品质中心	全检员	申树光	18.63
12	2013年3月	燃气工厂灶具车间	IQC检验班	燃气品质中心	燃气IQC组长	冬露蓮	18.75
13	2013年3月	燃气工厂灶具车间	IQC检验班	燃气品质中心	灶具抽检	空敬福	17.88
14	2013年3月	燃气工厂灶具车间	IQC检验班	燃气品质中心	灶具抽检	蒲栋仁	18.88
15	2013年3月	燃气工厂灶具车间	IQC检验班	燃气品质中心	灶具抽检	尉迟东东	18.88
16	2013年3月	燃气工厂灶具车间	IQC检验班	燃气品质中心	灶具抽检	于广广	20.00
17	2013年3月	燃气工厂灶具车间	IQC检验班	燃气品质中心	灶具抽检	通瑶蓉	17.00
18	2013年3月	燃气工厂灶具车间	IQC检验班	燃气品质中心	灶具抽检	阚融鹮	17.00
19	2013年3月	燃气工厂灶具车间	燃气过程检验班	燃气组装中心	燃气组装过程检验班长	章哲馡	22.25
20	2013年3月	燃气工厂灶具车间	燃气灶具部装线	燃气组装中心	燃气灶具部装线长	宗香磊	23.06
21	2013年3月	燃气工厂灶具车间	燃气灶具组装A线	燃气组装中心	青洁工	杭宏利	19.75
22	2013年3月	燃气工厂灶具车间	燃气灶具组装A线	燃气组装中心	燃气灶具线长	诸葛煉琴	21.56
23	2013年3月	燃气工厂灶具车间	燃气灶具组装B线	燃气组装中心	燃气灶具线长	于翠茵	22.25
24	2013年3月	燃气工厂灶具车间	燃气灶具组装C线	燃气组装中心	燃气灶具线长	井腾全	9.56
25	2013年3月	燃气工厂灶具车间	燃气组装中心	燃气组装中心	打标员	屈婉芳	18.13

图 1-61　输入其他数据

（5）为了让表格美观一些，我们给表格加上边框，选择 A1:G25 区域，单击"开始"菜单"字体"组中的边框按钮，选择"所有框线"，如图 1-62 所示。

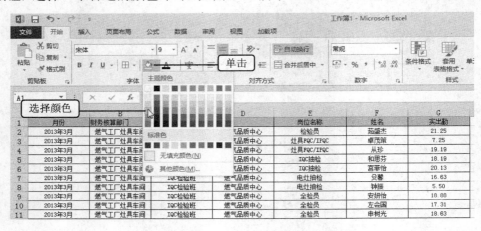

图 1-62　为表格添加边框

（6）最后再为标题行添加一个底纹，选择 A1:G1 区域，单击"字体"组中的"填充颜色"按钮，选择一个合适的颜色即可，如图 1-63 所示。至此一个出勤明细表就制作完成了。

图 1-63　为标题添加底纹

第 2 章　单元格区域与工作表的基本操作

内容导读

　　通过第 1 章的学习，我们已经可以输入各类的数据，接下来就可以对这些数据进行一些简单的处理，比如数据的选择、移动、复制、粘贴，单元格、行与列的插入与删除，工作表的选择、移动与复制等。

　　通过本章的学习，您将掌握以下内容：

- ❑ 不同单元格区域的选择
- ❑ 名称的使用
- ❑ 数据的移动与复制
- ❑ 数据的查找与替换
- ❑ 单元格区域的插入与删除
- ❑ 工作表的选择与编辑
- ❑ 视图的设置

2.1　选择不同的单元格区域

　　要对数据进行操作，第一步就是要对数据进行选择，因此，学会灵活地选择数据是必须的。下面我们来做一简单介绍。

2.1.1　选择连续区域

　　对于连续区域的选择，只需要按住鼠标键向所需要选择的方向拖动即可，如图 2-1 所示，要选择 A3:F14 范围，就可以按住鼠标从 A3 一直拖至 F14 单元格。而如果要选择连续的行，则可以按住行号往下或者向上拖动，要选择连续的列，则可以按住列标向左或者向右拖动。

　　另外，也可以通过按住 Shift 键选择连续区域，单击区域的第一个单元格或者行号、列标，然后再按住 Shift 键，单击区域的最后一个单元格或者行号、列标。

2.1.2　选择非连续区域

　　对于非连续区域的选择，可以按住 Ctrl 键进行选择，在选择了一个区域之后，按住 Ctrl 键，可以接着选择另外一个区域。如图 2-2 所示，要选择 A3:A14 和 D3:D14 两个区域，就可以先用鼠标选择第一个区域之后，再按住 Ctrl 键，选择第二个区域。

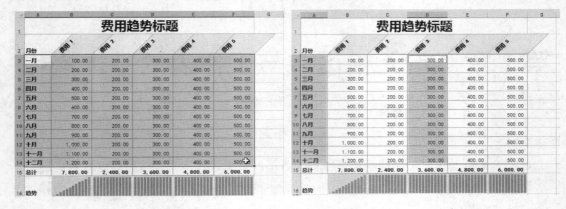

图 2-1　选择连续区域　　　　　　　　图 2-2　选择不连续区域

同样，要选择非连续的行或者列，也是可以在选择了一部分行或列之后，按住 Ctrl 键，再选择另一部分行或列。

2.2　定 义 名 称

简单地讲，名称就是给单元格或者某一区域起的一个别名，利用名称可以实现很多功能，比如名称可以带入公式计算，可以快速地定位到用户想找到的数据行。下面就来讲一下名称的使用。

2.2.1　如何定义名称

1. 在名称框直接定义

直接定义的方法非常简单，拖动鼠标，选中要定义名称的区域，将光标放至名称栏，然后输入名称即可定义。如图 2-3 所示即将 D3:D15 区域定义为"数量"。

图 2-3　在名称框中输入名称

2．利用定义名称选项

拖动鼠标，选中要定义名称的区域，然后单击"公式"菜单项"定义的名称"组中的"定义名称"命令，在弹出的"新建名称"对话框中输入名称，还可以选择应用的范围，以及重新定义引用位置，输入完成后单击"确定"按钮即可，如图 2-4 所示。

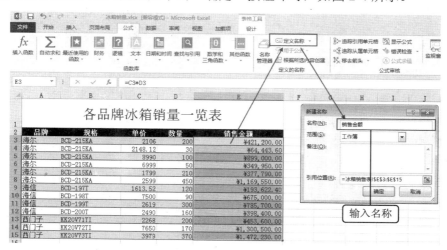

图 2-4　利用"定义名称"命令定义

3．批量定义名称

有时需要将每个字段所对应的区域都定义为一个名称。如图 2-5 所示的表格，想把姓名、性别、出生年月、报考专业、语文、数学、外语、科学、总分下的区域全部定义名称，而名称的名字则直接使用字段名，那么就可以按照下面的方法操作。

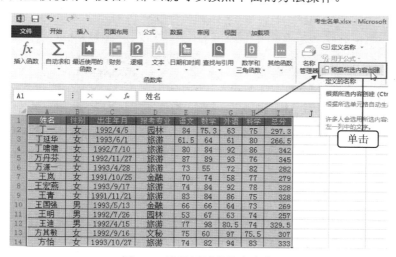

图 2-5　选择区域并单击命令

（1）拖动鼠标，选中要定义名称的区域，这里选择整个表格区域。然后单击"公式"菜单项"定义的名称"组中的"根据所选内容创建"命令，如图 2-5 所示。

（2）在打开的"以选定区域创建名称"对话框中，选择"首行"选项，单击"确定"

按钮，即可完成名称的创建，如图 2-6 所示。

（3）单击"定义的名称"组中的"名称管理器"命令，可以看到新定义的名称，每个名称的名字均为字段名，如图 2-7 所示。

图 2-6 "以选定区域创建名称"对话框   图 2-7 "名称管理器"对话框

2.2.2 使用名称的好处

1. 可以减少输入工作量

对于一些经常要输入的文本，而这个文本内容又比较长，则可以将其定义为名称。例如：若要经常输入网址"http://www.sina.com.cn"，则可以选择具有该网址的单元格，将其定义为一个名称，如"新浪"，或者通过新建名称，在引用位置中输入如图 2-8 所示的内容。定义完之后，在任何单元格中输入"=新浪"，都会显示 http://www.sina.com.cn。

图 2-8 定义名称

另外，如果在一个公式中出现多次相同的字段，也可以将该字段定义为名称，以简化输入。

2．可以超出某些公式的嵌套

例如，Excel 中 IF 函数嵌套最多为七层，定义为多个名称可以解决这个问题。

3．某些函数必须在名称中才能使用

一些宏表函数，若要在 Excel 中使用，则必须先定义名称再使用。比如 GET.CELL 函数、evaluate 函数等，只能在名称中使用。

2.2.3 名称的规范与限制

（1）名称可以是任意字符与数字组合在一起，但不能以数字开头，不能以数字作为名称，如果要以数字开头，则可在前面加上下划线，如_3bbs。

（2）名称不能与单元格地址相同。

（3）名称中不能包含空格，可以用下划线或点号代替。不能使用除下划线、点号和反斜线（/）以外的其他符号，允许用问号（?），但不能作为名称的开头，如可以用 love?，但?love 则不可以。

（4）名称字符不能超过 255 个字符。一般情况下，名称应该便于记忆且尽量简短。

（5）名称中的字母不区分大小写。

（6）自定义名称不能使用 R、r、C、c 作为名称，因为 R、C 表示工作表的行、列。

总之，建议使用简单易记的名称，遇到无效的名称，系统会给出错误提示。

2.2.4 名称的删除

按 Ctrl+F3 快捷键，打开 Excel 名称管理器对话框，然后选择要删除的名称，单击"删除"按钮，如图 2-9 所示。在随后弹出的确认对话框中单击"确定"即可。

图 2-9 删除名称

2.2.5　名称的修改

打开名称管理器，然后双击要修改的名称，就可以打开"编辑名称"对话框，如图 2-10 所示，在其中可以修改名称的名字以及引用的位置等。

图 2-10　"编辑名称"对话框

2.2.6　定义名称为公式

Excel 的名称可以为单元格或单元格区域提供一个容易记忆的名字。但这仅仅是它的一个好处所在，实际上，我们可以把名称看作一个公式，或者说把名称理解为一个有名字的公式。创建名称，实质上是创建命名公式，只不过这个公式不存放于单元格中而已。所以在名称中不但能够使用单元格引用，还能够使用常量、函数以及公式。

在名称中，使用公式可简化公式的编写并使工作表更加整洁，并且随时可以修改其中的常量、函数等，以实现对表格中的大量计算公式快速修改。

比如如图 2-11 所示的表格，其中员工的提成计算公式为"=销售金额*1%"，而我们在公式栏所看到的公式则是"=tc"，实际上就是将该公式定义成了名称"tc"。步骤如下。

（1）在打开的"新建名称"对话框中，输入名称"tc"，在"引用位置"文本框中输入"=E3*1%"后单击"确定"按钮，如图 2-12 所示。注意这里用了相对引用的单元格。

图 2-11　利用名称计算

图 2-12　新建名称

（2）回到工作表中，在 F3 单元格中输入公式"=tc"，按回车键之后，Excel 就会自动填充其余单元格的提成数据，如图 2-11 所示。

如果需要修改提成的额度，比如修改为 1.5%，则可以通过编辑名称，在公式中直接修改即可。修改完成后，表格中所有引用了该名称的公式都会改变计算结果。

总之，我们完全可以把名称定义为一个完整的公式，或者是一个常量，函数表达式，而不要片面地理解为只能为单元格或者单元格区域命名。

2.3　数据的移动和复制

对于移动和复制的操作相信朋友们都不会陌生，不过鉴于 Excel 中存在着数据的格式以及公式等内容，使得在对复制的数据粘贴时有了更多的选择，其功能不容小视，下面我们就来看看在 Excel 中通过移动和复制的操作都能实现哪些功能。

2.3.1　普通数据的移动和复制

对于普通的数据，如果需要从一个位置移动或者复制到其他位置，只需要按正常的操作，使用 Ctrl+C 快捷键复制或 Ctrl+X 快捷键剪切，然后定位到目标位置使用 Ctrl+V 快捷键粘贴即可，当然也可以使用菜单选择相应的命令。

2.3.2　公式的复制

在 Excel 中，对于同类的数据计算，可以通过公式的复制来快速完成。如图 2-13 所示的成绩表，在 M3 单元格中输入公式"=MAX(C3:L3)"，即可计算出 C3:L3 范围内的最高分，而下面的单元格都希望把最高分计算出来，如果每个单元格都这样输入公式的话显然不是一个好方法。实际上，Excel 的公式复制功能就相当于填充功能一样方便，只要在计算好一个单元格的结果之后，按住该单元格的控制柄向其余要计算的单元格区域拖动，松开鼠标后即可完成公式的复制，如图 2-14 所示。复制后的公式都会自动改变单元格的范围。如 M12 的公式会变成"=MAX(C12:L12)"。

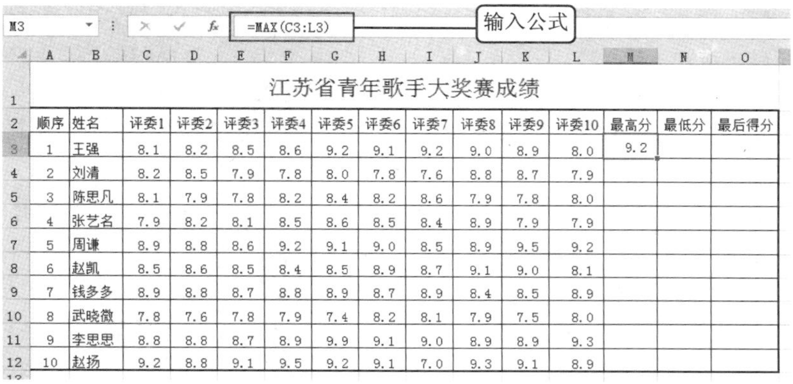

图 2-13　计算出一个最高分

顺序	姓名	评委1	评委2	评委3	评委4	评委5	评委6	评委7	评委8	评委9	评委10	最高分	最低分	最后得分
1	王强	8.1	8.2	8.5	8.6	9.2	9.1	9.2	9.0	8.9	8.0	9.2		
2	刘清	8.2	8.5	7.9	7.8	8.0	7.8	7.6	8.8	8.7	7.9	8.8		
3	陈思凡	8.1	7.9	7.8	8.2	8.4	8.2	8.6	7.9	7.8	8.0	8.6		
4	张艺名	7.9	8.2	8.1	8.5	8.5	8.4	8.0	7.9	7.9	8.3	8.9		
5	周谦	8.9	8.8	8.6	9.2	9.1	9.0	8.5	8.9	9.5	9.2	9.5		
6	赵凯	8.5	8.6	8.5	8.4	8.5	8.9	8.7	9.1	9.0	8.1	9.1		
7	钱多多	8.9	8.8	8.7	8.8	8.9	8.7	8.9	8.4	8.5	8.9	8.9		
8	武晓徽	7.8	7.6	7.8	7.9	7.4	8.2	8.1	7.9	7.5	8.0	8.2		
9	李思思	8.8	8.8	8.7	8.9	9.1	9.1	9.0	9.3	9.4	9.9	9.9		
10	赵扬	9.2	8.8	9.1	9.5	9.4	9.1	7.0	9.3	9.1	8.9	9.5		

图 2-14　复制公式

上面的例子单元格采用了相对引用的格式，而有时对于一些单元格可能并不希望其随着单元格改变而发生改变，比如下面的表格，要想求每个分数段的考生所占总人数的比例，B4 中的公式为"=B3/SUM($B$3:$E$3)"，如图 2-15 所示。意思是 B3 单元格除以 B3～E3 单元格范围内的和。而这个和是不需要改变的，即后面的 C4 单元格同样要除以这个和，这时就需要对 B3 和 E3 这个范围采用绝对引用，而 B3 单元格则采用了相对引用，这是因为公式中的 B3 单元格希望在复制的过程中进行变化，而总人数则不希望变化。同样，在计算好 B3 单元格之后，向右拖动即可正确复制该公式，如图 2-16 所示。

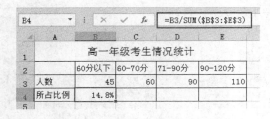

图 2-15　计算出一个单元格

图 2-16　复制公式

当然，这仅仅介绍了在当前工作表中的公式复制，实际上还可以跨工作表、跨工作簿使用公式的复制，而选择性粘贴则可以帮助我们实现这一功能。

2.3.3　认识选择性粘贴

所谓的选择性粘贴，就是对于复制的内容可以有选择地进行粘贴，比如对于源单元格可能定义了格式或者包含了公式，那么，如果不想粘贴公式，而只是想要计算结果，则可以选择只粘贴数值。

选择性粘贴的部分功能可以通过菜单来完成，在要粘贴的单元格上右击鼠标就会弹出一个菜单，在其中可以看到一些粘贴选项，如粘贴数值、公式、格式、链接、图片等，鼠标移至对应图标上方就会给出提示。

除了菜单可以完成粘贴功能，还可以通过对话框来完成，在菜单中选择"选择性粘贴"命令，就可以打开对话框，从对话框中可以看到它分成了四个区域，即"粘贴"、"运算"、"特殊处理区域"和"按钮区域"。

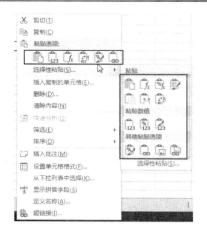

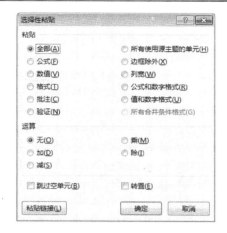

图 2-17　"选择性粘贴"菜单　　　　　图 2-18　"选择性粘贴"对话框

各区域功能介绍如下：

（1）"粘贴"区域

❑ 全部：包括内容和格式等，其效果等于直接粘贴；

❑ 公式：只粘贴文本和公式，不粘贴字体、对齐、文字方向、数字格式、底纹、边框、注释和内容校验等；

❑ 数值：只粘贴计算结果；

❑ 格式：仅粘贴源单元格格式，包括字体、对齐、文字方向、边框和底纹等，不改变目标单元格的文字内容。（功能相当于格式刷）但不能粘贴单元格的有效性；

❑ 批注：把源单元格的批注内容复制过来，不改变目标单元格的内容和格式；

❑ 验证：将复制单元格的数据有效性规则粘贴到粘贴区域，只粘贴有效性验证内容，其他的保持不变；

❑ 所有使用源主题的单元：粘贴使用复制数据应用的文档主题格式的所有单元格内容；

❑ 边框除外：粘贴除边框外的所有内容和格式，保持目标单元格和源单元格相同的内容和格式；

❑ 列宽：将某个列宽或列的区域粘贴到另一个列或列的区域，使目标单元格和源单元格拥有同样的列宽，不改变内容和格式；

❑ 公式和数字格式：仅从选中的单元格粘贴公式和所有数字格式选项；

❑ 值和数字格式：仅从选中的单元格粘贴值和所有数字格式选项。

（2）"运算"区域

❑ 无：对源区域，不参与运算，按所选择的粘贴方式粘贴；

❑ 加：把源区域内的值，与新区域相加，得到相加后的结果；

❑ 减：把源区域内的值，与新区域相减，得到相减后的结果；

❑ 乘：把源区域内的值，与新区域相乘，得到相加乘的结果；

❑ 除：把源区域内的值，与新区域相除，得到相除后的结果（此时如果源区域是 0，那么结果就会显示#DIV/0!错误）。

（3）特殊处理区域

❑ 跳过空单元：当复制的源数据区域中有空单元格时，粘贴时空单元格不会替换粘

零点起飞学 Excel 数据处理与分析

贴区域对应单元格中的值；

❑ 转置：将被复制数据的列变成行，将行变成列。

（4）按钮区域

❑ 粘贴链接：将被粘贴数据链接到活动工作表。粘贴后的单元格将显示公式。如果更新源单元格的值，目标单元格的内容也会同时更新。

2.3.4 选择性粘贴应用举例

1. 批量更改工资项

如图 2-19 所示的工资表，现在想在业务奖金上为每位员工再增加 100 元，就可以使用选择性粘贴来快速处理。步骤如下：

（1）在任意空白单元格中输入 100，然后再复制这个单元格；

（2）选择表格的业务奖金下方的数据区域，通过右键菜单打开"选择性粘贴"对话框，选择粘贴方式为"数值"，运算为"加"，如图 2-20 所示。单击"确定"按钮即可完成数据处理。结果如图 2-21 所示。

说明：之所以选择了粘贴方式为"数值"，是因为目标位置已经定义了自己的格式，而且还带有边框，为了不影响目标单元格的格式，所以选择了此项。

姓名	基本工资	加班工资	出差补贴	业务奖金	请假扣除	养老保险	医疗保险	失业保险	住房公积金	应扣总额	应发工资	实发工资
杨红波	3500	50	0	200	100	200	100	100	100	600	4250	3650
李洁	3500	0	0	200	0	200	100	100	100	500	4200	3700
杜芹	3500	0	0	200	0	200	100	100	100	500	4200	3700
赵雪	3500	80	1000	200	0	200	100	100	100	500	5280	4780
邓晓云	3500	0	1000	200	0	200	100	100	100	500	5200	4700
马德志	3500	0	1000	200	0	200	100	100	100	500	5200	4700
周后忠	3500	70	500	200	0	200	100	100	100	500	4770	4270
陆定勇	3500	0	500	200	0	200	100	100	100	500	4700	4200
胡坤	3500	0	0	200	0	200	100	100	100	500	4200	3700
刘婪	3500	60	0	200	0	200	100	100	100	500	4260	3760
李嘉振	3500	0	0	300	100	200	100	100	100	600	4300	3700
汪振威	3500	0	0	300	0	200	100	100	100	500	4300	3800
赵达嘉	3500	0	0	300	0	200	100	100	100	500	4300	3800
陈永良	3500	200	0	300	0	200	100	100	100	500	4500	4000
张磊	3500	150	0	300	0	200	100	100	100	500	4450	3950
汤杨	3500	0	0	300	0	200	100	100	100	500	4300	3800
何荣	3500	0	0	300	0	200	100	100	100	500	4300	3800
刘利河	3500	0	0	300	0	200	100	100	100	500	4300	3800
汪磊	3500	0	0	300	0	200	100	100	100	500	4300	3800
童超	3500	0	0	300	0	200	100	100	100	500	4300	3800
陈旭辉	3500	0	0	300	0	200	100	100	100	500	4300	3800

图 2-19 工资表

图 2-20 设置选择性粘贴项

• 36 •

E2 ‖ × ✓ fx | 300

姓名	基本工资	加班工资	出差补贴	业务奖金	请假扣除	养老保险	医疗保险	失业保险	住房公积金	应扣总额	应发工资	实发工资
杨红波	3500	50	0	300	100	200	100	100	100	600	4350	3750
李　洁	3500	0	0	300	0	200	100	100	100	500	4300	3800
杜　芹	3500	0	0	300	0	200	100	100	100	500	4300	3800
赵　雪	3500	80	1000	300	0	200	100	100	100	500	5380	4880
邓晓云	3500	0	1000	300	0	200	100	100	100	500	5300	4800
马德志	3500	0	1000	300	0	200	100	100	100	500	5300	4800
周后忠	3500	70	500	300	0	200	100	100	100	500	4870	4370
陆定勇	3500	0	500	300	0	200	100	100	100	500	4800	4300
胡　坤	3500	0	0	300	0	200	100	100	100	500	4300	3800
刘　赟	3500	60	0	300	0	200	100	100	100	500	4360	3860
李嘉振	3500	0	0	400	100	200	100	100	100	600	4400	3800
汪振威	3500	0	0	400	0	200	100	100	100	500	4400	3900
赵达嘉	3500	0	0	400	0	200	100	100	100	500	4400	3900
陈永良	3500	200	0	400	0	200	100	100	100	500	4600	4100
张磊	3500	150	0	400	0	200	100	100	100	500	4550	4050
汤杨	3500	0	0	400	0	200	100	100	100	500	4400	3900
何荣	3500	0	0	400	0	200	100	100	100	500	4400	3900
刘利河	3500	0	0	400	0	200	100	100	100	500	4400	3900
汪磊	3500	0	0	400	0	200	100	100	100	500	4400	3900
童超	3500	0	0	400	0	200	100	100	100	500	4400	3900
陈旭辉	3500	0	0	400	0	200	100	100	100	500	4400	3900

图 2-21　粘贴后的结果

2. 通过转置将表格行列互换

如果希望将某一工作表的行列进行互换，则可以通过选择性粘贴中的转置选项来实现。

具体过程是：复制需要进行行列转置的单元格区域，然后单击要存放转置表区域的左上角单元格，打开“选择性粘贴”命令；选中“转置”选项，单击“确定”按钮，就可以看到行列转置后的结果。如图 2-22 所示的就是表格部分转置前后的效果。

图 2-22　转置前后效果对比

3. 实现表格同步更新

如果希望粘贴后的内容与源表格数据保持一致，则可以使用粘贴链接选项。使用粘贴链接的好处就是复制后的数据能随原数据自动更新。粘贴链接其实就是指粘贴原数据地址到 Excel 中，当原数据发生变化时，Excel 中的数据也会随之发生变化，这时候就会自动更新。

4．仅保留公式中的数值

有时我们在通过公式计算出某些结果之后，想将结果保存到另一张数据表中，但直接复制将会连同公式一起复制，这时就可以通过选择性粘贴将公式结果转换为固定的数值。

方法如下：复制相应的数据区域，将光标定位至目标位置，打开"选择性粘贴"对话框，选择"数值"，单击"确定"按钮即可完成操作。

5．原样复制单元格区域

工作中经常要将工作表中的某张表格复制到其他工作表，但是复制过去后表格的行高、列宽通常都会发生变化，如果想将表格复制粘贴后保持单元格格式及行高列宽不变，则可以通过下面的方法实现。

（1）选定要复制的表格区域所在的整行进行复制，注意，是整行而不是整个区域。

（2）切换到目标工作表，选定目标区域的第一行进行粘贴，注意是选择了一行，而非一个单元格。

（3）粘贴后保持各行的选中状态，打开"选择性粘贴"对话框，在对话框中选择"列宽"即可。

以上仅列举了其中几个应用方面，除此之外，还可以粘贴为图片、链接的图片等，读者朋友可以多尝试练习这方面的操作。

2.4　数据的查找与替换

当面对大量的数据需要处理时，想要快速找到所需要的数据记录就需要用到 Excel 的查找功能，而当需要对一些数据进行更新时，替换功能的使用则是非常关键的。下面我们来简要介绍一下 Excel 中的查找与替换功能。

1．查找数据

在"开始"菜单的"编辑"组中。单击"查找和选择"按钮，选择"查找"命令即可打开"查找和替换"对话框，如图 2-23 所示。

在查找内容后的文本框中输入要查找的内容，单击"查找下一个"按钮，即可找到对应的数据，如图 2-24 所示。

提示：单击"选项"按钮，可以进行进一步的设置，我们将在下面的替换一节中讲解。

2．数据的替换

单击"查找和选择"按钮，选择"替换"命令，或者在"查找和替换"对话框中切换到"替换"选项卡，均可打开"替换"对话框。我们可以单击"选项"按钮展开"选项"栏，如图 2-25 所示。

假设我们需要将数据表中的 300 替换为 350，则只需要在查找内容中输入 300，在替换文本框中输入 350，然后单击"全部替换"按钮即可。

图 2-23　选择"查找"命令

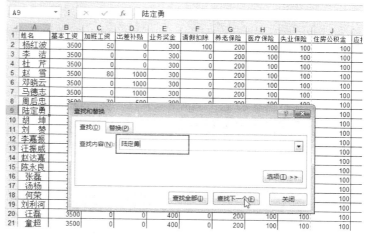

图 2-24　查找数据

图 2-25　"替换"对话框

下面我们来对对话框中的各个选项做一下解释：

❑ 范围：可以选择在工作表中查找，也可以选择在工作簿中查找。

❑ 搜索：可以选择按行搜索，也可以选择按列搜索。

❑ 查找范围：可以选择在公式、值和批注中进行查找。

❑ 区分大小写：选中该选项后，对英文字母进行大小写的区分。

❑ 单元格匹配：选中该项后，查找的内容必须与单元格完全匹配，比如，如果我们
需要将 300 替换为 350，如果选择该项则只会查找到 300 并替换为 350，而不选择
该项，则会将 3000 也替换为 3500。

❑ 区分全/半角：对字符的全半角状态进行区分。

除此之外，还可以对格式进行替换，比如，如果想突出显示某些数据，则可以在查找
内容和替换内容里输入相同的数据，然后单击替换为后的"格式"按钮，设置需要替换的
格式即可，如图 2-26 所示。

图 2-26 "替换格式"对话框

2.5 数据的清除

当需要对单元格的数据进行清除操作时，可以选择"编辑"组中的"清除"命令，如图 2-27 所示。

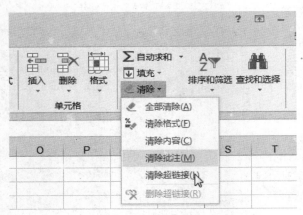

图 2-27 清除命令选项

各项的含义如下：

❑ 全部清除：清空单元格内的所有信息，包括格式和数值等。

❑ 清除格式：如果对该单元格定义了字体、填充、边框等格式，则只清除这些格式，保留数据。

❑ 清除内容：删除内容，相当于按下 Delete 键，保留格式。

❑ 清除批注：对批注进行删除操作。

❑ 清除超链接：对超链接进行删除操作。

2.6　单元格区域的插入与删除

基本的表格设计好之后，难免需要对行、列以及单元格区域进行插入和删除的操作，下面我们就来学习单元格区域的插入与删除操作。

2.6.1　快速插入行

如果要在某一位置插入行，只需要选择要插入的行数，比如要在第 5 行之前插入 3 行，则可以选择 5、6、7 三行，然后单击右键，选择"插入"命令即可。如图 2-28 所示。当然也可以在"开始"菜单的"单元格"组中通过"插入"命令来实现，这里不再赘述。

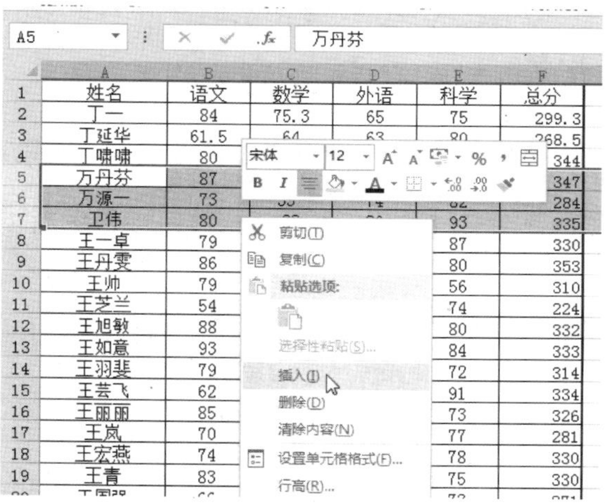

图 2-28　插入行命令

🔔小技巧：插入行的快捷键为 Ctrl+Shift+=。

2.6.2　快速插入列

插入列的方法与行类似，如果要在某一位置插入列，只需要选择要插入的列数，然后通过右键菜单，选择"插入"命令即可。

🔔注意：Excel 不仅可以插入连续的行或列，也可以插入不连续的行列，只要选择不连续的行、列之后再选择插入命令即可。

2.6.3　插入单元格区域

除了可以插入行和列之外，还可以插入一个单元格区域，这分为两种情况，一种是直接选择要插入的区域范围，然后执行插入命令，此时会弹出"插入"对话框，如图 2-29 所示。另一种是先选择一个区域进行复制，然后到目标位置粘贴复制的单元格，这时会弹出如图 2-30 所示的"插入粘贴"对话框，用户根据需要选择活动单元格移动的位置即可。

图 2-29 "插入"对话框   图 2-30 "插入粘贴"对话框

2.6.4 删除单元格区域

如果要删除某一单元格区域，而不是删除其中的数值，则可以在选择区域之后，在单元格区域内右击，选择"删除"命令，然后在打开的"删除"对话框中选择使用哪个方向的单元格来顶替删除的区域，确定即可，如图 2-31 所示。

如果要删除行或者列，只要选择删除的行或列，然后通过右击，执行"删除"命令即可。

图 2-31 删除单元格区域

2.6.5 快速改变行列的次序

如果需要调整表格行或者列的次序，则可以选择行或列之后，通过按住 Shift 键移动数据来进行顺序的调整。以调整列为例，选择要移动位置的列，然后用鼠标按住列的边框，按住 Shift 键移到目标位置，松开鼠标即可，如图 2-32 所示。

	加班工资	出差补贴	业务奖金	请假扣除	养老保险	医疗保险	失业保险	住房公积金	应扣总额	应发工资	实发工资
	C	D	E	F	G	H	I	J	K	L	M
2	50	0	300	100	200	100	100	100	600	4350	3750
3	0	0	300	0	200	100	100	100	500	4300	3800
4	0	0	300	0	200	100	100	100	500	4300	3800
5	80	1000	300	0	200	100	100	100	500	5380	4880
6	0	1000	300	0	200	100	100	100	500	5300	4800
7	0	1000	300	0	200	100	100	100	500	5300	4800
8	70	500	300	0	200	100	100	100	500	4870	4370
9	0	500	300	0	200	100	100	100	500	4800	4300
10	0	0	300	0	200	100	100	100	500	4300	3800
11	60	0	300	0	200	100	100	100	500	4360	3860
12	0	0	400	100	200	100	100	100	600	4400	3800
13	0	0	400	0	200	100	100	100	500	4400	3900
14	0	0	400	0	200	100	100	100	500	4400	3900
15	200	0	400	0	200	100	100	100	500	4400	4100
16	150	0	400	0	200	100	100	100	500	4550	4050
17	0	0	400	0	200	100	100	100	500	4400	3900
18	0	0	400	0	200	100	100	100	500	4400	3900
19	0	0	400	0	200	100	100	100	500	4400	3900
20	0	0	400	0	200	100	100	100	500	4400	3900
21	0	0	400	0	200	100	100	100	500	4400	3900
22	0	0	400	0	200	100	100	100	500	4400	3900

图 2-32 改变列的次序

2.7　工作表的选择与编辑

接下来，我们来学习如何对工作表进行一些编辑操作。

2.7.1　选择工作表

要选择工作表，只需要单击工作表的标签就可以了，而如果要选择多个工作表，则可以按住 Ctrl 键再逐个单击要选择的工作表，或者按住 Shift 键可以选择连续多个工作表，如图 2-33 所示。

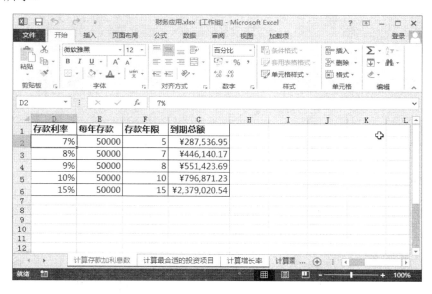

图 2-33　选择连续的工作表

2.7.2　插入工作表

如果是插入一个新的空白工作表，则可以通过单击最后一个工作表后的"新工作表"按钮来完成，每单击一个会插入一个新的工作表，如图 2-34 所示。

另外，选择要插入工作表的位置，即选择一个工作表，然后右击该工作表，在弹出的菜单中选择"插入"命令，会打开如图 2-35 所示的"插入"对话框，根据需要选择要插入的工作表方案即可。

2.7.3　删除工作表

要删除工作表，只需要选择要删除的工作表之后，再对着工作表右击，选择"删除"命令，如图 2-36 所示。接下来会弹出一个确认的对话框，再单击"删除"按钮即可。需要注意的是，工作表删除之后将不可撤销，因此在删除之前要确认该工作表确实已经没有用处了。

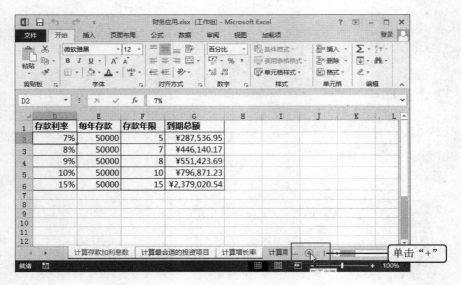

图 2-34　通过新工作表按钮插入工作表

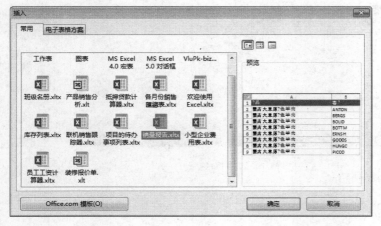

图 2-35　插入电子表格方案

图 2-36　删除工作表

2.7.4　重命名工作表

工作表默认的名称为 Sheet1、Sheet2、……如果想重新为工作表命名，则可以对着工作表单击右键，然后选择"重命名"命令，如图 2-37 所示。这时工作表名称位置就处于可编辑状态，直接输入要更改的名称，按回车键即可。

比较快捷的方式是，直接双击要重命名的工作表名称即可进入编辑状态，然后输入新名称即可。

2.7.5　隐藏/显示工作表

如果出于某种目的，有些工作表不想被其他人看到，则可以将其隐藏。方法很简单，对着要隐藏的工作表右击，选择"隐藏"命令即可。如果要取消隐藏，则可以对着任意工作表右击，选择"取消隐藏"命令，在打开的"取消隐藏"对话框中，选择要取消的工作表，单击"确定"按钮即可，如图 2-38 所示。

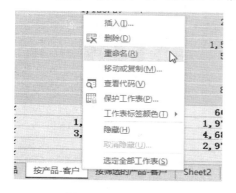

图 2-37　重命名工作表　　　　　　图 2-38　取消隐藏工作表

2.7.6　保护工作表

工作表编辑好之后，如果不希望被其他阅读者修改，或者仅需要阅读者对其中某一项或者几项有修改权限，则可以使用保护工作表命令，右击要保护的工作表，然后选择"保护工作表"命令，打开"保护工作表"对话框，可以通过输入密码来加强保护力度，在"允许此工作表的所有用户进行"下列出了一些选择，用户可以根据需要选择允许用户修改的内容，这里选择了允许用户选定单元格和插入列的操作，并输入了密码进行保护，如图 2-39 所示。单击"确定"之后，可以看到功能区只允许用户进行相关的操作，其他则处于灰色不可用状态，如图 2-40 所示。

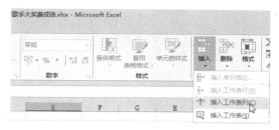

图 2-39　保护工作表　　　　　图 2-40　允许用户操作的项

如果要撤销保护，则可以通过右键，选择"撤销工作表保护"命令，如图 2-41 所示。在"撤销工作表保护"对话框中输入密码后，单击"确定"按钮即可，如图 2-42 所示。

图 2-41 选择"撤销工作表保护"命令

图 2-42 输入密码

2.7.7 指定用户编辑区域

如果某些表格只想让用户编辑特定的区域，而对于一些重要的区域则不想被用户编辑，如一些公式等，则可以指定可编辑区域，然后再进行工作表的保护。

方法如下：

（1）单击"审阅"菜单中的"允许用户编辑区域"命令，如图 2-43 所示。

图 2-43 选择命令

（2）在打开的"允许用户编辑区域"对话框中，单击"新建"命令，如图 2-44 所示。

（3）打开"新区域"对话框，选择"引用单元格"区域，即允许编辑的区域，然后单击"确定"按钮，如图 2-45 所示。

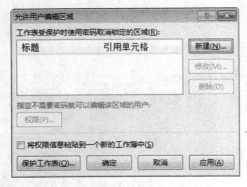

图 2-44 "允许用户编辑区域"对话框

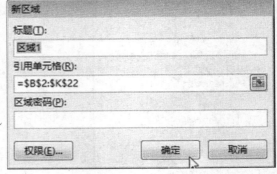

图 2-45 选择区域

（4）返回"允许用户编辑区域"对话框，如图 2-46 所示。单击"保护工作表"按钮，打开"保护工作表"对话框，直接单击"确定"按钮即可，如图 2-47 所示。

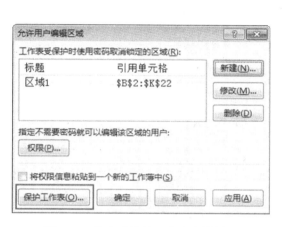 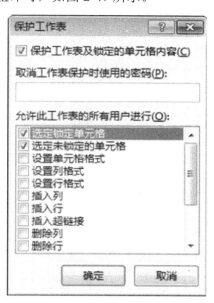

图 2-46　单击"保护工作表"按钮　　　　　图 2-47　"保护工作表"对话框

（5）回到工作表中，当编辑了不允许编辑的区域时，就会弹出提示消息框，如图 2-48 所示。

图 2-48　提示框

2.7.8　为工作表标签添加颜色

给工作表标签添加不同的颜色来标识，往往可以达到快速识别工作表的目的。若要给工作表添加上颜色标识，则可以对着工作表右击，选择"工作表标签颜色"命令，然后在下级菜单中选择合适的颜色即可，如图 2-49 所示。

2.7.9　移动和复制工作表

对工作表进行移动或者复制也是工作表最常用的操作之一，下面我们分别从两个方面来讲解。

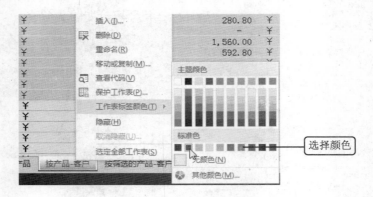

图 2-49　添加工作表标签颜色

1．在当前工作簿中移动和复制

（1）在当前工作簿中移动工作表，只需要按住工作表名称，然后拖动至要移动的目标位置，松开鼠标即可，如图 2-50 所示。

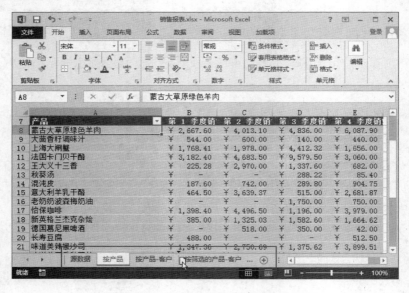

图 2-50　在同一工作簿中移动工作表

（2）如果要在当前工作簿中复制一份工作表，则可以在移动的同时按住 Ctrl 键，这时鼠标图标上会多出了一个"+"号，如图 2-51 所示。松开鼠标后即可完成复制。

2．在工作簿之间移动和复制

如果是在不同的工作簿之间移动或者复制工作表，则可以按照下面的方法操作。以复制为例。

（1）打开两个工作簿文件，右击要复制的工作表，选择"移动或复制"命令，如图 2-52 所示。

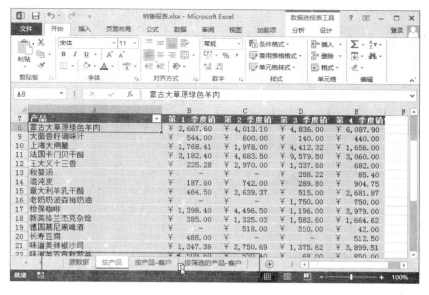

图 2-51　在同一工作簿中复制工作表

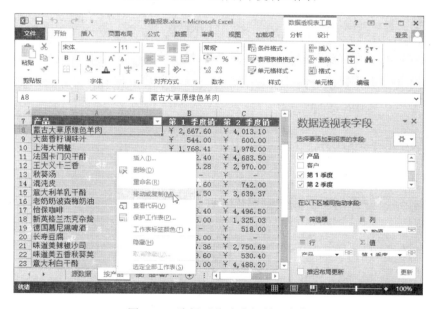

图 2-52　选择"移动或复制"命令

（2）在打开的"移动或复制工作表"对话框中，选择目标工作簿，并选择放在目标工作簿的位置，这里选择放在 Sheet1 之前，勾选"建立副本"命令，如图 2-53 所示。如果不选择，则视为移动工作表。

（3）完成后，单击"确定"按钮，可以看到工作表已经被复制到了目标工作簿中，如图 2-54 所示。

另外还有一种简单的方法，就是将两个要进行移动或复制操作的工作簿窗口并排显示，然后再利用鼠标将工作表从一个工作簿拖动至另一工作簿中也可以实现移动或复制的操作（要复制则需要按住 Ctrl 键拖动）。

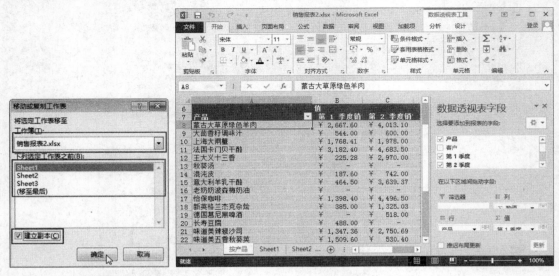

图 2-53　设置复制选项　　　　　　　　　　图 2-54　完成复制

2.8　视图的设置

有效地对视图进行管理，会在一定程度上帮助我们对数据进行更加有效的分析，使页面更加有助于用户操作。下面我们简单了解一下 Excel 视图菜单中的一些选项。

2.8.1　设置显示的元素

在视图菜单中的"显示"组中，可以选择是否显示网格线、编辑栏等页面元素，如果不想看到那些密密麻麻的网格线，则可以在此处将其取消，以使页面更加清爽简洁，如图 2-55 所示。

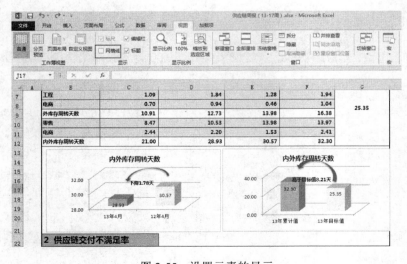

图 2-55　设置元素的显示

2.8.2　显示比例的设置

在"显示比例"一组中，可以设置不同的显示比例，也可以根据需要，选择要显示的区域，通过"缩放到选定区域"命令，放大或者缩小选择的区域，以使得数据区域可以充满整个窗口，如图 2-56 所示。

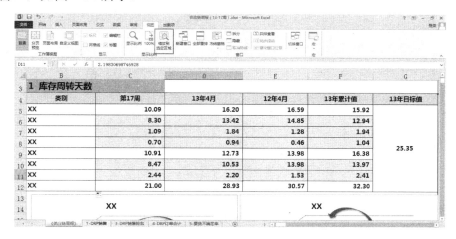

图 2-56　设置缩放到选定区域

第3章 数据的格式设置

内容导读

在学习了一些基本操作之后，本章我们将进一步学习有关格式设置的内容。如数字格式的设置、边框和填充的添加、行高与列宽的调整、条件格式的设置、样式的应用以及如何冻结窗格等知识。

通过本章的学习，您将掌握以下内容：

- ❏ 单元格格式的设置
- ❏ 行高与列宽的调整
- ❏ 样式的使用
- ❏ 条件格式的应用
- ❏ 窗格的拆分与冻结

3.1 设置单元格数字格式

在 Excel 中，数字的显示形式可谓多种多样，除了正常的小数、百分比、千位分隔符、日期等方式，还可以设置一些意想不到的格式，极大地方便了用户的需求。下面我们就来学习一下不同的数字格式设置。

3.1.1 设置不同类型的数字格式

实际工作中，我们经常需要对数字的格式进行更改，以满足显示的需求，比如有时需要将数字显示为会计专用格式，或者显示为百分比形式等。其实设置方法非常简单，如图3-1 所示，如果想把销售金额一列的数值转换为会计专用格式，则可以选中数据区域之后，再选择"开始"菜单项"数字"组中的"数字格式"下拉箭头，然后选择"会计专用"格式即可，如图3-2 所示。

	A	B	C	D	E	F	G	H
1	古彭酒厂2012年10月至2013年2月徐矿超市销售明细							
2								
3	商品类别	货号	品名	单位	销售成本	销售数量	销售金额	备注
4	05	13519801	金瓶梅蓝礼盒46度	盒	1920.00	12.00	2304.00	
5	05	69217287050	金瓶梅酒	瓶	450.00	10.00	550.00	
6	05	69217287100	古彭酒45度（老窖）	瓶	1638.00	91.00	1956.00	
7	05	69217287100	金瓶梅河清酒	盒	3024.00	63.00	3660.00	POS机
8	05	69217287100	古彭特曲45度	瓶	2180.00	109.00	2616.00	
9	05	69217287102	金瓶梅红礼盒44度	盒	604.12	8.00	768.00	
10	05	69217287102	古彭五年陈48度	瓶	1950.00	65.00	2569.00	
11			小计：		11,766.12	358.00	14,423.00	
12								

图3-1 选择数据区域

数字格式的下拉列表只提供了一些常用的数字格式类型，如果想进一步设置其他的数字格式，可以在"设置单元格格式"中进行，在如图 3-2 所示的菜单中选择最后一项"其他数字格式"命令，或者使用快捷键 Ctrl+1 命令均可打开"设置单元格格式"对话框，在"数字"选项卡中可以进行各类数据的格式设置，如图 3-3 所示。

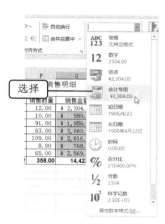

图 3-2　选择数字格式

图 3-3　"设置单元格格式"对话框

3.1.2　数字格式的妙用

巧妙运用数字格式，在一定程度上可以达到事半功倍的效果，下面我们来列举几例。

1．数字换大写

有时需要对一些数字，特别是表示金额的数字以大写的形式显示，这时就可以直接将其转换一下即可，而不用再逐个输入了。如图 3-4 所示的 C13 单元格，只要将其中的数字格式设置为"特殊"，在类型中，选择"中文大写数字"，然后单击"确定"即可，如图 3-5 所示。

	A	B	C	D
1	品名	规格	销售数量	销售金额
2	温心牌猪肉韭菜水饺	400g	147.00	1,645.00
3	温心牌牛肉大葱水饺	400g	133.00	1,650.00
4	温心牌羊肉大葱水饺	400g	113.00	650.00
5	温心牌一级干河虾	150g	11.00	73.00
6	温心牌二级干河虾	150g	16.00	384.00
7	温心牌特级干烤鱼	150g	111.00	825.00
8	温心牌一级干烤鱼	150g	111.00	704.00
9	温心牌一级干烤鱼125g	125g	12.00	114.00
10	温心牌二级干烤鱼	150g	112.00	600.00
11	温心牌一级鸡头米	400g	12.00	465.00
12	小计		7,110.00	
13	人民币大写		柒仟壹佰壹拾	

图 3-4　大写数字格式

图 3-5　设置数字的特殊格式

2．快速更换日期格式

Excel 中允许各类的日期显示形式，如 2013 年 6 月 18 日、2013/6/18、二〇一三年六月十八日、18-Jun-13 等。利用这个特性，我们可以在输入的时候挑选一个方便输入的方式，最后再进行格式的转换。如图 3-6 所示的出生日期列，如果想更改为图 3-7 中"××××年××月××日"的形式显示，则可以在数字的分类中选择日期，然后在其列表中选择对应的格式，确定即可，如图 3-8 所示。

图 3-6　选择数据区域

图 3-7　更改后的日期显示格式

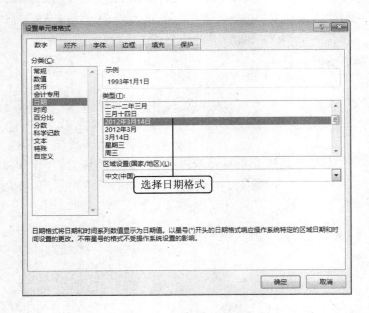

图 3-8　设置日期格式

3．小数换成百分比

有时在计算一些比率方面的数据时，往往希望按百分比的形式显示，比如合格率、正确率等。而通常计算出的结果都是以小数的形式显示，实际上只要稍做设置就可以将其变为百分比的形式，如图 3-9 和图 3-10 的退货率一列，就是设置前后的对比效果。而设置的方法则非常简单，只需要选择要设置的数据，然后在"设置单元格格式"的"数字"选项卡中将其设置为百分比的形式即可，另外，还可以对小数位数进行设置，如图 3-11 所示。

	A	B	C	D	E
1	品名	进货数量	销售数量	退货数量	退货率
2	温心牌馒头	50	40	10	0.2
3	爱心牌烘烤蛋糕	60	50	10	0.1666667
4	爱心牌油炸糕点	50	35	15	0.3
5	爱心中式糕点	70	50	20	0.2857143
6	爱心牌西式面点	40	40	0	0
7	爱心牌千层饼	80	60	20	0.25
8	晓鸣牌羊蹄	30	30	0	0
9	晓鸣牌猪头肉	30	25	5	0.1666667
10	晓鸣牌猪耳朵	45	30	15	0.3333333
11	晓鸣牌猪蹄	50	30	20	0.4
12	晓鸣牌川味菜鸭	55	50	5	0.0909091
13	晓鸣牌凉菜	80	80	0	0
14	晓鸣牌酱牛肉	90	80	10	0.1111111

图 3-9　数据格式设置前

	A	B	C	D	E
1	品名	进货数量	销售数量	退货数量	退货率
2	温心牌馒头	50	40	10	20.00%
3	爱心牌烘烤蛋糕	60	50	10	16.67%
4	爱心牌油炸糕点	50	35	15	30.00%
5	爱心中式糕点	70	50	20	28.57%
6	爱心牌西式面点	40	40	0	0.00%
7	爱心牌千层饼	80	60	20	25.00%
8	晓鸣牌羊蹄	30	30	0	0.00%
9	晓鸣牌猪头肉	30	25	5	16.67%
10	晓鸣牌猪耳朵	45	30	15	33.33%
11	晓鸣牌猪蹄	50	30	20	40.00%
12	晓鸣牌川味菜鸭	55	50	5	9.09%
13	晓鸣牌凉菜	80	80	0	0.00%
14	晓鸣牌酱牛肉	90	80	10	11.11%

图 3-10　数据格式设置后

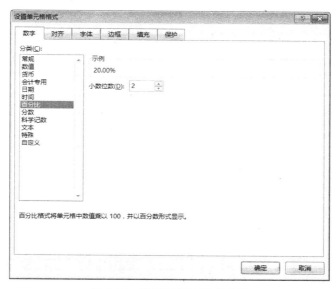

图 3-11　设置百分比形式显示

4．随意设置小数位数

对于小数数值来讲，小数的位数往往代表着精确程度的大小，位数越高精确度越高。在 Excel 中可以很方便地调整小数的位数，只要选择要设置的数据，然后通过"开始"菜单"数字"组中的增加小数位置或减小小数位数两个按钮即可设置，如图 3-12 所示。

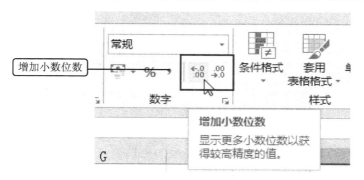

图 3-12　设置小数位数

5．利用自定义格式辅助输入

有时在输入一些顺序号的时候，前面往往是一串相同的字符，后面才是流水号，比如工号、学号、货号等。如图 3-13 所示的货号，前面均以 188 开头，如果每次都输入这几个数字显然比较麻烦，而通过 Excel 提供的自定义格式，则可以让系统帮着输入这些相同的数字。

方法如下：

选择要输入数据的范围，然后打开"设置单元格格式"对话框，在"数字"选项卡中选择"自定义"，并在类型下方的文本框中输入"18800"，单击"确定"按钮，如图 3-14 所示。这样在进行输入的时候，只要输入后面的序号即可，如输入"2"则会显示出"18802"，而输入"12"则会显示"18812"。

图 3-13　数据表　　　　　　　　　　图 3-14　自定义数字格式

💭**提示**：除了输入数字，还可以输入英文和汉字来定义数字格式，另外，在自定义的列表中同样有很多种格式供用户选择，用户可以根据需要进行选择。

3.2　设置单元格的对齐方式

合理地调整单元格的对齐方式，会对美化 Excel 表格起着一定的作用，Excel 中的单元格除了可以设置垂直和水平的对齐方式外，还可以将单元格按照一定的角度对齐。要设置单元格的对齐方式，可以通过以下两种方式。

1．通过功能区的按钮来设置

在"开始"菜单的"对齐方式"组中可以看到各种对齐的方式，
其中：

❏　垂直有靠上、居中和靠下三种，水平有左对齐、居中对齐和右对齐三种对齐方式，如图 3-15 所示。

图 3-15 各类对齐方式

- ❑ 通过 ✎ 按钮，可以设置不同角度的对齐方式和文字排列方式，如图 3-16 所示。
- ❑ 展开"合并后居中"的下拉列表，可以看到几种合并的方式，如图 3-17 所示。各项含义如下：
  - ➢ 合并后居中：将所选单元格合并，并设置对齐方式为水平和垂直都居中。
  - ➢ 跨越合并：合并所选单元格区域的行。不进行纵向合并。
  - ➢ 合并单元格：合并所选区域，但不进行对齐方式的设置。

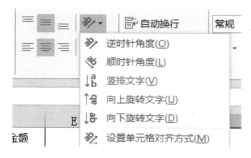

图 3-16 设置不同角度对齐

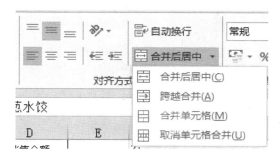

图 3-17 各类合并方式

2. 通过设置单元格格式对话框设置

选择要设置的区域右击，选择"设置单元格格式"命令，在"设置单元格格式"对话框中，切换到"对齐"选项卡。在"文本对齐"方式区域可以分别设置"水平对齐"和"垂直对齐"方式等选项，如图 3-18 所示。

其中：

- ❑ "水平对齐"方式包括"常规"、"靠左（缩进）"、"居中"、"靠右（缩进）"、"填充"、"两端对齐"、"跨列居中"、"分散对齐"8 种方式。其中跨列居中与合并居中的区别在于，后者合并单元格，而前者只是在视觉上显示为在几列的中间位置，并未合并单元格。
- ❑ "垂直对齐"方式包括"靠上"、"居中"、"靠下"、"两端对齐"和"分散对齐"5 种方式。选择合适的对齐方式，并单击"确定"按钮即可。
- ❑ 文本控制中的自动换行的作用是，当输入的内容超出单元格的宽度，就会自动进行换行显示。
- ❑ 缩小字体填充，是为了将输入的文字在一行中显示而设置的，如果字数较多，就会缩小字体。

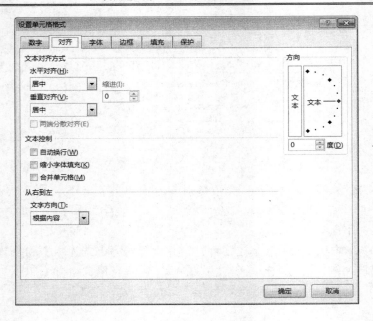

图 3-18　设置对齐方式

各种对齐方式的显示效果如图 3-19 所示。

垂直靠上			左对齐	居中对齐	右对齐	分 散 对 齐
	垂直居中	垂直靠下				
跨列居中			合并后居中			这是自动换行的效果
竖排文字	向上旋转	向下旋转	合并单元格			缩小字体填充的效果
跨越合并						
跨越合并						
跨越合并						
逆时针	顺时针		竖排文字	向上旋转	向下旋转	

图 3-19　各种对齐方式效果

3.3　设置单元格其他格式

本小节讲述单元格的字体、边框、填充等格式的设置。

3.3.1　设置字体格式

在设置单元格格式对话框中，切换至"字体"选项卡可以设置字体、字形、字号、颜色等选项，各项设置与 Word 中的设置方法相同，这里也就不再作详细的介绍，选择要设置的选项之后，单击"确定"按钮即可，如图 3-20 所示。

3.3.2　设置边框格式

切换至"边框"选项卡，可以对单元格设置不同线型、不同颜色的边框，还可以为单元格添加斜线效果。选择要设置的线型样式、颜色，然后再单击相应的按钮进行添加即可。如图 3-21 所示。如果要取消某一边框，则再次单击边框的按钮即可取消，选择"无"则所有边框全部取消。

图 3-20　设置字体格式

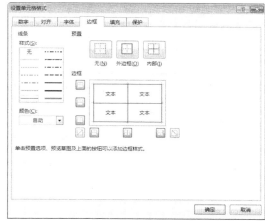

图 3-21　设置边框格式

3.3.3　设置填充格式

切换至"填充"选项卡可以为单元格设置各类的填充效果，如颜色填充、图案填充等，选择要设置的颜色或者填充效果，设置完成后单击"确定"按钮即可，如图 3-22 所示。

3.3.4　保护和锁定单元格

"保护"选项卡只有两个选项，一个是锁定，一个是隐藏，如图 3-23 所示。不过，这两个选项只有在对工作表实施保护之后才起作用。也就是说，如果没有对工作表进行保护，这两个选项选与不选都没任何区别。

需要指出的是，这里的"隐藏"，不是隐藏单元格的内容，而是隐藏其公式。

有关单元格格式的设置还可以通过在"开始"菜单选项的"字体"组中进行设置，如图 3-24 所示，对于一些常用的格式设置均可以在此完成，如字体、字号、字形、边框、填充、字体颜色等。如图 3-25 所示就是设置了边框、填充、对齐方式等格式后的效果。

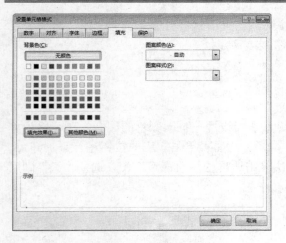

图 3-22　设置填充效果

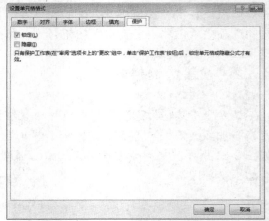

图 3-23　设置保护

图 3-24　利用字体功能区设置单元格格式

月份	费用 1	费用 2	费用 3	费用 4	费用 5
一月	100.00	200.00	300.00	400.00	500.00
二月	200.00	200.00	300.00	400.00	500.00
三月	300.00	200.00	300.00	400.00	500.00
四月	400.00	200.00	300.00	400.00	500.00
五月	500.00	200.00	300.00	400.00	500.00
六月	600.00	200.00	300.00	400.00	500.00
七月	700.00	200.00	300.00	400.00	500.00
八月	800.00	200.00	300.00	400.00	500.00
九月	900.00	200.00	300.00	400.00	500.00
十月	1,000.00	200.00	300.00	400.00	500.00
十一月	1,100.00	200.00	300.00	400.00	500.00
十二月	1,200.00	200.00	300.00	400.00	500.00
总计	7,800.00	2,400.00	3,600.00	4,800.00	6,000.00

图 3-25　设置单元格格式后的效果

3.4　行高与列宽的调整

行高与列宽的设置是在制作表格过程中难免要涉及的，在 Excel 中调整行高与列宽非常方便，下面我们分别来做简要介绍。

3.4.1 设置行高

选择要设置的行，然后用鼠标拖动两行之间的分隔线上下移动就可以改变行高的大小，如图 3-26 所示。

如果需要精确的设置，可以在选择行之后，右键单击鼠标，在弹出的菜单中选择"行高"命令，打开"行高"对话框，如图 3-27 所示。输入行高的值，单击"确定"即可。

图 3-26 利用鼠标改变行高　　　　图 3-27 "行高"对话框

小技巧：双击两行之间的分隔线，可以将选中的行高设置为最适合的行高。同样，双击两列之间的分隔线，可以将选中的列宽设置为最适合的列宽。

3.4.2 设置列宽

列宽的设置与行高类似，只要选择要设置的列，拖动两列之间的分隔线左右移动就可以改变列宽，如图 3-28 所示。如果需要精确设置列的宽度，则可以在选择列之后右击，选择"列宽"命令，如图 3-29 所示，在打开的"列宽"单元格内输入列宽值即可。

图 3-28 拖动鼠标改变列宽　　　　图 3-29 "列宽"对话框

🔔**小技巧**：更改默认列宽，Excel 工作表的默认列宽为 8.38，如果需要更改该值，可以在开始菜单的"单元格格式"组中单击"格式"命令，选择"默认列宽"，在打开的对话框中输入新值，确定即可。

3.5 行列的隐藏

当出于对数据保护的需要，要隐藏某些行或列的内容时，则可以使用行和列的隐藏功能将其隐藏。以行为例，选择要隐藏的行，右键单击，在弹出的菜单中选择"隐藏"命令即可将其隐藏，如图 3-30 所示。如果要取消隐藏，则可以选择被隐藏行的上下两个行号，然后右击鼠标选择"取消隐藏"命令。

列的隐藏方法与之相同，这里就不再赘述了。

图 3-30　隐藏行

3.6 样式的使用

Excel 2013 不仅有着丰富的单元格和表格样式，而且还可以自定义样式，甚至可以让单元格根据数据的不同而显示不同的样式，利用样式可以快速使表格达到美化效果，可以使表格更加丰富、数据显示方式更加多样。

3.6.1 单元格样式的应用

1. 应用样式

前面我们讲了如何通过字体、边框、底纹等格式来设置单元格的格式，而利用单元格样式则可以快速设置这些格式，从而省去了不少麻烦。方法如下：

选择要设置的单元格区域，然后选择"开始"菜单"样式"组中的"单元格格式"命令，就会展开样式列表，用户根据需要选择相应的样式即可，如图 3-31 所示。

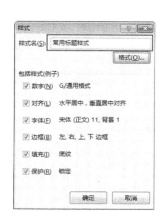

图 3-31 应用单元格样式

2. 自定义样式

如果样式列表中没有你中意的样式，还可以自定义一个样式，通过可以通过以下两种方式进行定义：

方法一：如果工作表中已经有比较满意的单元格格式，则可以直接将其定义为一个样式。选择已经定义好格式的单元格，然后展开图 3-31 所示的单元格样式列表，选择下方的"新建单元格样式"命令，在打开的"样式"对话框中输入一个样式名称，单击"确定"即可，如图 3-32 所示。如果想更改其中的样式，还可以单击对话框中的"格式"按钮，打开"设置单元格格式"对话框进行相应的设置，如图 3-33 所示。完成后单击"确定"按钮。

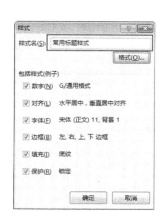

图 3-32 "样式"对话框

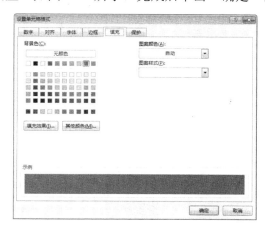

图 3-33 "设置单元格格式"对话框

方法二：如果想直接定义一个样式，则同样打开"样式"对话框，然后再单击"格式"按钮，对边框、填充、对齐、字体等项进行设置，完成后单击"确定"按钮即可。

完成定义后，可以在单元格样式列表中看到定义的样式，如图 3-34 所示。这样就可以在需要的时候将其快速应用到其他单元格中了。

图 3-34 添加的单元格样式

3.6.2 套用表格样式

1. 应用表格样式

与 Word 中的表格一样，Excel 同样内置了很多表格样式以供用户使用，只要选择要套用样式的表格区域，然后选择"样式"组中的"套用表格样式"，展开表格样式列表，选择喜欢的样式即可，如图 3-35 所示。

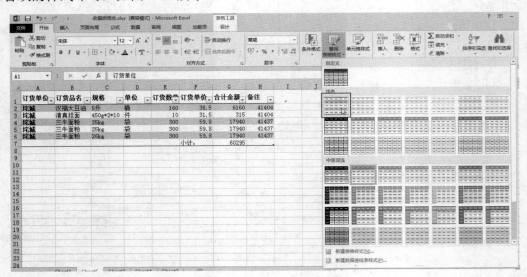

图 3-35 套用表格样式

将菜单切换至"设计"项，如图 3-36 所示。可以看到表格样式的选项包括标题行、汇总行、第一列、最后一列等，默认情况下还为标题行添加了"筛选按钮"，当然，如果不希望显示某些项，则可以取消选择。

2. 自定义表格样式

如果样式表中没有您满意的样式，那么也可以自己定义一个样式以备今后使用。

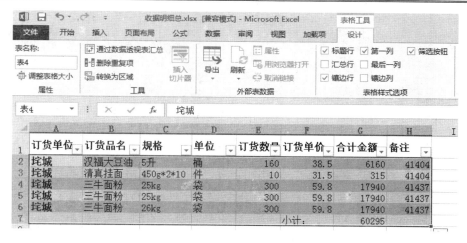

图 3-36　表格样式选项的设置

步骤如下：

（1）在"套用表格样式"列表中选择下方的"新建表格样式"命令，打开"新建表样式"对话框，在"表元素"列表中，可以看到可供用户设置格式的表元素项，如整个表、第一列条纹、标题行等。在名称后的文本框中输入一个表样式名称，如图 3-37 所示。

（2）选择表元素中的"整个表"，单击"格式"按钮，打开"设置单元格格式"对话框，这里先对整个表格设置边框效果，如图 3-38 所示的分别设置了外边框的内边框的线型。设置完成后单击"确定"按钮返回。

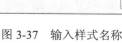

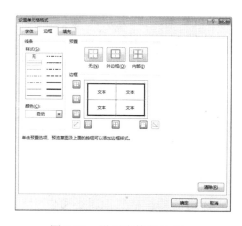

图 3-37　输入样式名称　　　　　　　　图 3-38　设置表格的边框

（3）再选择"第一行条纹"元素，单击"格式"按钮，在打开的"设置单元格格式"对话框中设置其填充色效果，如图 3-39 所示。设置完成后单击"确定"按钮返回。

（4）利用同样的方法，设置标题行效果，如图 3-40 所示。当然，您还可以尝试设置其他元素的效果。设置完成后单击"确定"按钮返回到"新建表样式"对话框，再次单击"确定"按钮，完成样式的定义。

（5）再次打开"套用表格样式"列表，就可以看到我们新建立的表格样式，如图 3-41 所示。

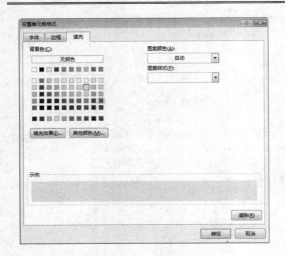 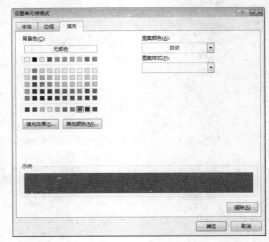

图 3-39　设置第一行条纹效果　　　　　　图 3-40　设置标题行效果

图 3-41　查看表格样式列表

3.7　条件格式的应用

　　所谓的条件格式，就是可以让单元格根据条件的不同而显示不同的格式。比如，希望显示超额完成任务的单元格、把销量按不同等级显示不同颜色、显示前十名成绩等，都可以通过条件格式实现。

　　在 Excel 2013 中，提供了突出显示单元格规则、项目选取规则、数据条、色阶、图标集等多种方式来定义条件格式，基本上能够满足绝大多数条件的设置。下面我们列举几例来进行说明。

3.7.1　标识前 10 名成绩

　　对于如图 3-42 所示的工作表，如果我们希望将总分在前 10 名的同学突出显示出来，则可以在选择总分一列之后，单击"开始"菜单"样式"组中的"条件格式命令"，然后

选择"项目选取规则" | "前 10 项"命令，如图 3-42 所示。

图 3-42　选择命令

在打开的前 10 项对话框中，设置项目数，并选择一个格式，如图 3-43 所示。单击"确定"按钮，可以看到总分如图 3-44 所示的。

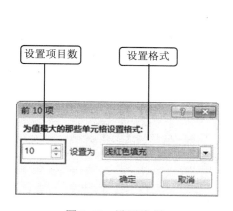

	A	B	C	D	E	F	G	H	I	
1	姓名	性别	出生年月	报考专业	语文	数学	外语	科学	总分	
2	王秋吉	男	1992/4/13	园林	63	73	52	79	267	
3	王俊	男	1993/11/3	园林	68	74	55	51	248	
4	王俊	女	1993/9/20	旅游	68	88	90	99	345	
5	王俊男	男	1992/11/16	金融	70	78	63	46	257	
6	王振庭	男	1992/2/15	旅游	70	78	80	56	284	
7	王晓君	女	1993/8/1	旅游	87	65	85	89	326	
8	王倩雯	女	1993/12/13	旅游	81.5	84	71	91	327.5	
9	王涛	男	1993/9/17	旅游	77	69	83	96	324.5	
10	王景	女	1992/10/28	金融	65	91	85	91	332	
11	王善达	女	1992/12/8	金融	60	88	83	92	323	
12	王翔	男	1992/6/14	园林	86.5	71	79	74	310.5	
13	王婷	女	1993/7/12	园林	92	92	94	80	358	
14	王蓉	女	1993/3/22	文秘	81	78	100	87	346	
15	王静怡	女	1993/7/23	园林	90	84	67	100	341	
16	王镇渝	男	1993/4/28	旅游	80	92	90	84	346	
17	王婷	男	1993/1/7	旅游	75	70	80	68	293	
18	亓晓博	男	1992/10/27	金融	80	80	58	58	276	
19	韦天翔	女	1991/10/1	金融	56	65	55	77	253	
20	韦旭东	男	1993/7/12	金融	80	96	91	72	339	
21	韦倩	女	1992/2/15	旅游	88	93	91	83	355	
22	支秀丽	女	1993/6/1	旅游	84	86.8	69	74	313.8	
23	支晓璐	女	1991/5/8	园林	88.5	89	70	80	327.5	

图 3-43　设置选项　　　　　　　　　图 3-44　设置条件格式后的效果

因为本例是显示前 10 项，这里默认为 10，就不用修改。当然，如果求前 3 项，则可以更改为 3。

3.7.2　突出显示介于某个分数区间的成绩

如果希望某一区间段的成绩突出显示，比如图 3-45 所示的成绩表，希望把外语成绩在 90～100 分之间的成绩突出显示，则可以按照下面的方法进行设置。

选择外语成绩列，单击"开始"菜单"样式"组中的"条件格式命令"，然后选择"突出显示单元格规则" | "介于"命令，如图 3-45 所示。

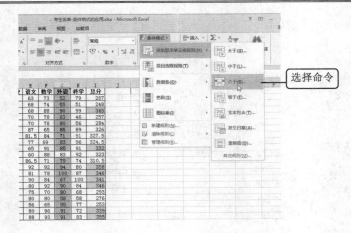

图 3-45　选择命令

在打开的"介于"对话框中输入如图 3-46 所示的内容。单击"确定"按钮之后就可以看到外语成绩列中在 90～100 范围的单元格全部按要求突出显示出来了，如图 3-47 所示。

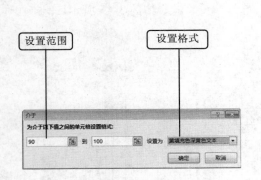

图 3-46　设置对话框

图 3-47　突出显示单元格

3.7.3　突出显示某一部门

对于图 3-48 所示的表格，如果希望突出显示某一部门的话，则可以按照下面的方法操作。

选择部门列，单击"条件格式命令"，然后选择"突出显示单元格规则"|"文本包含"命令，如图 3-48 所示。

在打开的"文本中包含"对话框中，按如图 3-49 所示输入要突出显示的部门，并设置相应的格式，单击"确定"按钮即可。

3.7.4　利用数据条显示项目完成进度

数据条的作用就是利用带颜色的数据条来代表单元格中数据的值，值越大，数据条越长。下面举例说明其用法。

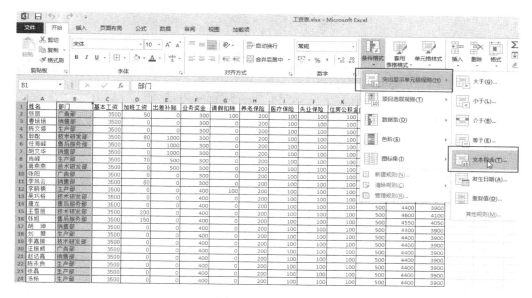

图 3-48　选择命令

图 3-49　设置对话框

如图 3-50 所示的项目进度表，我们将完成百分比一栏中的数据以数据条的形式来显示。方法如下：

选择要设置的区域（B9:B17），然后单击"条件格式命令"，选择"数据条"，在下级菜单中选择一个数据条的样式，所选单元格区域的值就会发生相应的改变，如图 3-51 所示。

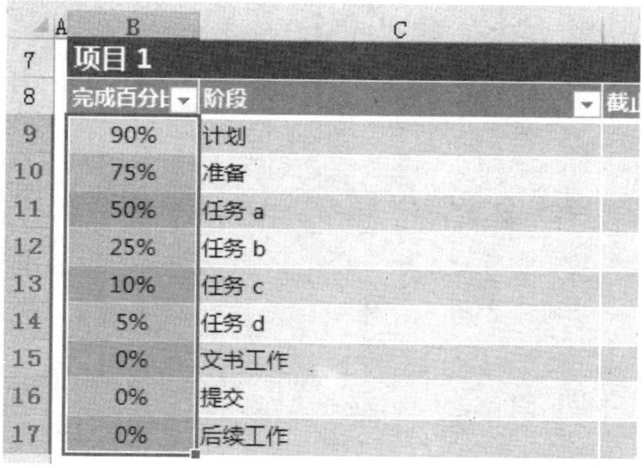

图 3-50　选择单元格区域

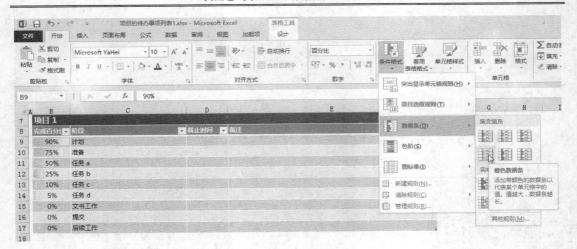

图 3-51　设置数据条显示方式

3.7.5　利用图标集显示不同范围的数据

图标集可以算是一种简单的图表形式，用户可以使用图标对自己确定的不同类型的数据进行区别表示。如用绿色上箭头表示较高的数据，用黄色横箭头表示中等数据，用红色下箭头表示较低的数据。如图 3-52 所示，就采用了"四向箭头"表示总分，具体的设置方法这里就不再赘述了。

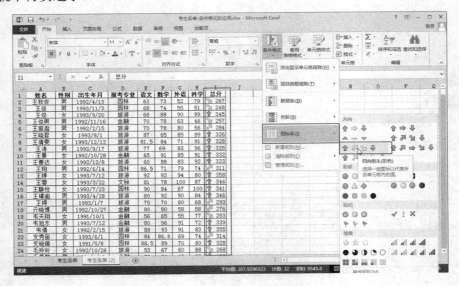

图 3-52　图标集应用效果

3.7.6　自定义规则的应用

如果系统提供的一些自动设置的格式无法满足需求，则可以通过自定义规则来实现要设置的效果，下面通过两个小例子来说明如何使用自定义规则。

1．突出显示双休日

如图 3-53 所示的员工工作月计划表，如果希望把双休日突出体现，实现如图 3-54 所示的效果以起到提醒的作用，则可以通过自定义的方式来完成。

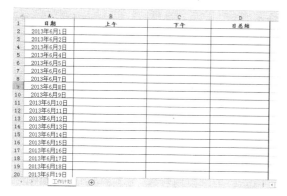

图 3-53　原表

图 3-54　应用条件格式后的效果

选择要设置的区域（A2:A31），单击"条件格式命令"，选择"新建规则"命令，在打开的"新建格式规则"对话框中，选择最下方的"使用公式确定要设置格式的单元格"，然后在下方的文本框中输入公式"=weekday(A2:A31,2)>5"，再单击"格式"按钮，如图 3-55 所示。

在打开的"设置单元格格式"对话框中，为其设置一个填充色，如图 3-56 所示。完成后单击"确定"按钮，就会实现如图 3-54 所示的效果。

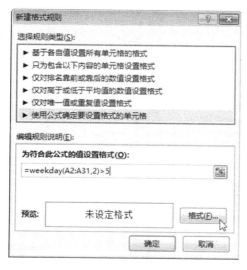

图 3-55　"新建格式规则"对话框

图 3-56　设置格式

说明：公式"=weekday(A2:A31,2)>5"中的 weekday 是计算某一个日期的函数，语法为"week(serial_number,return_type)，当 return_type 参数为 2 时，函数对应于星期一

至星期日的日期分别返回数值 1~7，因此，如果返回值大于 5 时即表示日期为周六或周日。有兴趣的朋友可以想一下如何显示出一个特定的星期天数，如星期一。

2．多条件联合使用——分类显示不同级别的成绩

本例我们将使用多个条件格式来实现将不同级别的成绩按不同格式显示出来。如图 3-57 所示为语文学科的成绩，希望得到的结果是图 3-58 所示的分析表。即根据分数显示出不及格、及格、良好、优秀四个等级，不同的等级用不同颜色的图标标识，并且突出显示高于平均成绩的数据。

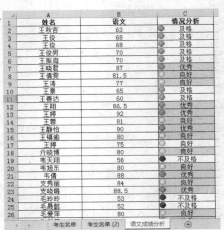

图 3-57　成绩分析原表　　　　　　　　图 3-58　格式化后的不及格

具体的实现步骤如下：

（1）将 B 列中的成绩，复制到情况分析列中，如图 3-59 所示。

（2）选择 C 列的数据区域，然后打开新建格式规则对话框，规则类型选择"只为包含以下内容的单元格设置格式"项，按照图 3-60 所示设置规则说明为单元格值小于 60。

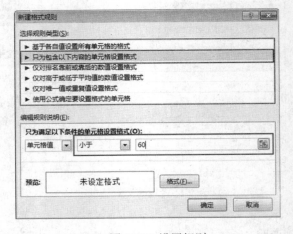

图 3-59　复制数据　　　　　　　　　　图 3-60　设置规则

（3）单击对话框中的"格式"按钮，定义其数字格式为"自定义"，然后在类型下的文本框中输入"不及格"，如图 3-61 所示。即所有小于 60 的数字均以不及格显示。

（4）按照同样的方法设置单元格值在 60～70 之间时数字格式为"及格"，71～85 之间为"良好"，大于 85 的为优秀，定义后的结果显示如图 3-62 所示。

图 3-61　"设置单元格格式"对话框

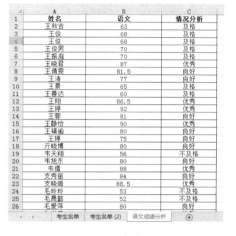

图 3-62　设置条件后的效果

（5）接下来我们来利用图标集在不同级别前加上不同的图标。再次打开"新建格式规则"对话框，选择规则类型"基于各自值设置所有单元格的格式"，格式样式选择"图标集"，图标样式选择"四色交通灯"，然后在下方按照如图 3-63 所示设置显示的规则，注意后面的类型默认为"百分比"，这里要选择"数字"。

（6）单击"确定"按钮，可以看到设置图标集后的效果，如图 3-64 所示。

图 3-63　设置条件规则

图 3-64　设置图标集格式后的效果

（7）接下来再将高于平均值的单元格突出显示出来，单击"条件格式"，选择"项目选取规则"下的"高于平均值"命令，在打开的"高于平均值"对话框中为其设置浅红色填充效果，如图 3-65 所示。

（8）单击"确定"按钮，完成所有设置，最后效果如图 3-66 所示。

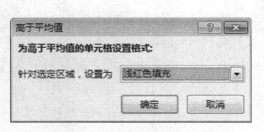

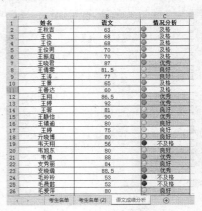

图 3-65　"高于平均值"对话框　　　　　图 3-66　最终效果

3.7.7　规则的管理

1. 清除规则

如果要清除单元格所应用的规则，可以在条件格式的菜单中选择"清除规则"命令，然后根据需要选择清除单元格或者整个工作表的规则即可，如图 3-67 所示。

2. 管理规则

如果需要对已经创建好的规则进行编辑，则可以在条件格式的菜单中选择"管理规则"命令，打开"条件格式规则管理器"对话框，如图 3-68 所示。如果要修改某一规则，直接双击就可以打开对应的编辑窗口，然后根据需要进行必要的修改即可。

图 3-67　清除规则　　　　　　　　　图 3-68　规则管理器

3.8　窗格的拆分与冻结

当我们在制作一个 Excel 表格时，如果行数较多时，一旦向下滚屏，则上面的标题行也跟着滚动，同样，如果列数较多，向右滚屏时右边的标题行也会跟着滚动。在处理数据时往往难以分清数据对应的标题，而利用"拆分窗格"和"冻结窗格"的功能可以很好地解决这一问题。下面我们就来对这两个功能做详细的介绍。

3.8.1　窗口的拆分

通过对窗口的拆分，可以将窗口拆分成不同的窗格，这些窗格可以单独滚动，方便较大表格编辑。主要分为以下三种情况：

1. 水平拆分

切换至"视图"菜单项，选择要拆分位置的下一行单元格（选择整行），单击"窗口"组中的拆分命令即可。如图 3-69 所示。拆分后的效果如图 3-70 所示。这样就可以很方便地对不同区域的数据进行对比分析了。

图 3-69　选择拆分命令

图 3-70　拆分后的效果

2. 垂直拆分

选择要拆分位置的右边一列单元格，单击"窗口"组中的拆分命令即可。

3. 同时水平和垂直拆分

单击要拆分处的右下方单元格，再单击"窗口"组中的拆分命令。即可将窗口拆分成四个窗格。

说明：再次单击拆分命令，则可以取消窗口的拆分。

3.8.2 窗格的冻结与解冻

相对于拆分窗格，冻结窗格更利于固定大型表格的标题行或列，且窗口不会显得凌乱，滚屏时，被冻结的标题行总是显示在最上面或最左边，大大增强了表格编辑的直观性。同样有以下三个方式。

1．冻结顶部标题

选择要冻结处的下一行单元格，单击选择"窗口"组中的"冻结窗格"命令，再选择"冻结拆分窗格"即可将所选行的上方区域固定，如图 3-71 所示。

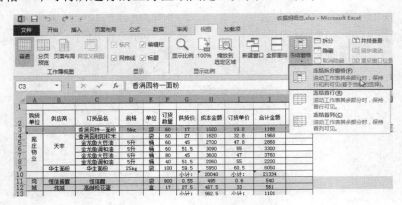

图 3-71　冻结顶部标题

2．冻结左侧标题

选取要冻结处的右边一列单元格，再选择"冻结拆分窗格"命令即可将所选列的左侧区域固定。

3．同时冻结顶部和左侧标题

有的表格，上方和左侧都有标题需要固定，这样则可以选择待冻结处的右下单元格，再选择"冻结拆分窗格"命令即可。

除此之外，通过冻结窗格命令，还可以快速冻结首行或首列。

🔔说明：要想取消冻结，则再次单击"冻结窗格"命令，选择"取消冻结窗格"即可。

3.9　实例：制作期初余额统计表

下面我们来制作一个小实例，以巩固本章所学的内容，本实例将应用到字体的定义、单元格的合并、对齐方式的设置，边框的添加、数值的格式设置等内容。最终效果如图 3-72 所示。

步骤如下：

（1）选择 A1:D1 区域，选择"合并后居中"命令，然后输入标题，设置字体为微软雅黑，字号为 16，如图 3-73 所示。

图 3-72　期初余额统计表

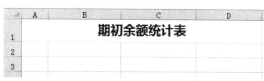

图 3-73　制作表格标题

（2）合并 A2:A3 单元格区域，B2:B3 单元格区域，C2:D2 单元格区域，然后分别输入相应的字段，并设置单元格对齐方式为水平垂直均居中对齐。其中，A2 单元格，可以在输入完"科目"后按"Alt+回车键"再输入"代码"，如图 3-74 所示。

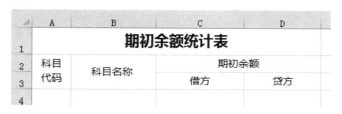

图 3-74　制作标题字段

（3）输入相应的科目代码及科目名称，并设置为居中显示，如图 3-75 所示。

（4）输入借方与贷方金额，并设置显示为货币格式，如图 3-76 所示。

（5）选择整个表格区域（除标题外），打开"设置单元格格式"对话框，为数据表添加边框，设置外框为蓝色粗线，内框为红色细虚线，如图 3-77 所示。

（6）单击"确定"后，可以看到添加的边框效果，如图 3-78 所示。

（7）最后将贷方的数值颜色做一下更改，选中贷方数据区域，然后将字体颜色设置为"蓝色"，完成整个表格的制作，如图 3-79 所示。

图 3-75　输入代码及名称　　　　　　　图 3-76　输入借方与贷方

图 3-77　设置表格边框　　　　　　　图 3-78　添加边框后效果

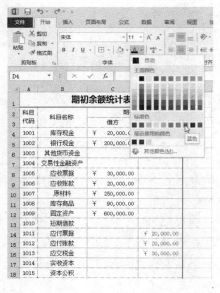

图 3-79　设置字体颜色

第 4 章　数据的简单处理

内容导读

本章开始，我们将详细讲解数据处理的相关知识，在本章，我们将学习如何对数据区域进行转换，了解 Excel 中的运算符，学习如何使用公式进行数据运算，以及如何使用函数等内容。

通过本章的学习，您将掌握以下内容：

- ❑ 数据区域转换
- ❑ Excel 公式的基本操作
- ❑ Excel 函数的基本操作
- ❑ 公式的审核
- ❑ 公式与函数常见错误解析

4.1　数据的分列与合并

数据的分列是指，将一列的数据根据一定的规则分成多列；而数据的合并则是指将多列或者多行数据合并成一列或者一行，在实际工作中经常会用到这两种功能。

4.1.1　单元格文本数据分列

在实际应用中经常需要将单元格中的内容分成多列，以达到更加细化数据的效果，如图 4-1 所示的列，想将后面的包装规格单独分开放至另一列，如图 4-2 所示。则可以用到数据分列的功能。步骤如下：

品名
甘汁园纯正红糖350g
甘汁园绵白糖400g
甘汁园绵白糖400g
甘汁圆宝宝糖450g
小黑猫纯正红糖300g
小黑猫水果糖500g
小黑猫精装糖700g

图 4-1　分列前表格

品名	规格
甘汁园纯正红糖	350g
甘汁园绵白糖	400g
甘汁园绵白糖	400g
甘汁圆宝宝糖	450g
小黑猫纯正红糖	300g
小黑猫水果糖	500g
小黑猫精装糖	700g

图 4-2　分列后表格

（1）选择要分列的数据区域，然后打开“替换”对话框，输入查找内容为“糖”替换内容为“糖 ”，如图 4-3 所示，即在“糖”后加一个空格，为的是给分列提供一个分隔符，因为要想分列数据，数据的排列就要有一定的规律。替换后的效果如图 4-4 所示。

图 4-3 "查找和替换"对话框   图 4-4 替换后效果

（2）切换到"数据"菜单项，单击"数据工具"组中的"分列"命令，打开分列向导对话框，如图 4-5 所示。选择"分隔符号"选项，如图 4-6 所示，单击"下一步"按钮。

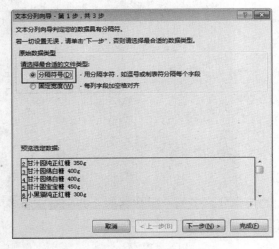
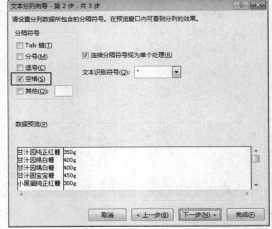

图 4-5 分列向导   图 4-6 选择分隔符号

说明：固定宽度项通常适合截取相同宽度的字符，如截取身份证中的出生日期部分字段等。

（3）选择分隔符号为"空格"，可以看到下方的数据预览区已经将其分开，单击"下一步"按钮。

（4）设置列数据的格式，这里选择常规格式，在分列的过程中，如果不想导入某一列，则可以在数据预览区选择要跳过的列，选择"不导入此列"选项。在目标区域输入或选择分列后数据存放的位置，如图 4-7 所示。

（5）单击"完成"按钮，然后在数据的上方再输入对应的标题，如图 4-8 所示。

有兴趣的读者可以练习将图 4-9 所示的地址列，利用分列实现图 4-10 的效果。

4.1.2 多列数据合并成一列

与数据分列相反，本例将实现把多列数据合并成一列，通常可以采用以下两种方法：

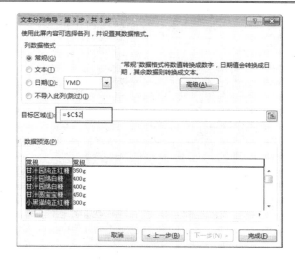

图 4-7　设置目标区域

C	D
品名	规格
甘汁园纯正红糖	350g
甘汁园绵白糖	400g
甘汁园绵白糖	400g
甘汁园宝宝糖	450g
小黑猫纯正红糖	300g
小黑猫水果糖	500g
小黑猫精装糖	700g

图 4-8　最终分列效果

E
地址
江苏省徐州市泰山街道办事处
湖南省长沙市湘江路899号
安徽省合肥市珠江路90号
山东省青岛市环海中路30号
河南省郑州市时尚大道233号

图 4-9　原数据

H	I	J
省份	城市	街道地址
江苏省	徐州市	泰山街道办事处
湖南省	长沙市	湘江路899号
安徽省	合肥市	珠江路90号
山东省	青岛市	环海中路30号
河南省	郑州市	时尚大道233号

图 4-10　处理后的数据

1．利用&连接

"&"符号可以连接前后两个字符串，如图 4-11 所示，如果希望将 A2 和 B2 合并在一起，则可以在 C2 中输入公式"=A2&B2"即可。

图 4-11　使用&合并单元格数据

2．利用CONCATENATE函数合并

CONCATENATE 函数可将最多 255 个文本字符串合并为一个文本字符串。链接项可以是文本、数字、单元格引用或这些项的组合。其语法格式为：CONCATENATE(text1, [text2], ...)。如图 4-12 所示，在 C2 中输入公式"=CONCATENATE(A2,B2)"即可将 A2 和 B2 两个单元格中的数据合并在一个单元格中。

接下来我们来利用分列与合并两个功能将身份证中的日期提取出来，一系列的过程可以从图 4-13 中做一个简单的了解。主要是先利用分列的功能，提取出年月日的数据，然后再将年月日合并在一个单元格中，并添加上年、月、日文本，最后再将生成的日期复制，并以值的形式进行粘贴即可。

图 4-12　利用 CONCATENATE 合并单元格数据

	A	B	C	D	E	F
1	从身份证中提取生日					
2	320323198911237890	1989	11	23	1989年11月23日	1989年11月23日

图 4-13　提取日期的过程

步骤如下：

（1）选择单元格 A2，然后执行分列命令，打开分列向导，选择"固定宽度"选项，单击"下一步"按钮，如图 4-14 所示。

（2）分别在要分列的位置单击鼠标，添加分隔线，这里添加的分隔线，就把代表年、月、日的数值和其他数值分开了，如图 4-15 所示。

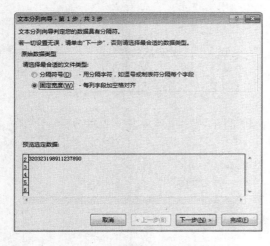

图 4-14　选择固定宽度选项

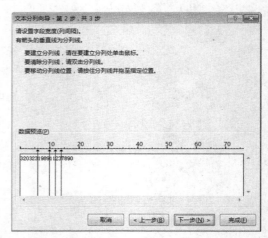

图 4-15　分隔数据

（3）单击"下一步"按钮，进入第 3 步，在这一步骤中选择除日期之外的列，将其跳过，即不导入与日期无关的数值，然后选定目标区域，这里选择了 B2 单元格，如图 4-16 所示。

（4）单击"完成"按钮，可以看到分列的效果，如图 4-17 所示。

（5）将光标定位在 E2 单元格，输入公式"=B2&"年"&C2&"月"&D2&"日""，或者"=CONCATENATE(B2,"年",C2,"月",D2,"日")"，按回车后即可生成日期的格式，如图 4-18 所示。

（6）将生成的日期单元格复制，在 F2 单元格利用选择性粘贴，将其粘贴为"值"，这样就和正常的日期型数据一致了，至此，生日提取完毕，如图 4-19 所示。

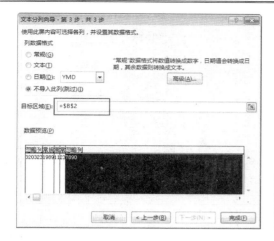

图 4-16　设置导入的列及目标区域

图 4-17　分列后的效果

图 4-18　合并成日期格式

图 4-19　完成生日的提取

4.1.3　多行数据合并成一行

将多行合并成一行，与将多列合并成一列所使用的方法是相同的，在合并的过程中，如果希望在两个单元格数据中间添加一个空格，则可以用引号将空格符括起来。如"=CONCATENATE(A1," ",B1)"。

4.2　Excel 公式的基本操作

利用公式计算工作表中的数据是 Excel 最基本的功能之一，在前面的章节中，我们也简单接触了一些公式，本节我们来详细了解有关公式的一些基本操作。

4.2.1　公式的输入与编辑

公式是由运算符、函数、引用单元格或数据等组成，可生成一个结果的运算式。Excel 中的公式始终以等号"="开头，等号后面是要计算的元素，各操作数之间由运算符分隔。Excel 按照公式中每个运算符的特定次序从左到右计算公式。

输入公式非常简单，只需要选中要输入公式的单元格，然后输入"="再输入组成公式的函数、单元格、数据、运算符等，完成后按回车键即可。如图 4-20 所示，在 G4 单元格输入"=E4*F4"按回车键后即可计算出合计金额。

• 83 •

图 4-20　公式的输入

我们会注意到在图 4-20 中有一个公式编辑栏,实际上,选择要输入公式的单元格之后,在该编辑栏中也可以输入公式,前面的三个符号"×、√、*fx*"分别是取消编辑、接受编辑、插入函数按钮。

4.2.2　公式中的运算符

Excel 的运算符分为四种不同类型:算术、比较、文本连接和引用。下面我们分别进行介绍。

1．算术运算符

算术运算符可以完成基本的数学运算,如加、减、乘、除等,各算术运算的含义及示例如表 4-1 所示。

表 4-1　算术运算符及其含义

算术运算符	含　义	示　例
+（加号）	加法	9+9
−（减号）	减法	9-7
	负数	-1
*（星号）	乘法	5*5
/（正斜杠）	除法	3/3
%（百分号）	百分比	28%
^（脱字号）	乘方	5^2

2．比较运算符

比较运算符可以比较两个值。当用运算符比较两个值时,结果为逻辑值:TRUE 或 FALSE,即比较结果正确为 TRUE,反之为 FALSE,如"=3>2"为 TRUE,而"=5>8"则为 FALSE。比较运算符的含义如表 4-2 所示。

表 4-2　比较运算符及其含义

比较运算符	含　义	示　例
=（等号）	等于	A1=B1
>（大于号）	大于	A1>B1

续表

比较运算符	含　义	示　例
<（小于号）	小于	A1<B1
>=（大于等于号）	大于或等于	A1>=B1
<=（小于等于号）	小于或等于	A1<=B1
<>（不等号）	不等于	A1<>B1

3．文本连接运算符

可以使用 "&" 连接一个或多个文本字符串，以生成一段文本。如 "="北京"&"清华大学""，将会生成 "北京清华大学"。

4．引用运算符

可以使用以下运算符对单元格区域进行合并计算。引用运算符及其含义如表 4-3 所示。

表 4-3　引用运算符及其含义

引用运算符	含　义	示　例
:（冒号）	区域运算符，生成对两个引用之间的所有单元格的引用，包括这两个引用	A5:A10
,（逗号）	联合运算符，将多个引用合并为一个引用	SUM(A5:A15,C5:C15)
（空格）	交叉运算符，生成对两个引用共同的单元格的引用	B7:D8 C6:C9

5．运算符优先级

如果一个公式中有若干个运算符，Excel 将按表 4-4 中的次序进行计算。如果一个公式中的若干个运算符具有相同的优先顺序，Excel 将从左到右进行计算。

表 4-4　运算符优先级

运　算　符	说　明
:（冒号）　（单个空格），（逗号）	引用运算符
-	负数（如 –1）
%	百分比
^	乘方
* 和 /	乘和除
+ 和 –	加和减
&	连接两个文本字符串（串连）
=、<>、<=、>=、<>	比较运算符

注意：若要更改求值的顺序，请将公式中要先计算的部分用括号括起来。如公式=6+3*3 和公式=(6+3)*3 的结果是截然不同的。

4.2.3　把公式转换为值

对于计算好的公式，如果想复制其中的值，而不是公式，则可以在复制之后，到目标位置通过右键菜单，将其粘贴为"值"即可，如图 4-21 所示。

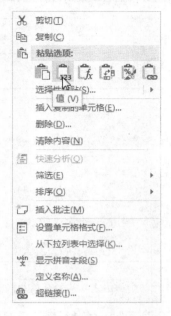

图 4-21　粘贴值

4.3　公式应用举例

下面通过几个实例来简要介绍公式的使用。

4.3.1　计算同比增幅

对于图 4-22 所示的表格，如果要计算 2012 年相对 2011 年的增幅，则可以将光标定位在 D2 单元格中，输入公式"=C2/B2-1"，然后再将其格式变为百分比格式，保留两位小数。计算出一个结果之后，其余的向下拖动复制公式即可，如图 4-23 所示。

车间/生产线	2011年实际生产（成品）	2012年生产预测（成品）	同比增幅
电器冲压	672885	767385	14.04%
电器喷粉	147854	170105	
电器精工	51982	56399	
燃气冲制	614757	815477	
燃气喷涂	54646	66785	
油烟机	814867	933784	
消毒柜	686879	750654	
微蒸烤	715867	833784	
灶具（含电灶）	669403	734262	
热水器	669403	782262	
电器工厂	862721	1003929	
燃气工厂	669403	782262	

图 4-22　输入计算公式

车间/生产线	2011年实际生产（成品）	2012年生产预测（成品）	同比增幅
电器冲压	672885	767385	14.04%
电器喷粉	147854	170105	15.05%
电器精工	51982	56399	8.50%
燃气冲制	614757	815477	32.65%
燃气喷涂	54646	66785	22.21%
油烟机	814867	933784	14.59%
消毒柜	686879	750654	9.28%
微蒸烤	715867	833784	16.47%
灶具（含电灶）	669403	734262	9.69%
热水器	669403	782262	16.86%
电器工厂	862721	1003929	16.37%
燃气工厂	669403	782262	16.86%

图 4-23　复制公式

4.3.2　计算分数

如图 4-24 表格中的最后得分的计算方法是，去掉一个最高分和一个最低分，余下得分相加取平均值。在 O3 单元格中输入公式“=(SUM(C3:L3)-M3-N3)/8”，然后复制公式即可。

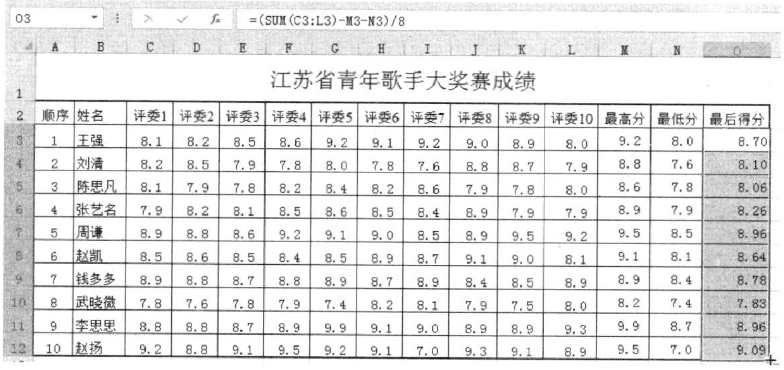

顺序	姓名	评委1	评委2	评委3	评委4	评委5	评委6	评委7	评委8	评委9	评委10	最高分	最低分	最后得分
1	王强	8.1	8.2	8.5	8.6	9.2	9.1	9.2	9.0	8.9	8.0	9.2	8.0	8.70
2	刘清	8.2	8.5	7.9	7.8	8.0	7.8	7.6	8.8	8.7	7.9	8.8	7.6	8.10
3	陈思凡	8.1	7.9	7.8	8.2	8.4	8.2	8.6	7.9	7.8	8.0	8.6	7.8	8.06
4	张艺名	7.9	8.2	8.1	8.5	8.6	8.5	8.4	8.9	7.9	7.9	8.9	7.9	8.26
5	周谦	8.9	8.8	8.6	9.2	9.1	9.0	8.5	8.9	9.5	9.2	9.5	8.5	8.96
6	赵凯	8.5	8.6	8.5	8.4	8.5	8.9	8.7	9.1	9.0	8.1	9.1	8.1	8.64
7	钱多多	8.9	8.8	8.7	8.8	8.9	8.7	8.9	8.4	8.5	8.9	8.9	8.4	8.78
8	武晓微	7.8	7.6	7.8	7.9	7.4	8.2	8.1	7.9	7.5	8.0	8.2	7.4	7.83
9	李思思	8.8	8.8	8.7	8.9	9.9	9.1	9.0	8.9	8.9	9.3	9.9	8.7	8.96
10	赵扬	9.2	8.8	9.1	9.5	9.2	9.1	7.0	9.3	9.1	8.9	9.5	7.0	9.09

图 4-24　计算最后得分

4.4　Excel 函数的基本操作

Excel 函数一共有 11 类，分别是数据库函数、日期与时间函数、工程函数、财务函数、信息函数、逻辑函数、查询和引用函数、数学和三角函数、统计函数、文本函数以及用户自定义函数。这些函数可以帮助用户实现各种各样的功能，通过对函数的使用，不仅可以简化公式，还可以实现公式无法实现的功能。不过，对于普通用户来讲，并不需要完全掌握每一个函数的使用方法，而只要根据自己的工作需求，掌握其中部分的函数即可。下面我们来对函数做些详细的介绍。

4.4.1　函数的结构

函数，也被称为特殊的公式，也是由“=”号开始。结构通常是：“函数名(参数 1,参数 2,参数 3,……)，参数可以允许有多个，当然也有的函数没有参数，如 NOW、PI 等。而其中的参数也有必选和可选两种，如：

```
IF(logical_test,[value_if_true],[value_if_false])
```

其中，中括号里的参数即为可选，而没有用中括号括起来的 logical_test 则为必选。

4.4.2　函数的插入方法

函数的插入可以通过以下几种方法：

方法一：直接输入函数。

如果对函数已经比较熟悉，则可以直接输入函数的名称进行运算。如一些常用的函数 SUM、IF、AVERAGE、MIN、MAX 等。从而省去了查找函数的麻烦。

方法二：利用公式编辑栏中的插入函数按钮 fx，可以打开"插入函数"对话框。

方法三：单击"编辑"组中的"自动求和"按钮旁边的下拉箭头，选择"其他函数"命令，也可以打开"插入函数"对话框。

方法四：在"公式"菜单的"函数库"组中，有各种分类的函数，单击其中一种可以根据需要找到合适的函数，如图 4-25 所示。也可以单击"插入函数"按钮，打开"插入函数"对话框。

图 4-25　选择其他函数命令

"插入函数"对话框如图 4-26 所示。在列表框中列出了一些常用的函数，用户可以在"选择类别"项里选择对应的类别，然后再根据选择计算的需要选择函数，双击可打开其参数设置对话框，如图 4-27 所示是求平均值函数 AVERAGEA 的参数设置对话框。

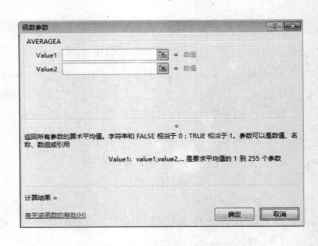

图 4-26　"插入函数"对话框　　　　　　　　图 4-27　设置函数参数

在参数设置对话框中输入要计算的单元格区域或者相应的数值，然后单击"确定"按钮即可得到函数运算结果。

4.5　常用的函数应用举例

下面我们通过一些实例来了解函数的具体用法。

4.5.1　SUM 函数

SUM 函数可以对指定为参数的所有数字求和。每个参数都可以是区域、单元格引用、数组、常数、公式或另一函数的结果。例如，SUM(B1:B5) 将对单元格 B1 到 B5（区域）中的所有数字求和。再如，SUM(A1,A3,A5)将对单元格 A1、A3 和 A5 中的数字求和。

语法格式如下：

```
SUM(number1,[number2],...)
```

其中，number1，为必需。想要相加的第一个数值参数；number2，...为可选。想要相加的 2～255 个数值参数。

例 1：求产品全年产量。

如图 4-28 所示，若要求出全年产量，则可以在 B3 单元格输入公式"=SUM(C3:N3)"，按回车键后按住填充柄向下复制公式即可，结果如图 4-29 所示。

	A	B	C	D	E	F	G	H	I	J	K	L	M	N
1	成品生产入库台数													
2	产品线	全年产量	1月	2月	3月	4月	5月	6月	7月	8月	9月	10月	11月	12月
3	海科柜（不含HH22Q\HC02)	=SUM(C3:N3)	54407	16081	29552	49487	51060	58785	53011	60473	66028	61958	68755	63183
4	HH22Q\EQ02	SUM(number1, [number2], ...)		930	1150	1227	1273	1415	2970	6394	7400	6756	7550
5	海科灶（不含电灶）		50416	15341	28482	49135	52492	49591	48413	55908	60007	60322	67734	60785
6	电磁灶		1097	194	956	1506	999	1258	1909	1688	2358	1024	1396	1746
7	海科消毒柜		15131	4633	7634	13058	10520	11460	12743	13497	15650	15582	13692	14254
8	热水器（不含空壳）		4659	1751	2623	5194	3612	3757	5257	7227	5661	4835	5504	4566
9	海科空调机			250	1682	2330	1635	600					1165	725
10	热水器（空壳折算）		4659	1901	3632	6592	4593	4117	5257	7227	5661	4835	6203	5001
11	海科微波炉		2070	706	2506	2651	1639	2703	1749	1720	720	1180	2654	2528
12	海科蒸箱		770	180	540	580	457	540	610	940	800	751	600	1000
13	海科烤箱		950	100	620	750	823	727	742	750	1558	1305	1228	1835
14	海科保温箱		1150	1227	1273	956	1506	999	457	610	940	800	751	1000
15	海科蒸锅		20										35	15

图 4-28　输入公式

	A	B	C	D	E	F	G	H	I	J	K	L	M	N
1	成品生产入库台数													
2	产品线	全年产量	1月	2月	3月	4月	5月	6月	7月	8月	9月	10月	11月	12月
3	海科柜（不含HH22Q\HC02)	632780	54407	16081	29552	49487	51060	58785	53011	60473	66028	61958	68755	63183
4	HH22Q\EQ02	40105	2470	570	930	1150	1227	1273	1415	2970	6394	7400	6756	7550
5	海科灶（不含电灶）	598626	50416	15341	28482	49135	52492	49591	48413	55908	60007	60322	67734	60785
6	电磁灶	16131	1097	194	956	1506	999	1258	1909	1688	2358	1024	1396	1746
7	海科消毒柜	147854	15131	4633	7634	13058	10520	11460	12743	13497	15650	15582	13692	14254
8	热水器（不含空壳）	54646	4659	1751	2623	5194	3612	3757	5257	7227	5661	4835	5504	4566
9	海科空调机	8387		250	1682	2330	1635	600					1165	725
10	热水器（空壳折算）	59678.2	4659	1901	3632	6592	4593	4117	5257	7227	5661	4835	6203	5001
11	海科微波炉	22826	2070	706	2506	2651	1639	2703	1749	1720	720	1180	2654	2528
12	海科蒸箱	7768	770	180	540	580	457	540	610	940	800	751	600	1000
13	海科烤箱	11388	950	100	620	750	823	727	742	750	1558	1305	1228	1835
14	海科保温箱	11669	1150	1227	1273	956	1506	999	457	610	940	800	751	1000
15	海科蒸锅	70	20										35	15

图 4-29　计算结果

4.5.2　AVERAGE 函数

返回参数的平均值（算术平均值）。例如，如果区域 B1:B20 包含数字，则公式"=AVERAGE(B1:B20)"将返回这些数字的平均值。

语法格式如下：

```
AVERAGE(number1, [number2], ...)
```

其中，number1 为必需。要计算平均值的第一个数字、单元格引用或单元格区域；number2,…为可选。要计算平均值的其他数字、单元格引用或单元格区域，最多可包含 255 个。

例 2：求成绩平均分。

如图 4-30 所示的成绩表，若要求出每门课的平均分，则可以在 C22 单元格中输入公式"=AVERAGE(C2:C21)"，然后向右复制公式即可。

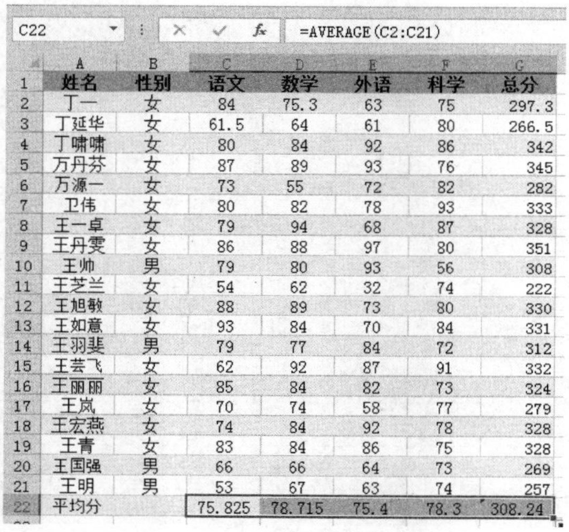

	A	B	C	D	E	F	G
1	姓名	性别	语文	数学	外语	科学	总分
2	丁一	女	84	75.3	63	75	297.3
3	丁延华	女	61.5	64	61	80	266.5
4	丁啸啸	女	80	84	86	86	342
5	万丹芬	女	87	89	93	76	345
6	万源一	女	73	55	72	82	282
7	卫伟	女	80	82	78	93	333
8	王一卓	女	79	94	68	87	328
9	王丹雯	女	86	88	97	80	351
10	王帅	男	79	80	93	56	308
11	王芝兰	女	54	62	32	74	222
12	王旭敏	女	88	89	73	80	330
13	王如意	女	93	84	70	84	331
14	王羽斐	男	79	77	84	72	312
15	王芸飞	女	62	92	87	91	332
16	王丽丽	女	85	84	82	73	324
17	王岚	女	70	74	58	77	279
18	王宏燕	女	74	84	92	78	328
19	王青	女	83	84	86	75	328
20	王国强	男	66	66	64	73	269
21	王明	男	53	67	63	74	257
22	平均分		75.825	78.715	75.4	78.3	308.24

图 4-30　计算平均分

4.5.3　MAX 函数

返回一组值中的最大值，如求全班最高分、销量最大值、年龄最大值等都可以使用该函数。

语法格式如下：

```
MAX(number1, [number2], ...)
```

参数含义与求和函数类似，相同示例与下一函数一同讲解。

4.5.4　MIN 函数

返回一组值中的最小值，如求全班最低分、销量最小值、年龄最小值等都可以使用该函数。

语法格式如下：

```
MIN (number1, [number2], ...)
```

参数含义与求各函数类似。

例 3：求最高产量和最低产量。

如图 4-31 所示的一个产量统计表，如果想求出每月的最高产量和最低产量，则可以分别利用 MAX 函数和 MIN 函数，在 B17 单元格输入“=MAX(B3:B16)”，可以求出 6 月最大值，在 B18 单元格输入“=MIN(B3:B16)”，可以求出最小值。求出后按住填充柄向右拖动鼠标可计算出其余单元格的值。

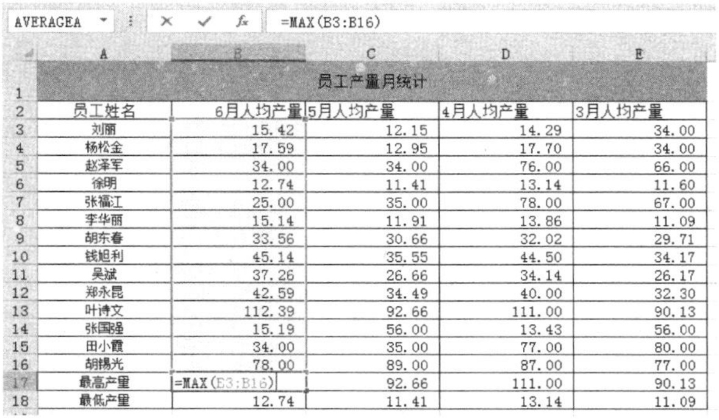

AVERAGEA　=MAX(B3:B16)

	A	B	C	D	E
1	员工产量月统计				
2	员工姓名	6月人均产量	5月人均产量	4月人均产量	3月人均产量
3	刘丽	15.42	12.15	14.29	34.00
4	杨松金	17.59	12.95	17.70	34.00
5	赵泽军	34.00	34.00	76.00	66.00
6	徐明	12.74	11.41	13.14	11.60
7	张福江	25.00	35.00	78.00	67.00
8	李华丽	15.14	11.91	13.86	11.09
9	胡东春	33.56	30.66	32.02	29.71
10	钱旭利	45.14	35.55	44.50	34.17
11	吴斌	37.26	26.66	34.14	26.17
12	郑永昆	42.59	34.49	40.00	32.30
13	叶诗文	112.39	92.66	111.00	90.13
14	张国强	15.19	56.00	13.43	56.00
15	田小霞	34.00	35.00	77.00	80.00
16	胡锡光	78.00	89.00	87.00	77.00
17	最高产量	=MAX(B3:B16)	92.66	111.00	90.13
18	最低产量	12.74	11.41	13.14	11.09

图 4-31　计算最高产量与最低产量

4.5.5　IF 函数

如果指定条件的计算结果为 TRUE，IF 函数将返回某个值；如果该条件的计算结果为 FALSE，则返回另一个值。例如，如果 A1 大于 100，公式“=IF(A1>100,"大于 100","小于或等于 100")”将返回“大于 100”，如果 A1 小于等于 100，则返回“小于或等于 100”。

语法格式如下：

```
IF(logical_test,[value_if_true],[value_if_false])
```

其中，logical_test 为必需。计算结果为 TRUE 或 FALSE 的任何值或表达式；value_if_true 为可选。logical_test 参数的计算结果为 TRUE 时所要返回的值；value_if_false 为可选。logical_test 参数的计算结果为 FALSE 时所要返回的值。

例 4：利用 IF 划分成绩等级。

如图 4-32 所示的语文成绩表，想要根据成绩的不同阶段显示不同的等级，则可以在 D2 格输入公式“=IF(C2<60,"不及格",IF(C2<80,"及格","优秀"))”，完成后将公式复制到其他单元格即可。

公式嵌套了一个 IF 函数，含义是，如果引用单元格的值小于 60，显示“不及格”；如果不小于 60，再看是否小于 80，如果是，则显示为“及格”，如果不是，则显示为“优秀”。

D2 =IF(C2<60,"不及格",IF(C2<80,"及格","优秀"))

姓名	性别	语文	等级
丁一	女	84	优秀
丁延华	女	61.5	及格
丁啸啸	女	80	优秀
万丹芬	女	87	优秀
万源一	女	73	及格
卫伟	女	80	优秀
王一卓	女	79	及格
王丹雯	女	86	优秀
王帅	男	79	及格
王芝兰	女	54	不及格
王旭敏	女	88	优秀
王如意	女	93	优秀
王羽斐	男	79	及格
王芸飞	女	62	及格
王丽丽	女	85	优秀
王岚	女	70	及格
王宏燕	女	74	及格
王青	女	83	优秀
王国强	男	66	及格
王明	男	53	不及格
平均分		75.825	

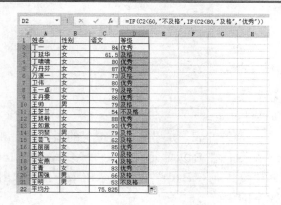

图 4-32　为成绩划分等级

🔔**注意**：*IF 函数最多可以嵌套 7 层。*

4.5.6　TEXT 函数

TEXT 函数将数值转换为文本，并可以使用特殊格式字符串指定显示格式。要以可读性更高的格式显示数字，或要将数字与文本或符号合并时，此函数非常有用。例如，假设单元格 A1 中包含数字 25.5。要将此数字的格式设置为美元金额，您可以使用公式“=TEXT(A1,"$0.00")”，生成的结果为：$25.50。

语法格式如下：

```
TEXT(value, format_text)
```

其中，value 为必需。是数值或计算结果为数值的公式，或对包含数值的单元格的引用；format_text 为必需。用引号括起的文本字符串的数字格式。

例 5：总分显示带“分”的格式。

要想得到如图 4-33 显示的效果，则可以在 G2 单元格中输入公式“=TEXT(SUM(C2:F2),"0.00"&"分")”，然后鼠标拖动向下复制公式即可。

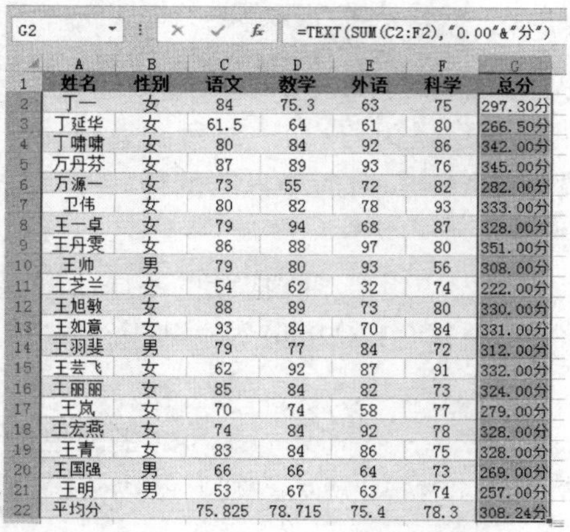

G2 =TEXT(SUM(C2:F2),"0.00"&"分")

姓名	性别	语文	数学	外语	科学	总分
丁一	女	84	75.3	63	75	297.30分
丁延华	女	61.5	64	61	80	266.50分
丁啸啸	女	80	84	92	86	342.00分
万丹芬	女	87	89	93	76	345.00分
万源一	女	73	55	72	82	282.00分
卫伟	女	80	82	78	93	333.00分
王一卓	女	79	94	68	87	328.00分
王丹雯	女	86	88	97	80	351.00分
王帅	男	79	80	93	56	308.00分
王芝兰	女	54	62	32	74	222.00分
王旭敏	女	88	89	73	80	330.00分
王如意	女	93	84	70	84	331.00分
王羽斐	男	79	77	84	72	312.00分
王芸飞	女	62	92	87	91	332.00分
王丽丽	女	85	84	82	73	324.00分
王岚	女	70	74	58	77	279.00分
王宏燕	女	74	84	92	78	328.00分
王青	女	83	84	86	75	328.00分
王国强	男	66	66	64	73	269.00分
王明	男	53	67	63	74	257.00分
平均分		75.825	78.715	75.4	78.3	308.24分

图 4-33　TEXT 函数的使用

公式的含义是求出 C2:F2 区域的和，以 0.00 的格式显示，得到的结果连接"分"文本，转换为文本格式。

4.5.7　RANK.EQ 函数

返回一列数字的数字排位：数字的排位是其大小与列表中其他值的比值；如果多个值具有相同的排位，则将返回最高排位。

语法格式如下：

```
RANK.EQ(number,ref,[order])
```

其中，number 为必需。要找到其排位的数字；ref 为必需。数字列表的数组，对数字列表的引用。ref 中的非数字值会被忽略；order 为可选。一个指定数字排位方式的数字。

与之类似的还有 RANK.AGE 函数。不同的是，如果多个值具有相同的排位，则返回该组值的平均排位。

例 6：求增幅排名。

如图 4-34 所示的表格，如果想求出不同车间的增幅排名，则可以在 E2 单元格中输入公式"=RANK.EQ(D2,$D$2:$D$13)"，然后向下复制公式即可。

E2		× ✓ fx	=RANK.EQ(D2,$D$2:$D$13)		
	A	B	C	D	E
1	车间/生产线	2011年实际生产（成品）	2012年生产预测（成品）	同比增幅	增幅排名
2	电器冲压	672885	767385	14.04%	9
3	电器喷粉	147854	170105	15.05%	7
4	电器精工	51982	56399	8.50%	12
5	燃气冲制	614757	815477	32.65%	1
6	燃气喷涂	54646	66785	22.21%	2
7	油烟机	814867	933784	14.59%	8
8	消毒柜	686879	750654	9.28%	11
9	微蒸烤	715867	833784	16.47%	5
10	灶具（含电灶）	669403	734262	9.69%	10
11	热水器	669403	783262	17.01%	3
12	电器工厂	862721	1003929	16.37%	6
13	燃气工厂	669403	782262	16.86%	4

图 4-34　求增幅排名

需要注意的是，后面的区域引用要用绝对地址，否则区域会随着公式发生改变，而我们要比较的这个区域是固定的，所以不可以使用相对地址。

4.5.8　RANDBETWEEN 函数

RANDBETWEEN 函数返回位于指定两个数之间的一个随机整数，每次计算工作表时都将重新生成新的整数。

语法格式如下：

```
RANDBETWEEN(bottom, top)
```

其中，bottom 为必需。RANDBETWEEN 将返回的最小整数；top 为必需。RANDBETWEEN 将返回的最大整数。

技巧： 如果要使生成的随机数不随单元格计算而改变，可以双击进入编辑状态，然后按 F9，将公式永久性地改为随机数。或者复制生成的随机数，将其粘贴为数值的形式。

例 7：随机生成一组成绩。

这对于老师来讲非常有用，当需要的是一组模拟数据而非真实的数据时，采用该函数可以省下不少的时间。如图 4-35 所示的成绩表就是利用了该函数生成了 50～100 之间的随机整数，然后再复制公式得到的。不过，生成之后最好将其复制进行选择性粘贴，将其粘贴为“值”，否则数值将会在每次计算时发生变化。

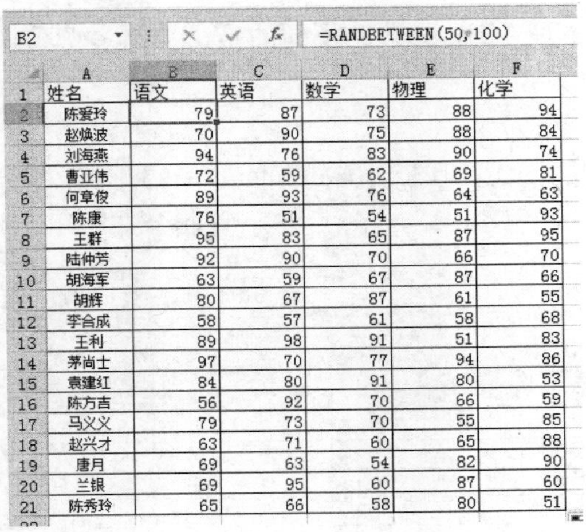

B2 =RANDBETWEEN(50,100)

	A	B	C	D	E	F
1	姓名	语文	英语	数学	物理	化学
2	陈爱玲	79	87	73	88	94
3	赵焕波	70	90	75	88	84
4	刘海燕	94	76	83	90	74
5	曹亚伟	72	59	62	69	81
6	何章俊	89	93	76	64	63
7	陈康	76	51	54	51	93
8	王群	95	83	65	87	95
9	陆仲芳	92	90	70	66	70
10	胡海军	63	59	67	87	66
11	胡辉	80	67	87	61	55
12	李合成	58	57	61	58	68
13	王利	89	98	91	51	83
14	茅尚士	97	70	77	94	86
15	袁建红	84	80	91	80	53
16	陈方吉	56	92	70	66	59
17	马义义	79	73	70	55	85
18	赵兴才	63	71	60	65	88
19	唐月	69	63	54	82	90
20	兰银	69	95	60	87	60
21	陈秀玲	65	66	58	80	51

图 4-35　利用函数生成成绩表

提示： 除此之外，另一个函数 RAND()，可以生成 0～1 之间的随机数，函数无参数。如果希望生成带有小数的随机数，不防两个函数结合使用。

4.5.9　COUNT 函数

COUNT 函数计算包含数字的单元格以及参数列表中数字的个数。使用 COUNT 函数获取数字区域或数组中的数字字段中的项目数。例如，您可以输入以下公式计算区域 A1:A20 中数字的个数：

```
=COUNT(A1:A20)
```

如果该区域中有 10 个单元格包含数字，则结果为 10。

语法格式如下：

```
COUNT(value1, [value2], ...)
```

其中，value1 为必需。要计算其中数字的个数的第一项、单元格引用或区域；value2，…

为可选。要计算其中数字的个数的其他项、单元格引用或区域，最多可包含 255 个。

相关实例与下一函数 COUNTIF 一同讲解。

4.5.10　COUNTIF 函数

COUNTIF 函数可以统计某个区域内符合您指定的单个条件的单元格数量。

语法格式如下：

```
COUNTIF(range, criteria)
```

其中，range 为必需。要计数的一个或多个单元格，包括数字或包含数字的名称、数组或引用。空值和文本值将被忽略；criteria 为必需。定义要进行计数的单元格的数字、表达式、单元格引用或文本字符串。例如，条件可以表示为">32"、B4、"pears" 或 "80"。

另外，可以在条件中使用通配符，即问号(?)和星号(*)。问号匹配任意单个字符，星号匹配任意一串字符。

例 9：计算及格率。

如图 4-36 所示，要想求出每门课的及格率，则可以将光标定位在 B22 单元格中，输入公式 “=TEXT(COUNTIF(B2:B21,">60")/COUNT(B2:B21),"0.00%")” ，得出结果后向右复制公式即可。

B22　=TEXT(COUNTIF(B2:B21,">60")/COUNT(B2:B21),"0.00%")

	A	B	C	D	E	F
1	姓名	语文	英语	数学	物理	化学
2	陈爱玲	82	92	97	99	80
3	赵焕波	51	63	96	79	83
4	刘海燕	81	60	85	67	88
5	曹亚伟	58	56	67	61	98
6	何章俊	66	75	86	81	60
7	陈康	78	61	83	70	84
8	王群	92	73	52	83	71
9	陆仲芳	67	94	72	77	55
10	胡海军	78	81	62	97	70
11	胡辉	81	60	94	87	81
12	李合成	99	50	98	98	83
13	王利	63	75	70	57	86
14	茅尚士	88	56	90	51	76
15	袁建红	67	76	89	96	57
16	陈方吉	60	78	59	51	76
17	马义义	60	67	69	59	69
18	赵兴才	96	79	59	91	91
19	唐月	82	99	77	63	63
20	兰银	72	53	63	87	62
21	陈秀玲	65	50	99	80	96
22	及格率	80.00%	65.00%	85.00%	80.00%	85.00%

图 4-36　计算及格率

公式的含义是利用 COUNTIF 函数求出 B2:B21 大于 60 的单元格个数，然后再除以 B2:B21 中所有包含数值的单元格个数，以 0.00%格式显示结果。

如果条件是多个，则可以参阅 COUNTIFS 函数，除此之外还有 COUNTA 与 COUNTBLANK，分别可以计算区域中不为空的单元格的个数和指定单元格区域中空白单元格的个数。

4.5.11 SUMIF 函数

使用 SUMIF 函数可以对区域中符合指定条件的值求和。例如，假设在含有数字的某一列中，需要对大于 60 的数值求和。可以使用以下公式：

```
=SUMIF(A2:A20,">60")
```

语法格式如下：

```
SUMIF(range, criteria, [sum_range])
```

其中，range 为必需。用于条件计算的单元格区域。每个区域中的单元格都必须是数字或名称、数组或包含数字的引用。空值和文本值将被忽略；criteria 为必需。用于确定对单元格求和的条件，其形式可以为数字、表达式、单元格引用、文本或函数。例如，条件可以表示为 50、">30"、B5、"苹果"、TODAY()等；sum_range 为可选。要求和的实际单元格，如果省略 sum_range 参数，Excel 会对在范围参数中指定的单元格求和。

注意：任何文本条件或任何含有逻辑或数学符号的条件都必须使用双引号 (") 括起来。如果条件为数字，则无须使用双引号。

例 10：求某一车间的产品加工数之和。

如图 4-37 所示的工作表，如果想求出一车间总共加工的产品数，则可以在 F2 单元格中输入公式“=SUMIF(B2:B21,"一车间",D2:D21)”，按回车键后即可得到结果。

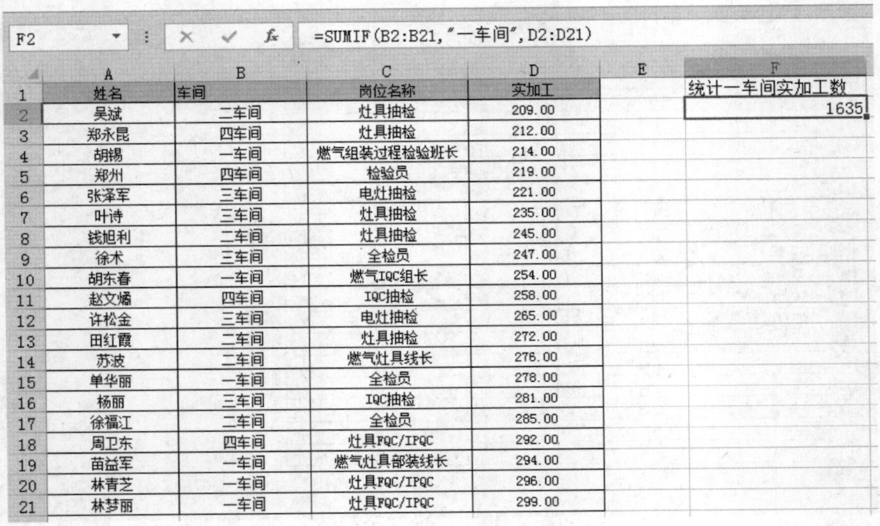
F2 =SUMIF(B2:B21,"一车间",D2:D21)

	A	B	C	D	E	F
1	姓名	车间	岗位名称	实加工		统计一车间实加工数
2	吴斌	二车间	灶具抽检	209.00		1635
3	郑永昆	四车间	灶具抽检	212.00		
4	胡锡	一车间	燃气组装过程检验班长	214.00		
5	郑州	四车间	检验员	219.00		
6	张泽军	三车间	电灶抽检	221.00		
7	叶诗	三车间	灶具抽检	235.00		
8	钱旭利	二车间	灶具抽检	245.00		
9	徐术	三车间	全检员	247.00		
10	胡东春	一车间	燃气IQC组长	254.00		
11	赵文嫣	四车间	IQC抽检	258.00		
12	许松金	三车间	电灶抽检	265.00		
13	田红霞	二车间	灶具抽检	272.00		
14	苏波	二车间	燃气灶具线长	276.00		
15	单华丽	一车间	全检员	278.00		
16	杨丽	三车间	IQC抽检	281.00		
17	徐福江	二车间	全检员	285.00		
18	周卫东	四车间	灶具FQC/IPQC	292.00		
19	苗益军	一车间	燃气灶具部装线长	294.00		
20	林青芝	一车间	灶具FQC/IPQC	296.00		
21	林梦丽	一车间	灶具FQC/IPQC	299.00		

图 4-37 求某一车间的产品加工之和

4.5.12 AVERAGEIF 函数

该函数可以返回某个区域内满足给定条件的所有单元格的平均值（算术平均值）。

语法格式如下：

```
AVERAGEIF(range, criteria, [average_range])
```

其中，range 表示要计算平均值的一个或多个单元格，其中包括数字或包含数字的名称、数组或引用；criteria 表示数字、表达式、单元格引用或文本形式的条件，用于定义要对哪些单元格计算平均值；average_range 表示要计算平均值的实际单元格集。如果忽略，则使用 range。

例 11：求一个区间内的成绩平均值。

在下列学生的成绩表中，计算出英语成绩大于 90 分的平均值，数学成绩大于 89 分的平均成绩，语文成绩大于 85 分的平均成绩。

选中 B6 单元格，输入公式 “=AVERAGEIF(B2:B5,">85",B2:B5)”，按回车键即可计算出语文成绩大于 85 分的平均成绩；选中 C6 单元格，输入公式“C2 =AVERAGEIF(C2:C5,">89",C2:C5)”，按回车键即可计算出数学成绩大于 89 分的平均成绩；选中 D6 单元格，输入公式 “D2 =AVERAGEIF(D2:D5,">90",D2:D5)”，按回车键即可计算出英语成绩大于 90 分的平均成绩，如图 4-38 所示。

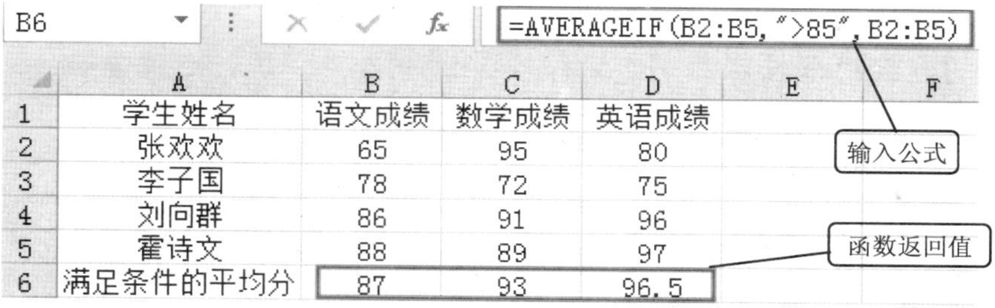

	A	B	C	D	E	F
1	学生姓名	语文成绩	数学成绩	英语成绩		
2	张欢欢	65	95	80		
3	李子国	78	72	75		
4	刘向群	86	91	96		
5	霍诗文	88	89	97		
6	满足条件的平均分	87	93	96.5		

图 4-38　AVERAGEIF 函数的应用

4.5.13　YEAR 函数

该函数可以返回某日期对应的年份。返回值为 1900～9999 之间的整数。

语法格式如下：

```
YEAR(serial_number)
```

其中，serial_number 为一个日期值，其中包含要查找年份的日期。应使用标准函数输入日期，或者使用日期所对应的序列号。

例 12：根据人员的入职时间提取人员入职月份。

如图 4-39 所示，选中 D2 单元格，在公式编辑栏中输入公式 “=YEAR(C2)&"年"”，按回车键即可根据人员入职时间提取人员入职年份。

4.5.14　DAYS 函数

该函数可以返回两个日期之间的天数。

图 4-39　YEAR 函数的应用

语法格式如下：

```
DAYS(end_date, start_date)
```

其中，end_date 表示计算的终止日期；start_date 代表开始日期的日期。

例 13：计算任意两个日期之间的天数。

如图 4-40 所示，如果要使用 DAYS 函数来计算 2012 年 12 月 31 日到 2013 年 5 月 31 日之间有多少天。可在 C2 单元格中输入公式"=DAYS(B2,A2)"，然后按回车键即可，计算结果为 151。

图 4-40　DAYS 函数计算结果

4.5.15　LEFT 函数

该函数可以根据所指定的字符数，返回文本字符串中第一个字符或前几个字符。

语法格式如下：

```
LEFT(text, [num_chars])
```

其中，text 为包含要提取的字符的文本字符串；num_chars 为指定要由 LEFT 提取的字符的数量。num_chars 必须大于或等于零。如果 num_chars 大于文本长度，则 LEFT 返回全部文本。如果省略 num_chars，则假设其值为 1。

例 14：根据员工的联系电话号码自动提取其区号。

步骤如下：

（1）选中 D2 单元格，在编辑栏中输入公式"=LEFT(C2,4)"，按回车键即可提取员工"匡风发"的区号为 0510。

（2）将光标移动到 D2 单元格的右下角，当光标变成黑色十字形状时，双击鼠标，向下填充公式，即可提取其他员工的区号，如图 4-41 所示。

4.5.16　DB 函数

该函数是使用固定余额递减法，计算一笔资产在给定期间内的折旧值。

图 4-41　LEFT 函数的应用

语法格如下：

```
DB(cost, salvage, life, period, [month])
```

其中，cost：资产原值；salvage：资产在折旧期末的价值（有时也称为资产残值）；life：资产的折旧期数（有时也称作资产的使用寿命）；period：需要计算折旧值的期间。period 必须使用与 life 相同的单位；month：第一年的月份数，如省略，则假设为 12。

例 15：计算手机折旧值。

某人花费 2000 元购买一部手机，使用年限为 5 年，5 年后估计折价为 200 元，那么在这 5 年中，该手机每年的折旧值分别为多少（固定余值递减法）？

步骤如下：

（1）选中 B7 单元格，在编辑栏中输入公式"=DB($B$1,$B$3,$B$2,A7,$B$4)"，按回车键即可计算出第一年的手机折旧值。

（2）再次选中 B7 单元格，将光标移动该单元格的右下角，当光标变成黑色十字形状时双击鼠标，向下填充公式，即可计算出其他各年该手机的折旧值，如图 4-42 所示。

4.5.17　MID 函数

该函数可以返回文本字符串中从指定位置开始的特定数目的字符，该数目由用户指定。

语法格式如下：

```
MID(text, start_num, num_chars)
```

其中，text 表示包含要提取字符的文本字符串；start_num 表示文本中要提取的第一个字符的位置。文本中第一个字符的 start_num 为 1，依此类推；num_chars 表示指定希望 MID 从文本中返回字符的个数。

图 4-42　DB 函数的应用

例 16：根据下列日常消费明细表，提取消费金额。

步骤如下：

（1）选中 C2 单元格，在编辑栏中输入公式"=MID(B2,3,2)"，按回车键即可提取 B2 单元格中的消费金额，如图 4-43 所示。

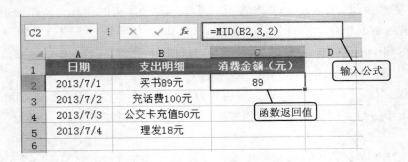

图 4-43　提取 B2 单元格中的消费金额

（2）在 C3、C4 和 C5 单元格中，分别输入公式"=MID(B3,4,3)"、"=MID(B4,6,2)"和"=MID(B5,3,2)"，按回车键即可提取其他单元格中的消费金额，如图 4-44 所示。

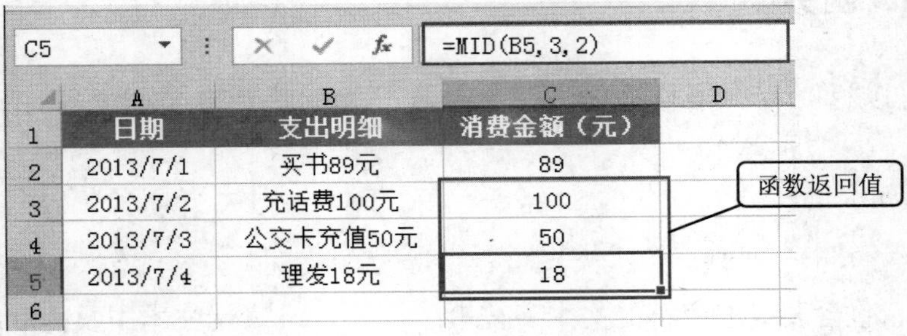

图 4-44　提取其他单元格中的消费金额

4.5.18　INT 函数

该函数可以将数字向下舍入到最接近的整数。

语法格式如下：

```
INT(number)
```

其中，number 表示需要进行向下舍入取整的实数。

例 17：已知产品的订单量和日生产量，计算完成该订单所需天数。

选择 D2 单元格，输入公式"=INT(C2/B2)+1"，按回车键确认输入，可计算出完成该订单所需天数，向下复制公式，计算出其他完成其他订单所需天数，如图 4-45 所示。

	A	B	C	D
1	订单编号	日生产数量	订单数量	完成所需天数
2	CN01130501	2600	88000	34
3	MM05130602	2350	60000	26
4	JK02130705	4000	120000	31
5	CM11130722	3200	100000	32
6	CJ22130729	2550	75000	30

图 4-45　计算完成订单所需天数

提示：若想了解更多函数方面的知识，请参阅本系列另一本书《从零开始学函数与公式》。

4.6　公式的审核

Excel 提供了跟踪引用单元格、跟踪从属单元格、错误检查、公式求值等措施，可以排查公式引用的位置、追踪错误的根源，从而可以进一步理解或者更正公式的错误。

4.6.1　追踪单元格

单元格追踪器是一种分析数据流向、纠正错误的重要工具，可用来分析公式中用到的数据来源。当公式使用引用单元格或从属单元格时，特别是交叉引用关系很复杂的公式，检查其准确性或查找错误的根源会很困难。为了检查公式的方便，Excel 提供了"追踪引用单元格"和"追踪从属单元格"命令，以图形方式显示或追踪这些单元格和包含追踪箭头的公式之间的关系。

1. 追踪引用单元格

（1）选择要追踪的单元格，切换至"公式"选项卡。

（2）单击"公式审核"组中的"追踪引用单元格"命令，可以看到引用单元格的追踪箭头，蓝色圆点表示所在的单元格的引用单元格，蓝色箭头表示所在单元格是从属单元格。只要双击箭头就可选择箭头的另一端的单元格。如果引用的单元格是另外一个工作表中的数据，则会显示一个工作表的图标，双击箭头，可以打开定位对话框，其中显示了引用的位置，双击某位置即可实现定位，如图 4-46 所示。

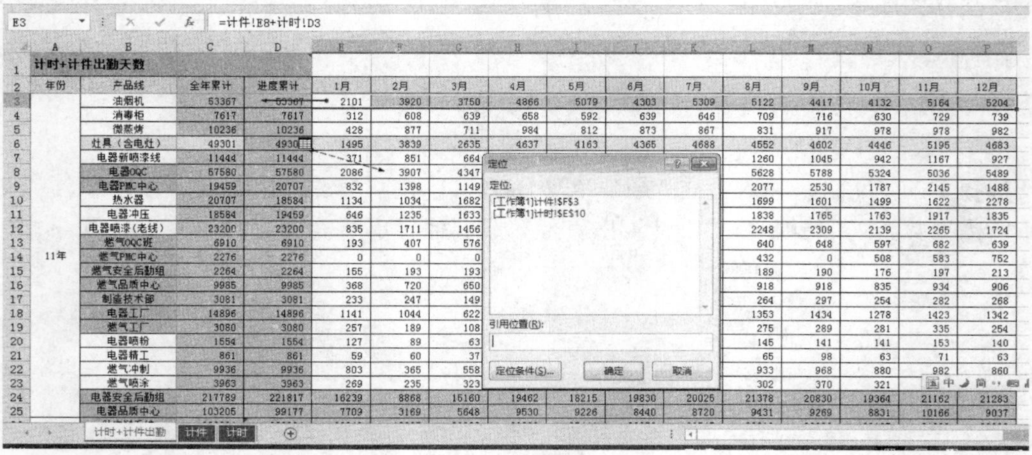

图 4-46　追踪引用单元格

2．追踪从属单元格

选择要追踪的单元格，如图 4-47 所示中的 D5 单元格。单击"公式审核"组中的"追踪从属单元格"命令，可以追踪该单元格从属的单元格，如果该单元格被另一工作表引用，则会显示一个工作表的图标。同样，双击箭头可以追踪到从属的单元格区域。

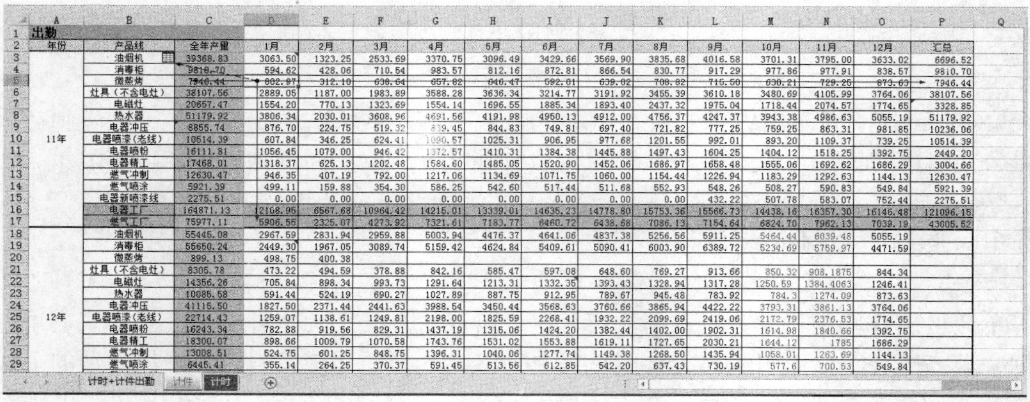

图 4-47　追踪从属单元格

提示：如果对箭头所指向的公式进行了修改，或者插入或删除了行或列，或者删除或移动了单元格，则所有追踪箭头都将消失。如果要在执行上述任意更改后重现追踪箭头，则必须在工作表中再次使用"审核"命令。

4.6.2　显示公式

默认情况下，单元格显示的是公式的计算结果，公式只会在编辑栏中显示，而有时一张工作表中的公式较多，为了方便查看和修改计算公式，则可以将公式显示出来。单击"公式审核"组中的"显示公式"按钮，或者使用快捷键 Ctrl+`都可以将计算公式显示出来，如图 4-48 所示。

图 4-48　显示公式

4.6.3　错误检查

有时，公式虽然计算出来了数值，但仍有可能出现这样或者那样的错误，而公式的错误检查功能，则可以有效减少或者避免错误的出现，执行公式审核中的"错误检查"命令，如果发现了错误，则会显示如图 4-49 所示的提示信息，并给出了一些操作上的建议，比如，可以从上部复制公式，在编辑栏中编辑等。

如果公式没有出现计算结果，而是显示出了错误信息，则可以利用追踪错误的功能找到错误的原因，将光标定位在错误公式的单元格内，单击"错误检查"命令旁边的下拉箭头，选择"错误追踪"命令。可以看到公式引用的单元格，单击 ◇ 图标会弹出一个菜单，可以看到是什么错误，从而进行相应的编辑操作，如图 4-50 所示。

4.6.4　公式求值

对于一些复杂的公式，我们可以利用"公式求值"功能，分段检查公式的返回结果，以查找出错误所在。选中相应的公式单元格，单击"公式审核"组中的"公式求值"命令，打开"公式求值"对话框，多次按"求值"按钮，可以分段查看公式的返回结果，从而判断可能的错误所在，如图 4-51 所示。

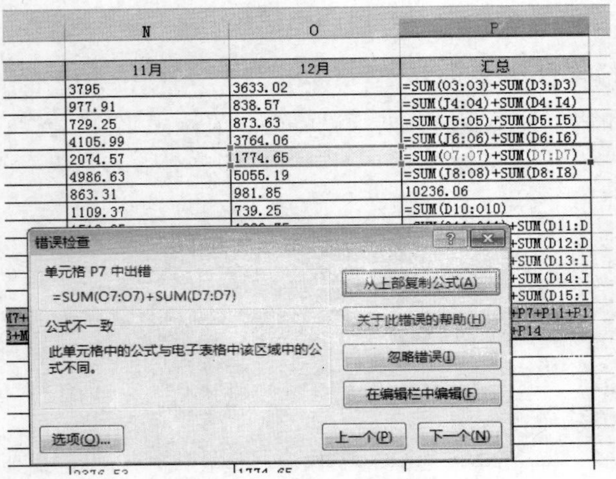

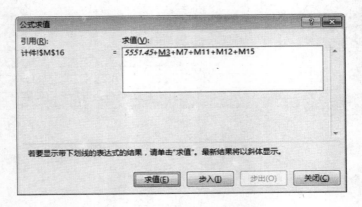

图 4-49　错误检查 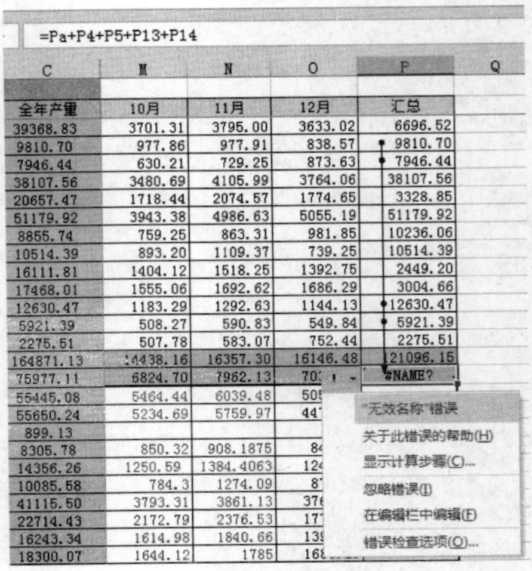　　　　　　　　　　　图 4-50　追踪错误

图 4-51　公式求值

4.7　数据的批注

有时我们需要对数据进行一些说明，以方便用户理解数据的内容；或者对一些数据有
一定的疑问或者需要给出一些建议。这个时候就可以通过建立批注的方式对数据进行一定
的说明。

4.7.1　建立批注

建立批注的方法非常简单，只要切换到"审阅"菜单，选择要批注的单元格，然后单
击"新建批注"命令，在出现的批注框中输入要批注的内容即可，如图 4-52 和图 4-53
所示。

图 4-52　选择新建批注命令

图 4-53　输入批注内容

　　如果批注的内容有很多，则可以通过"上一条"和"下一条"命令在各个批注间进行切换。而要编辑批注的内容，只需要将光标定位到批注框里就可以进行相应的编辑了。

　　如果觉得这样的批注不是很美观，也可以利用 Excel 的图形标注来进行批注，选择插入菜单中的形状命令，然后选择一个合适的标注方式，在适当位置绘制标注图形，输入要批注的内容即可，如图 4-54 和图 4-55 所示。

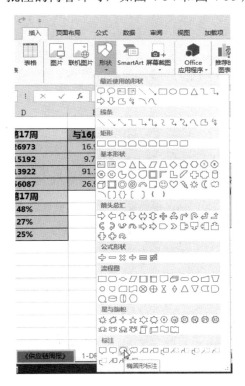

图 4-54　选择命令

图 4-55　绘制标注图形并输入内容

4.7.2　删除批注

　　批注的删除既可以使用批注的"删除"命令，也可以选择批注后直接按下 Delete 键进行删除。

　　对于通过图形标注进行的批注，则可以直接选择后按 Delete 键进行删除即可。

4.8　公式与函数运算中常见的错误解析

我们在运用公式和函数计算数据时，常常会遇到这样或那样的错误，这些错误的提示往往会告诉我们一些错误的信息，然后根据这些提示可以进行相应的修改，也有的需要我们自己判断出错的位置，下面我们来了解一些常见的错误及处理方法。

4.8.1　括号不匹配

当输入的公式少了一个括号时，系统往往会给出提示，并告诉用户要修改成什么样的公式，如果接受，则单击"是"按钮即可，如图 4-56 所示。

4.8.2　以#号填充单元格

如图 4-57 所示，其实这不是一种错误，导致这种现象最常见原因是输入到单元格中的数值太长或公式产生的结果太长，致使单元格容纳不下。可以通过修改列的宽度来解决此问题。

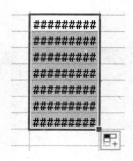

图 4-56　括号不匹配错误　　　　图 4-57　#号填充

4.8.3　循环引用

当公式引用了自身单元格值或者引用依赖其自身单元格值的单元格的公式时，就会造成循环引用的错误，如图 4-58 所示。遇到这种错误，要仔细核对公式中的引用是否有以上两种情况，并将其改正。

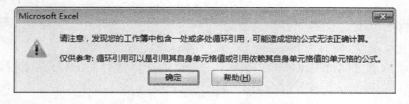

图 4-58　循环引用错误

4.8.4　"#DIV/0!"错误值

当除数为"0"或引用了空单元格时（Excel 通常将空单元格解释为"0"），会出现这种错误。要确定函数或公式中的除数不为"0"且不是空值即可避免此类错误。

4.8.5　"#N/A"错误值

此种错误产生的原因是函数或公式中没有可用的数值。解决方法是在没有数值的单元格中输入"#N/A"，这样，公式在引用这些单元格时，将不进行数值计算，而是直接返回"#N/A"，从而避免了错误的产生。

4.8.6　"#NAME?"错误值

当 Excel 不能识别公式中使用的文本时，就出现错误值"#NAME?"。向公式中输入文本时，要将文本括在双引号中，否则 Excel 会将其解释为名称，导致出错。另外，公式中使用的名称已经被删除或使用了不存在的名称以及名称拼写错误，也能产生这种错误值。请确认公式中使用的名称存在并且是正确的。

4.8.7　"#NUM!"错误值

产生这种错误的原因是函数或公式中的数字有问题。比如函数中使用了不正确的参数类型；公式产生的数值太大或太小等。请检查函数中使用的参数类型是否正确，或修改公式使其结果能让 Excel 正确表示。

4.8.8　"#REF!"错误值

当引用的单元格无效时会产生这种错误。请确认所引用的单元格是否存在。

4.8.9　"#VALUE!"错误值

这种错误是因为使用了错误的参数或运算对象类型。比如在需要输入数字或逻辑值时，却输入了文本；在需要赋单一数值的运算符或函数时，却赋予一个数值区域。解决方法分别是：确认运算符或参数正确，且公式引用的单元格中包含有效数值；将数值区域改为单一数值。

第 5 章　数据的排序

内容导读

本章我们将学习数据排序的相关内容，在输入表格数据时往往是杂乱无章的，而要将这些杂乱无章的数据整理成有条理性、结构清晰的数据表，排序无疑是一种较好的选择方式。Excel 有着强大的数据排序功能，可以帮助我们实现各种各样的排序效果。

通过本章的学习，您将掌握以下内容：

- ❑ 数值的排序
- ❑ 字符的排序
- ❑ 对合并单元格的排序
- ❑ 自定义序列排序
- ❑ 按字符数量排序

5.1　数　值　排　序

排序是日常工作中最常使用的功能之一，Excel 允许用户进行各种类型的排序，既可以根据单个关键字排序，也可以根据多个关键字排序，还可以对字符进行排序。既可以按列排序，也可以按行排序，下面我们先来了解一个有关数值的排序。

5.1.1　了解排序规则

在学习排序方法之前，有必要先了解一下排序的规则，以升序为例，在按升序排序时，排序的依据如表 5-1 所示。在按降序排序时，则使用相反的次序。

表 5-1　排序的依据

方法名	方 法 签 名
数字	数字按从最小的负数到最大的正数进行排序
日期	日期按从最早的日期到最晚的日期进行排序
文本	字母数字文本按从左到右的顺序逐字符进行排序。 文本以及包含存储为文本的数字的文本按以下次序排序： 0 1 2 3 4 5 6 7 8 9（空格）! " # $ % & ( ) * , . / : ; ? @ [\ ] ^ _ ` { | } ~ + < = > A B C D E F G H I J K L M N O P Q R S T U V W X Y Z 撇号 (') 和连字符 (-) 会被忽略。但例外情况是：如果两个文本字符串除了连字符不同外其余都相同，则带连字符的文本排在后面。 注：如果您已通过"排序选项"对话框将默认的排序次序更改为区分大小写，则字母字符的排序次序为：a A b B c C d D e E f F g G h H i I j J k K l L m M n N o O p P q Q r R s S t T u U v V w W x X y Y z Z

续表

方法名	方　法　签　名
逻辑	在逻辑值中，FALSE 排在 TRUE 之前
错误	所有错误值（如 #NUM! 和 #REF!）的优先级相同
空白单元格	无论是按升序还是按降序排序，空白单元格总是放在最后 注释：空白单元格是空单元格，它不同于包含一个或多个空格字符的单元格

5.1.2　单个关键字的排序

所谓的单个关键字排序，就是根据单个字段进行排序，这种排序非常简单，下面举例说明：

例 1：按同比增幅降序排列。

如图 5-1 所示的表格，如果希望按照同比增幅进行降序排序，生成图 5-2 的排列方式，则可以直接将光标放至"同比增幅"一列，然后单击"开始"菜单"编辑"组中的"排序和筛选"命令，选择"降序"即可，如图 5-3 所示。

	A	B	C	D
1	车间/生产线	2011年实际生产 （成品）	2012年生产预测 （成品）	同比增幅
2	油烟机	672885	777385	15.53%
3	消毒柜	147854	170145	15.08%
4	微蒸烤	41982	56399	34.34%
5	灶具	614757	715477	16.38%
6	热水器	54646	66785	22.21%
7	电器冲压	714867	833784	16.63%
8	电器喷漆	686879	750654	9.28%
9	电器精工	714867	833784	16.63%
10	燃气冲制	664403	782262	17.74%
11	燃气喷涂	669603	782262	16.82%
12	电器工厂	862721	1003929	16.37%
13	燃气工厂	769403	782262	1.67%

图 5-1　排序前的表格

	A	B	C	D
1	车间/生产线	2011年实际生产 （成品）	2012年生产预测 （成品）	同比增幅
2	微蒸烤	41982	56399	34.34%
3	热水器	54646	66785	22.21%
4	燃气冲制	664403	782262	17.74%
5	燃气喷涂	669603	782262	16.82%
6	电器冲压	714867	833784	16.63%
7	电器精工	714867	833784	16.63%
8	灶具	614757	715477	16.38%
9	电器工厂	862721	1003929	16.37%
10	油烟机	672885	777385	15.53%
11	消毒柜	147854	170145	15.08%
12	电器喷漆	686879	750654	9.28%
13	燃气工厂	769403	782262	1.67%

图 5-2　排序后的表格

图 5-3　选择排序命令

5.1.3　多个关键字的排序

多个关键字的排序是指可以为数据表指定多个关键字进行排列，其排列的顺序为：先排第一字段，如果第一字段有相同数据再按第二字段排序，如果第二字段有相同数据，则再按第三字段排序。而第一字段如果没有相同的数据，那么后面的排序字段将不起作用。下面通过两个例子来说明。

例 2：多字段排序。

对于图 5-4 所示的表格，我们希望按供货单位和合计金额分别进行排序，即先将供货单位相同的排列在一起，对于不同的供货单位，然后再按合计金额进行降序排列。步骤如下：

（1）将光标放在表格内任意位置，或者选择要排序的表格，在“排序和筛选”命令中选择“自定义排序”。

（2）在打开的“排序”对话框中，“主要关键字”选择“供货单位”，“排序依据”为“数值”、“次序”为“升序”，然后单击“添加条件”按钮，再选择“次要关键字”为“合计金额”、“次序“为“降序”，如图 5-5 所示。当然如果还需要增加条件，则可以再单击“添加条件”按钮进行设置。

	A	B	C	D	E	F	G	H	I
2	序号	订货单位	供货单位	订货品名	单位	订货数量	订货单价	合计金额	订货日期
3	4	生活总公司	超市	超市红袋	个	32	5	160	1月27日
4	48	局工会	垞城	高邮松花蛋	盒	70	33	2310	1月28
5	65	垞城	垞城	高邮松花蛋	盒	17	33	561	1月28日
6	64	垞城	恒信	恒信醋	袋	900	0.6	540	1月30日
7	60	徐矿大学	恒信	恒信袋醋	袋	120	1	120	2月19日
8	15	生活总公司	超市	红烧牛肉面	桶	20	3.5	70	2月16日
9	62	垞城	华生	华生面粉	袋	100	60.5	6050	1月22日
10	63	垞城	华生	华生面粉	袋	100	60.5	6050	1月28日
11	66	垞城	华生	华生面粉	袋	100	60.5	6050	2月1日
12	133	卧牛矿	双楼	金蓉松花蛋	盒	14	35	490	2月10日
13	74	夹河	三河尖	君强杂粮	盒	20	50	1000	2月11日
14	103	权台	三河尖	君强杂粮	盒	100	50	5000	1月28日
15	104	权台	三河尖	君强杂粮	盒	100	50	5000	1月28日
16	71	夹河	超市	鲁花花生油	桶	54	89	4806	1月28日
17	72	夹河	超市	鲁花葵花油	桶	54	74	3996	1月28日
18	112	三河尖	双楼	松花蛋	盒	1	38.8	38.8	1月9日
19	12	生活总公司	超市	塑料袋	个	100	0.3	30	2月18日
20	111	三河尖	双楼	脱骨鸭	盒	1	58	58	1月9日
21	113	三河尖	三河尖	杂粮	盒	1	66	66	1月9日
22	90	张双楼矿	双楼	张双楼光鸭	只	200	25	5000	2月12日
23	91	张双楼矿	双楼	张双楼光鸭	只	300	25	7500	2月12日
24	89	张双楼矿	双楼	张双楼脱骨鸭礼盒	盒	100	58	5800	2月12日

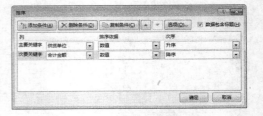

图 5-4　排序前的表格

图 5-5　设置排序条件

（3）单击“确定”按钮，可以看到排序后的数据如图 5-6 所示。供货单位以拼音字母的顺序进行了升序排序，而供货单位相同时，合计金额则是按降序进行排列的。

	A	B	C	D	E	F	G	H	I
2	序号	订货单位	供货单位	订货品名	单位	订货数量	订货单价	合计金额	订货日期
3	48	局工会	垞城	高邮松花蛋	盒	70	33	2310	1月28
4	65	垞城	垞城	高邮松花蛋	盒	17	33	561	1月28日
5	71	夹河	超市	鲁花花生油	桶	54	89	4806	1月28日
6	72	夹河	超市	鲁花葵花油	桶	54	74	3996	1月28日
7	4	生活总公司	超市	超市红袋	个	32	5	160	1月27日
8	15	生活总公司	超市	红烧牛肉面	桶	20	3.5	70	2月16日
9	12	生活总公司	超市	塑料袋	个	100	0.3	30	2月18日
10	64	垞城	恒信	恒信醋	袋	900	0.6	540	1月30日
11	60	徐矿大学	恒信	恒信袋醋	袋	120	1	120	2月19日
12	62	垞城	华生	华生面粉	袋	100	60.5	6050	1月22日
13	63	垞城	华生	华生面粉	袋	100	60.5	6050	1月28日
14	66	垞城	华生	华生面粉	袋	100	60.5	6050	2月1日
15	103	权台	三河尖	君强杂粮	盒	100	50	5000	1月28日
16	104	权台	三河尖	君强杂粮	盒	100	50	5000	1月28日
17	74	夹河	三河尖	君强杂粮	盒	20	50	1000	2月11日
18	113	三河尖	三河尖	杂粮	盒	1	66	66	1月9日
19	91	张双楼矿	双楼	张双楼光鸭	只	300	25	7500	2月12日
20	89	张双楼矿	双楼	张双楼脱骨鸭礼盒	盒	100	58	5800	2月12日
21	90	张双楼矿	双楼	张双楼光鸭	只	200	25	5000	2月12日
22	133	卧牛矿	双楼	金蓉松花蛋	盒	14	35	490	2月10日
23	111	三河尖	双楼	脱骨鸭	盒	1	58	58	1月9日
24	112	三河尖	双楼	松花蛋	盒	1	38.8	38.8	1月9日

图 5-6　排序后效果

而对于图 5-7 所示的表格，要想实现图 5-8 的排序效果，即若主要关键字“C#”按降序排序，次要关键字“ASP.net”也按降序排列，则可以按照图 5-9 所示的选项进行设置。

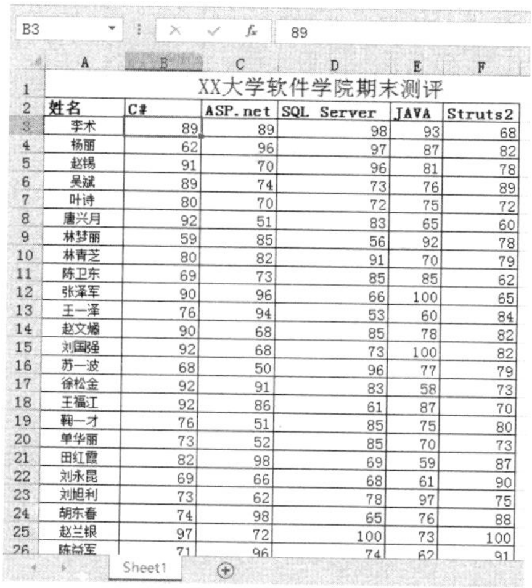

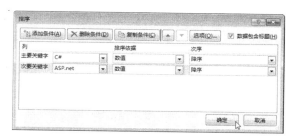

姓名	C#	ASP.net	SQL Server	JAVA	Struts2
李术	89	89	98	93	68
杨丽	62	96	97	87	82
赵锡	91	70	96	81	78
吴斌	89	74	73	76	89
叶诗	80	70	72	75	72
唐兴月	92	51	83	65	60
林梦丽	59	85	56	92	78
林青芝	80	82	91	70	79
陈卫东	69	73	85	85	62
张泽军	90	96	66	100	65
王一泽	76	94	53	60	84
赵文嫱	90	68	85	78	82
刘国强	92	68	73	100	82
苏一波	68	50	96	77	79
徐松金	92	91	83	58	73
王福江	92	86	61	87	70
鞠一才	76	51	85	75	80
单华丽	73	52	85	70	73
田红霞	82	98	69	59	87
刘永昆	69	66	68	61	90
刘旭利	73	62	78	97	75
胡东春	74	98	65	76	88
赵兰银	97	72	100	73	100
陈益军	71	96	74	62	91

图 5-7　排序前的数据

姓名	C#	ASP.net	SQL Server	JAVA	Struts2
赵兰银	97	72	100	73	100
徐松金	92	91	83	58	73
王福江	92	86	61	87	70
刘国强	92	68	73	100	82
唐兴月	92	51	83	65	60
赵锡	91	70	96	81	78
张泽军	90	96	66	100	65
赵文嫱	90	68	85	78	82
李术	89	89	98	93	68
吴斌	89	74	73	76	89
田红霞	82	98	69	59	87
林青芝	80	82	91	70	79
叶诗	80	70	72	75	72
王一泽	76	94	53	60	84
鞠一才	76	51	85	75	80
胡东春	74	98	65	76	88
刘旭利	73	62	78	97	75
单华丽	73	52	85	70	73
陈益军	71	96	74	62	91
陈卫东	69	73	85	85	62
刘永昆	69	66	68	61	90
苏一波	68	50	96	77	79
杨丽	62	96	97	87	82
林梦丽	59	85	56	92	78

图 5-8　排序后的数据

图 5-9　设置排序条件

5.1.4　对指定数据排序

有时候对于一些表格的数据，我们可能只需要对其中某一部分数据进行排序，而不是整个表格。这时，就可以通过选择这部分数据再进行排序，如图 5-10 所示的数据表，就是选择了 B2:N9 的范围进行的排序。

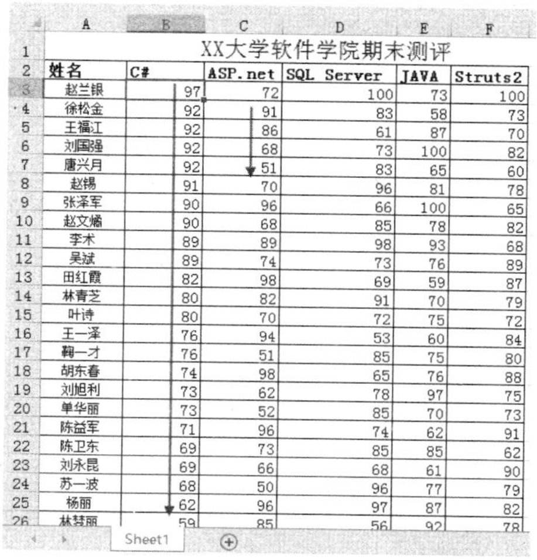

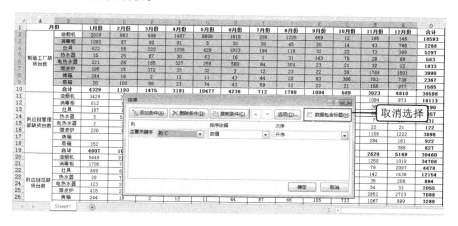

图 5-10　设置排序选项

假设想对 B2:N9 区域 1 月份的数据进行升序排列，可以在选择好数据范围之后，打开“排序”对话框，将“数据包含标题”项取消，“主要关键字”选择“列 C”、“排序依据”选择“数值”、“次序”选择“升序”，单击“确定”即可。排序后的表格如图 5-11 所示。

	A	B	C	D	E	F	G	H	I	J	K	L	M	N	O
1	月份		1月份	2月份	3月份	4月份	5月份	6月份	7月份	8月份	9月份	10月份	11月份	12月份	合计
2	制造工厂缺货台数	热水器	15	25	67	30	63	16	1	31	143	75	28	69	563
3		蒸箱	20	100	59	23	74	43	59	12	22	21	155	977	1565
4		电热水器	121	26	165	327	258	560	84	304	23	21	32	12	1933
5		微波炉	195	15	372	33	32	3	12	23	22	38	1744	1501	3990
6		烤箱	244	19	2	12	11	43	44	22	83	366	783	738	2367
7		灶具	622	55	222	1208	429	1923	194	118	32	22	73	399	5297
8		消毒柜	1093	67	82	91	5	30	30	45	20	14	43	768	2288
9		油烟机	2019	883	506	1467	9605	1618	288	1225	659	12	165	146	18593
10		合计	4329	1190	1475	3191	10477	4236	712	1780	1004	569	3023	4610	36596
11	供应链管理部缺货台数	油烟机	3429	31	5	306	12	1128	62	1378	2237	5558	1094	873	16113
12		消毒柜	612	5	12	23	43	34	23	2	51	20	36	1329	2190
13		灶具	187	8	23	6	1443	415	25	91	93	3457	69	1040	6857
14		热水器	5	52	5	7	8	4	24	5	21	56	7	137	331
15		电热水器	2	3	5	7	8	4	6	12	21	11	22	21	122
16		微波炉	220	8	23	6	3	12	23	22	21	430	1108	1222	3098
17		烤箱						1	43	44	22	367	284	161	922
18		蒸箱	152			15	243	8	15		8			386	827
19		合计	4607	107	73	370	1760	1606	221	1554	2474	9899	2620	5169	30460
20	供应链总缺货台数	油烟机	3444	56	72	336	75	1144	63	1409	2380	5633	1122	942	16676
21		消毒柜	632	105	71	46	117	77	82	14	73	41	191	2306	3755
22		灶具	308	34	188	333	1701	975	109	395	116	3478	101	1052	8790
23		热水器	200	67	377	40	40	7	36	28	43	94	1751	1638	4321
24		电热水器	246	22	7	19	19	47	50	34	104	377	805	759	2489
25		微波炉	842	63	245	1214	432	1935	217	140	53	452	1181	1621	8395
26		烤箱	1093	67	82	91	5	31	73	89	42	381	327	929	3210

Sheet1

图 5-11　排序后的数据

5.2　字符的排序

对于数值字段来讲，有大小之分，可以很方便进行排序。而对于字符来讲，则可以按照拼音以及笔划的顺序进行排列。另外，还可以对一些字符串通过自定义序列的方式进行排序。

5.2.1　按字母顺序排序

字符按字母排序是 Excel 默认的一种排序方式，即 A-Z 为升序，Z-A 为降序。只要按正常的排序操作即可。如图 5-12 所示的表格，就是按照姓名的升序排序的，如果第一个字的拼音字母相同，则按照第二个字的顺序排列。如图中的陈伟、陈喜牛和陈忠国三个人，就是按照第二个字进行的排列。

5.2.2　按笔划排序

很多时候，我们希望按照笔划的顺序来对姓名进行排序，排序的规则是先按“姓”的划数多少排列，如果划数相同，则按起笔顺序排列，即按第一起笔的笔划（横、竖、撇、捺、折）排列，划数和笔形都相同的字，则按照字形结构排列，顺序为先左右、后上下、最后是整体字。当“姓”相同，则再按相同的规则看姓名的第二、第三字。下面举例说明：

例 3：按姓氏笔划排序。

（1）打开光盘中“按笔划排序.xlsx”，选择要排列的数据区域。

（2）选择打开“排序”对话框，选择“主要关键字”为“姓名”，单击“选项”按钮，打开“排序选项”对话框，选择“笔划排序”，单击“确定”按钮，如图 5-13 所示。

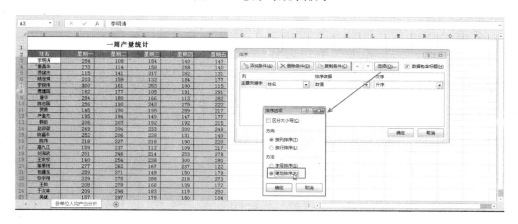

图 5-12　按字母顺序排列

图 5-13　选择笔划排序

（3）再次单击"确定"按钮，可以得到如图 5-14 所示的结果。

图 5-14　排序后的效果

5.2.3　自定义序列排序

对于一些特殊的字符，我们有时希望能按照一个特定的格式来排序。比如第一名、第二名、第三名、第四名、……如果想按照这个顺序排列，默认情况下无论采用拼音还是采用笔划的顺序都实现不了。这个时候就可以通过自定义序列进行排序。也就是说，将要排序的内容按照一定的规则定义成一个序列，再按照这个序列进行排序即可。有关自定义序列的方法，前面我们已经有所掌握，这里还可以在排序对话框中进行定义。下面我们举例说明。

例 4：利用自定义序列排序。

对于如图 5-15 所示的数据表，我们希望按照车间的顺序来排序，即一车间、二车间、三车间、四车间这样的顺序，则可以按照如下步骤进行：

（1）选择要排序的数据表，打开"排序"对话框，"主要关键字"选择"车间"、"次序"选择"自定义序列"，如图 5-16 所示。

图 5-15　排序前数据表　　　　　　　　图 5-16　选择"自定义序列"

（2）打开"自定义序列"对话框，依次输入序列项，单击"添加"按钮，完成序列的定义，然后单击"确定"按钮，如图 5-17 所示。

（3）返回到"排序"对话框，选择次序为刚才定义的序列，如图 5-18 所示。

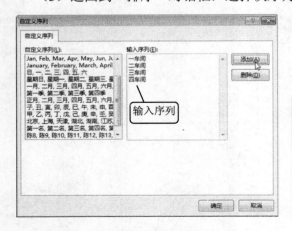

图 5-17　"自定义序列"对话框　　　　　　图 5-18　设置排序次序

（4）单击"确定"按钮。完成排序，结果如图 5-19 所示。

	A	B	C	D
1	姓名	车间	岗位名称	实加工
2	胡杨	一车间	燃气组装过程检验班长	214.00
3	胡东春	一车间	燃气IQC组长	254.00
4	单华丽	一车间	全检员	278.00
5	苗益军	一车间	燃气灶具部装线长	294.00
6	林青芝	一车间	灶具FQC/IPQC	296.00
7	林梦丽	一车间	灶具FQC/IPQC	299.00
8	吴斌	二车间	灶具抽检	209.00
9	钱旭利	二车间	灶具抽检	245.00
10	田红霞	二车间	灶具抽检	272.00
11	苏波	二车间	燃气灶具线长	276.00
12	徐福江	二车间	全检员	285.00
13	张泽军	三车间	电灶抽检	221.00
14	叶诗	三车间	灶具抽检	235.00
15	徐术	三车间	全检员	247.00
16	许松金	三车间	电灶抽检	265.00
17	杨丽	三车间	IQC抽检	281.00
18	郑永昆	四车间	灶具抽检	212.00
19	郑州	四车间	检验员	219.00
20	赵文嬬	四车间	IQC抽检	258.00
21	周卫东	四车间	灶具FQC/IPQC	292.00

图 5-19　排序后的结果

5.3　其他排序方式

除了以上的排序方法，在 Excel 中还可以按行进行排列、根据单元格颜色以及单元格的图标等方式进行排序。下面我们来对其他几种排序方式做进一步的了解。

5.3.1　按行方向排序

对于一些标题在列方向的数据表，有时排序往往是希望按照行的顺序进行排列，这就需要在排序的时候进行相关选项的选择。

以图 5-20 所示的表格为例。如果希望按喷漆一线的升序进行排列，则可以按下面的方法操作。

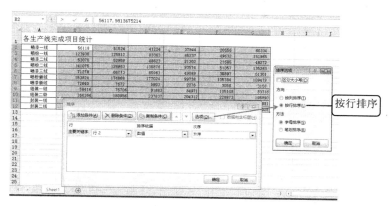

图 5-20　设置排序结项

选择 B2:G12 单元格区域，然后打开"排序"对话框，单击"选项"按钮，在打开的"排序选项"对话框中选择"按行排序"，依次单击"确定"按钮即可。排序后的结果如图 5-21 所示。

	A	B	C	D	E	F	G
1	各生产线完成项目统计						
2	喷漆一线	20556	37844	41224	51524	56118	60334
3	喷粉一线	49632	85237	83363	125812	123935	151965
4	喷漆二线	21685	21202	48623	52959	53070	48272
5	喷粉二线	51057	93574	435876	128963	141075	135263
6	喷漆三线	30897	49089	85963	66773	71278	51301
7	喷粉新线	105384	99738	177024	174868	153924	109479
8	喷漆新线	3058	2076	5903	7672	72640	3156
9	组装一级	105148	84971	91683	75706	58416	83716
10	组装二级	228873	204312	237837	180956	164164	195890
11	封装一线	7218	11011	9892	8069	63765	9981
12	封装二线	1404	1539	910	1015	833	1525
13							

图 5-21　排序后的结果

5.3.2　按颜色排序

如果前面的排序方法都无法满足要求，那么把单元格定义成不同的颜色吧！Excel 可以根据单元格的颜色将单元格进行排序。下面举例说明：

例 5：根据颜色排序。

以如图 5-22 所示的数据表为例，将品名按不同的颜色排序。

（1）首先为要排序的单元格填充不同的颜色，希望排列在一起的填充相同的颜色。

（2）打开"排序"对话框，选择"主要关键字"为"品名"、"排序依据"选择"单元格颜色"，在"次序"一列选择要排在最前的颜色，然后选择其后的"在顶端"选项。

（3）单击"添加条件"按钮，依次按如图 5-23 所示的选项设置，注意，排序的关键字不变，要改变的只是次序列，选择不同的颜色，也就是按照要排列的先后顺序选择颜色顺序。

图 5-22　排序前表格　　　　　　　　图 5-23　设置排序条件

（4）单击"确定"按钮后，可以看到排序后的结果，如图 5-24 所示。

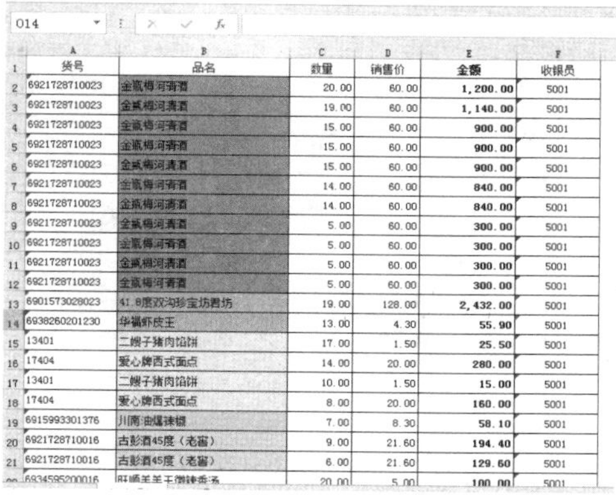

	A	B	C	D	E	F
1	货号	品名	数量	销售价	金额	收银员
2	6921728710023	金瓶梅河清酒	20.00	60.00	1,200.00	5001
3	6921728710023	金瓶梅河清酒	19.00	60.00	1,140.00	5001
4	6921728710023	金瓶梅河清酒	15.00	60.00	900.00	5001
5	6921728710023	金瓶梅河清酒	15.00	60.00	900.00	5001
6	6921728710023	金瓶梅河清酒	15.00	60.00	900.00	5001
7	6921728710023	金瓶梅河清酒	14.00	60.00	840.00	5001
8	6921728710023	金瓶梅河清酒	14.00	60.00	840.00	5001
9	6921728710023	金瓶梅河清酒	5.00	60.00	300.00	5001
10	6921728710023	金瓶梅河清酒	5.00	60.00	300.00	5001
11	6921728710023	金瓶梅河清酒	5.00	60.00	300.00	5001
12	6921728710023	金瓶梅河清酒	5.00	60.00	300.00	5001
13	6901573028023	41.8度双沟珍宝坊君坊	19.00	128.00	2,432.00	5001
14	6938260201230	华福虾皮王	13.00	4.30	55.90	5001
15	13401	二嫂子猪肉馅饼	17.00	1.50	25.50	5001
16	17404	爱心牌西式面点	14.00	20.00	280.00	5001
17	13401	二嫂子猪肉馅饼	10.00	1.50	15.00	5001
18	17404	爱心牌西式面点	8.00	20.00	160.00	5001
19	6915993301376	川南油爆辣椒	7.00	8.30	58.10	5001
20	6921728710016	古彭酒45度（老窖）	9.00	21.60	194.40	5001
21	6921728710016	古彭酒45度（老窖）	6.00	21.60	129.60	5001

图 5-24　排序后的表格

🔔注意：按颜色排序并不是按颜色的深浅顺序排列，而是要用户指定排列顺序。

5.3.3　按图标排序

按图标排序与按颜色排序相同，当对数据表中的区域利用条件格式设置了图标集，则可以根据图标进行排序。

如图 5-25 所示的数据表，情况分析一列定义了条件格式，将不同级别的成绩利用了不同颜色的图标标识，如果希望将其生成如图 5-26 所示的样式，即将不同的图标放在一起，并且按照优秀、良好、及格、不及格的顺序排列，则可以按照下面的方法进行。

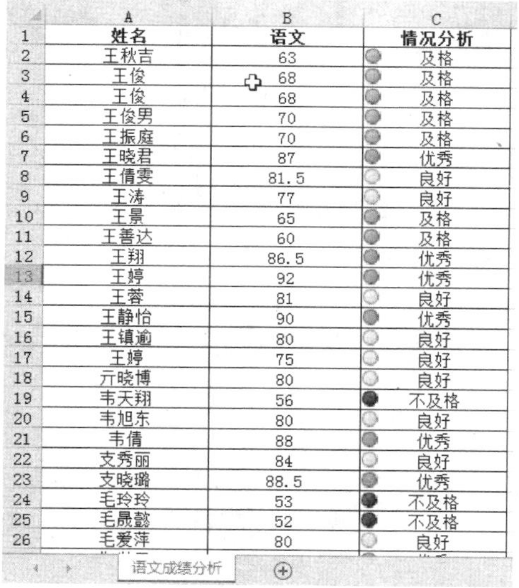

	A	B	C
1	姓名	语文	情况分析
2	王秋吉	63	及格
3	王俊	68	及格
4	王俊	68	及格
5	王俊男	70	及格
6	王振庭	70	及格
7	王晓君	87	优秀
8	王倩雯	81.5	良好
9	王涛	77	良好
10	王景	65	及格
11	王善达	60	及格
12	王翔	86.5	优秀
13	王婷	92	优秀
14	王蓉	81	良好
15	王静怡	90	优秀
16	王镇逾	80	良好
17	王婷	75	良好
18	亓晓博	80	良好
19	韦天翔	56	不及格
20	韦旭东	80	良好
21	韦倩	88	优秀
22	支秀丽	84	良好
23	支晓璐	88.5	优秀
24	毛玲玲	53	不及格
25	毛晨懿	52	不及格
26	毛爱萍	80	良好

语文成绩分析

图 5-25　排序前的数据表

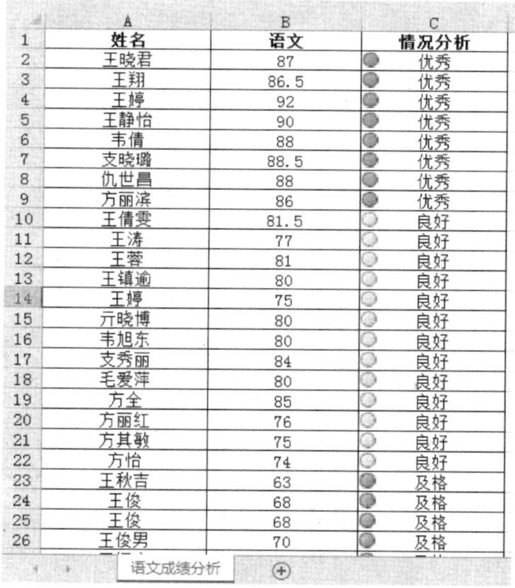

	A	B	C
1	姓名	语文	情况分析
2	王晓君	87	优秀
3	王翔	86.5	优秀
4	王婷	92	优秀
5	王静怡	90	优秀
6	韦倩	88	优秀
7	支晓璐	88.5	优秀
8	仇世昌	88	优秀
9	方丽滨	86	优秀
10	王倩雯	81.5	良好
11	王涛	77	良好
12	王蓉	81	良好
13	王镇逾	80	良好
14	王婷	75	良好
15	亓晓博	80	良好
16	韦旭东	80	良好
17	支秀丽	84	良好
18	毛爱萍	80	良好
19	方全	85	良好
20	方丽红	76	良好
21	方其敏	75	良好
22	方怡	74	良好
23	王秋吉	63	及格
24	王俊	68	及格
25	王俊	68	及格
26	王俊男	70	及格

语文成绩分析

图 5-26　排序后的数据表

（1）选择要排序的数据表区域，打开“排序”对话框。

（2）按照如图 5-27 所示的选项设置各条件，注意，主要关键字相同，排序依据选择单元格图标，图标按照要求进行选择，即对应优秀的图标选择第一位，良好的第二位，依此类推。

图 5-27　设置排序条件

（3）单击"确定"按钮，即可得到如图 5-26 所示的效果。

除此之外，还可以根据单元格字体的颜色进行排序。这里就不再赘述了！

5.3.4　无标题的数据表排序

有些数据表可能并没有标题行，或者即使有标题行也希望将标题行参与排序，这时候就可以在"排序"对话框中取消选择"数据包含标题"选项，然后再进行排序即可。当该选项取消后，各关键字将会以列名作为排序的区域，如图 5-28 所示。

图 5-28　取消"数据包含标题"选项

5.3.5　按字符数量排序

在对一些字符字段进行排序时，如果希望按照字符数量的多少进行排序，比如，希望把姓名是两个字的和三个字的区别开，则可以借助函数来实现。下面举例说明：

例 6：按字符数量排序。

如图 5-29 所示的数据表，如果希望将品名一列的数据按照字符数进行排序，即字符少的排在前面，字符越多排名越往后。则可以按照如下步骤操作：

（1）在销量金额后面增加一列"品名字数"，并在 E2 单元格输入公式"=LEN(A2)"，以计算出 A2 单元格的字符数，然后拖动填充柄向下进行公式复制，得到品名一列对应的字符串长度，如图 5-30 所示。

图 5-29　排序前的表格

图 5-30　计算字符串长度

（2）打开"排序"对话框，设置"主要关键字"为"品名字符"、"次要关键字"为"品名"、"次序"均为"升序"。即先按品名字数排序，字数相同的情况下，按品名字母顺序升序排列，这样可以确保相同字数情况下，品名接近的数据排列在一起，如图 5-31所示。

（3）单击"确定"按钮完成排序，效果如图 5-32 所示。最后再将品名字数一列删除即可。

图 5-31　设置排序条件

图 5-32　排序效果

5.4　实例：计算并排序生产数量表

本例我们对如图 5-33 所示的员工生产数量统计表进行排序，有以下要求：

❑ 车间按照车间一、车间二、车间三、车间四排列；
❑ 车间相同的情况下，按每天平均数量的降序排列；

❑ 计算出每个车间的排名。

图 5-33 原数据表

本例可以先计算出每位员工每天平均生产的数量，然后自定义一个车间的序列，根据车间和每天平均数量的降序排列，最后再利用 RANK.EQ 函数计算出不同车间的排名，也可以计算出排名之后再根据车间和排名的升序进行排列。

步骤如下：

（1）打开本章素材文件"实例-排序生产数量表.xlsx"，在 E2 单元格输入公式"=ROUND(D2/C2,1)"，计算出第一个员工的平均数量，然后双击填充柄向下复制公式，如图 5-34 所示。

图 5-34 计算每天平均数量

说明：其中 ROUND 是四舍五入函数，后面的参数 1，是四舍五入的位数，即四舍五
入 1 位。

（2）通过本章所学内容定义一个车间的序列，顺序为一车间、二车间、三车间、四车间，然后打开"排序"对话框，按图 5-35 所示分别设置"主要关键字"和"次要关键字"。

图 5-35　设置排序关键字

（3）单击"确定"后，得到如图 5-36 所示的排序结果，可以看到车间的顺序是根据自定义序列的顺序进行排列的，而同一车间则是按照每天平均数量进行降序排列。

	A	B	C	D	E	F
1	车间	姓名	工作时间	生产数量	每天平均数量	排名
2	一车间	蒲明贵	20	614	30.7	
3	一车间	栾希蓓	21	629	30	
4	一车间	蓟枫亚	21	623	29.7	
5	一车间	邓卿	19	523	27.5	
6	一车间	闻策勇	20	534	26.7	
7	一车间	国瑞娣	21	534	25.4	
8	一车间	贲琛榕	25	534	21.4	
9	二车间	霍仪勤	19	695	36.6	
10	二车间	薛晶婵	20	580	29	
11	二车间	匡风发	25	688	27.5	
12	二车间	刘有宏	20	538	26.9	
13	二车间	东方超思	23	614	26.7	
14	二车间	轩辕悦荷	25	503	20.1	
15	三车间	充锦霄	19	605	31.8	
16	三车间	山蓉嘉	21	574	27.3	
17	三车间	公枝	24	643	26.8	
18	三车间	许中保	21	552	26.3	
19	三车间	鞠月桂	20	521	26.1	
20	三车间	符平承	24	620	25.8	
21	四车间	冯琼韵	19	648	34.1	
22	四车间	单珠莎	20	655	32.8	
23	四车间	巴启士	21	602	28.7	
24	四车间	梁璐蓓	19	510	26.8	
25	四车间	衡美茗	23	613	26.7	
26	四车间	禹悦音	25	616	24.6	

图 5-36　排序后结果

（4）接下来计算每个车间的排名情况，在 F2 单元格输入公式"=RANK.EQ(E2,E$2:E$8)"即可计算出该员工在一车间的排名，然后向下复制到一车间的最后一个记录即可，如图 5-37 所示。这里要注意单元格引用的方式。

（5）利用同样的方法可以计算出其余车间的排名情况，如图 5-38 所示。

零点起飞学 Excel 数据处理与分析

F2				fx	=RANK.EQ(E2,E$2:E$8)	

	A	B	C	D	E	F
1	车间	姓名	工作时间	生产数量	每天平均数量	排名
2	一车间	蒲明贵	20	614	30.7	1
3	一车间	栾希蓓	21	629	30	2
4	一车间	蓟枫亚	21	623	29.7	3
5	一车间	邓卿	19	523	27.5	4
6	一车间	闻策勇	20	534	26.7	5
7	一车间	国瑞娣	21	534	25.4	6
8	一车间	贲琛榕	25	534	21.4	7
9	二车间	霍仪勤	19	695	36.6	
10	二车间	薛晶婵	20	580	29	
11	二车间	匡风发	25	688	27.5	
12	二车间	刘有宏	20	538	26.9	
13	二车间	东方超思	23	614	26.7	
14	二车间	轩辕悦荷	25	503	20.1	
15	三车间	充锦霄	19	605	31.8	

图 5-37　计算一车间排名情况

	A	B	C	D	E	F
1	车间	姓名	工作时间	生产数量	每天平均数量	排名
2	一车间	蒲明贵	20	614	30.7	1
3	一车间	栾希蓓	21	629	30	2
4	一车间	蓟枫亚	21	623	29.7	3
5	一车间	邓卿	19	523	27.5	4
6	一车间	闻策勇	20	534	26.7	5
7	一车间	国瑞娣	21	534	25.4	6
8	一车间	贲琛榕	25	534	21.4	7
9	二车间	霍仪勤	19	695	36.6	1
10	二车间	薛晶婵	20	580	29	2
11	二车间	匡风发	25	688	27.5	3
12	二车间	刘有宏	20	538	26.9	4
13	二车间	东方超思	23	614	26.7	5
14	二车间	轩辕悦荷	25	503	20.1	6
15	三车间	充锦霄	19	605	31.8	1
16	三车间	山蓉嘉	21	574	27.3	2
17	三车间	公枝	24	643	26.8	3
18	三车间	许中保	21	552	26.3	4
19	三车间	鞠月桂	20	521	26.1	5
20	三车间	符平承	24	620	25.8	6
21	四车间	冯琼韵	19	648	34.1	1
22	四车间	单珠莎	20	655	32.8	2
23	四车间	巴启士	21	602	28.7	3
24	四车间	梁璐蓓	19	510	26.8	4
25	四车间	衡美茗	23	613	26.7	5
26	四车间	禹悦官	25	616	24.6	6

图 5-38　计算其余车间排名

第 6 章　数据的筛选

内容导读

当我们面对大量的数据需要处理时，如何才能够快速找到所要处理的数据，将有用的信息筛选出来呢？比如，希望从数千条的记录中快速找到符合一些特定条件的记录。这就需要用到 Excel 的数据筛选功能。Excel 提供了自动筛选和高级筛选两种功能，可以帮助用户实现各种筛选效果。

通过本章的学习，您将掌握以下内容：

- ❏ 数据的自动筛选
- ❏ 数据的高级筛选
- ❏ 根据筛选结果进行汇总计算
- ❏ 筛选的技巧及应用实例

6.1　数据的自动筛选

筛选分为自动筛选和高级筛选两种，"自动筛选"一般用于简单的条件筛选，筛选时将不满足条件的数据暂时隐藏起来，只显示符合条件的数据。下面我们来看如何实现自动筛选。

6.1.1　自动筛选实现方法

下面以一个简单的例子来讲解自动筛选的实现方法和筛选条件的应用。

（1）打开光盘中"全年产出统计.xlsx"文件，如图 6-1 所示。

图 6-1　原始数据表

（2）将光标定位至要进行筛选的数据表中，或者选择要进行筛选的区域，切换至"数据"菜单，单击"排序和筛选"组中的"筛选"按钮（该步骤以下简称为单击"筛选"按钮），这时可以看到标题行每个字段旁边都多了一个下拉的箭头，如图 6-2 所示。

图 6-2　自动筛选

（3）要想筛选某一字段的数据范围，可以单击该字段旁边的下拉箭头，如这里单击"全年累计"旁边的下拉箭头，可以看到筛选的项，如图 6-3 所示。其中前面三项可以对字段列进行排序，后面的选项可以选择按颜色筛选，按数字筛选，还可以直接在下面选择要显示的项。展开"数字筛选"，可以看到有关数字筛选的设置，如大于、小于、介于、前 10 项等，这里选择"大于"命令。

（4）在打开的"自定义自动筛选方式"对话框中，在大于后面的文本框中输入 17000，即显示大于 17000 的数值，如图 6-4 所示。

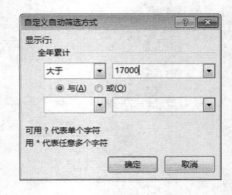

图 6-3　选择筛选项　　　　　　　　　图 6-4　设置筛选方式

（5）单击"确定"按钮后即可显示筛选结果，如图 6-5 所示。

产品线	全年累计	1月	2月	3月	4月	5月	6月	7月	8月	9月	10月	11月	12月
油烟机	18828	1349	1728	1271	1603	1458	1616	1909	1617	1138	1452	1820	1867
微蒸烤	17890	1233	1908	1087	1574	1989	1358	1764	1637	1034	1392	1733	1181
灶具(含电灶)	18152	1528	1290	1253	1010	1551	1398	1716	1967	1806	1373	1411	1849
电器冲压	17456	1265	1178	1290	1966	1202	1337	1864	1011	1496	1398	1775	1674
电器喷漆(老线)	17070	1322	1771	1123	1353	1784	1075	1393	1041	1853	1762	1029	1564
电器喷粉	17110	1074	1075	1620	1458	1361	1564	1454	1780	1809	1830	1021	1064
电器精工	18002	1791	1200	1776	1311	1168	1853	1629	1283	1235	1792	1348	1616
电器新喷漆线	18002	1141	1319	1372	1807	1365	1453	1548	1885	1413	1833	1723	1143
电器OQC	17474	1703	1289	1525	1100	1211	1952	1162	1929	1057	1978	1076	1492
电器PMC中心	18173	1819	1785	1380	1562	1692	1542	1674	1329	1713	1036	1376	1265
电器安全启动组	19211	1964	1890	1589	1848	1668	1653	1780	1571	1119	1803	1158	1168
燃气OQC桩	18436	1326	1254	1365	1768	1748	1038	1673	1444	1837	1281	1943	1759
燃气安全启动组	19306	1210	1759	1286	1858	1641	1921	1841	1614	1992	1521	1133	1530
燃气品质中心	18409	1946	1975	1252	1613	1053	1192	1727	1740	1830	1603	1002	1476
制造技术部	19215	1698	1981	1765	1864	1784	1959	1006	1659	1393	1077	1781	1248
电器工厂	17588	1482	1869	1068	1439	1270	1149	1414	1901	1419	1794	1505	1278
燃气工厂	20406	1943	1651	1714	1058	1622	1920	1972	1673	1795	1553	1583	1922
供应链系统	17626	1576	1162	1262	1313	1888	1951	1038	1824	1732	1749	1117	1014

图 6-5　筛选结果

如果要取消筛选，只要再次单击"筛选"按钮即可。

接下来我们再来看一下如何对文本字符串进行筛选，假设我们想筛选出开头是"燃气"和"电器"的数据，可以按以下步骤进行：

（1）将光标定位在要筛选的数据表中，单击"筛选"按钮进入自动筛选模式，单击"产品线"旁边的下拉箭头，选择"文本筛选"|"开头是"选项，如图 6-6 所示。

（2）在打开的"自定义自动筛选方式"对话框中按如图 6-7 所示的内容进行设置，即分别设置显示开头是"燃气"和"电器"的数据，两者关系选择"或"。

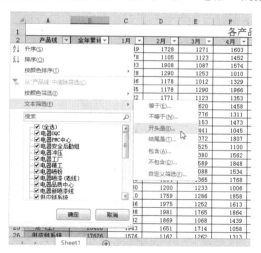

图 6-6　选择筛选方式

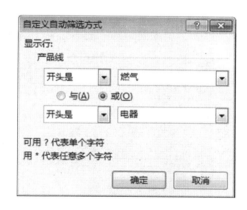

图 6-7　设置筛选方式

（3）单击"确定"按钮，可以看到如图 6-8 所示的筛选结果。

提示：单击字段旁边的下拉箭头之后，会看到弹出的菜单中有一个"搜索"框，在这个框中输入希望包括的显示内容，如"电器"，然后按回车键，即可显示出所有包含"电器"的数据行。

另外，使用"自动筛选"还可同时对多个字段进行筛选操作，此时各字段间限制的条件只能是"与"的关系。相关知识我们将在后面的实例中涉及。

产品线	全年累计	1月	2月	3月	4月	5月	6月	7月	8月	9月	10月	11月	12月
					各产品线全年产量统计								
电器冲压	17456	1265	1178	1290	1966	1202	1337	1864	1011	1496	1398	1775	1674
电器喷漆(老线)	17070	1322	1771	1123	1353	1784	1075	1393	1041	1853	1762	1029	1564
电器喷粉	17110	1074	1075	1620	1458	1361	1564	1454	1780	1809	1830	1021	1064
电器精工	18002	1791	1200	1776	1311	1168	1853	1629	1283	1235	1792	1348	1616
燃气冲制	16058	1332	1179	1153	1473	1134	1549	1687	1392	1131	1074	1871	1083
燃气喷涂	16587	1478	1074	1441	1045	1933	1530	1766	1139	1110	1454	1568	1049
电器新喷漆线	18002	1141	1319	1372	1807	1365	1453	1548	1885	1413	1833	1723	1143
电器OQC	17474	1703	1289	1525	1100	1211	1952	1162	1929	1057	1978	1076	1492
电器PMC中心	18173	1819	1785	1380	1562	1692	1542	1674	1329	1713	1036	1376	1265
电器安全启动组	19211	1964	1890	1589	1848	1668	1653	1780	1571	1119	1803	1158	1168
燃气品质	16568	1968	1148	1088	1534	1393	1490	1265	1600	1416	1173	1406	1087
燃气OQC班	18436	1326	1254	1365	1768	1748	1038	1673	1444	1837	1281	1943	1759
燃气PMC中心	16880	1330	1200	1233	1006	1346	1246	1802	1731	1889	1156	1153	1788
燃气安全启动组	19306	1210	1759	1286	1858	1641	1921	1841	1614	1992	1521	1133	1530
燃气品质中心	18409	1946	1975	1252	1613	1053	1192	1727	1740	1830	1603	1002	1476
电器工厂	17588	1482	1869	1068	1439	1270	1149	1414	1901	1419	1794	1505	1278
燃气工厂	20406	1943	1651	1714	1058	1622	1920	1972	1673	1795	1553	1583	1922

图 6-8　显示筛选结果

6.1.2　自动筛选应用实例

下面我们通过两个实例进一步巩固自动筛选的操作方法。

1．学生成绩单的自动筛选

例 1：筛选出总分高于平均分的同学记录。

如图 6-9 所示的成绩表，如果希望筛选出高于平均分的同学记录，将光标定位在要筛选的数据表中，单击"筛选"按钮进入自动筛选模式，然后单击"总分"旁边的下拉箭头，选择"数字筛选"|"高于平均值"命令即可，如图 6-10 所示。

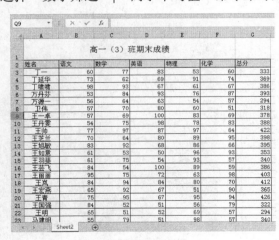

图 6-9　成绩表　　　　　　　　　　　　图 6-10　选择筛选方式

例 2：筛选出前三名同学的记录。

对于图 6-9 所示的成绩表，如果想要求出前三名同学的记录，则可以在图 6-10 所示的菜单项中选择"前 10 项"命令，在弹出的对话框中，设置显示最大 3 项，如图 6-11 所示。单击"确定"按钮后可以得到如图 6-12 所示的筛选结果。

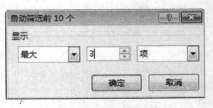

图 6-11　设置筛选前 3 项

姓名	语文	数学	英语	物理	化学	总分
王帅	77	97	87	97	64	422
王青	75	95	67	95	94	426
严奎杰	84	90	58	93	95	420

图 6-12　筛选后的结果

例 3：筛选出语文和数学成绩均在 90 分以上的记录。

这是两个并列的条件，即筛选出来的记录既要满足语文大于 90，又要满足数学大于 90 的。实现的方法也非常简单，只要依次设置语文和数学两个字段的条件均为大于 90 即可，如图 6-13 和图 6-14 所示。筛选后得到的结果如图 6-15 所示。

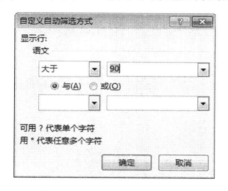

图 6-13　设置语文大于 90

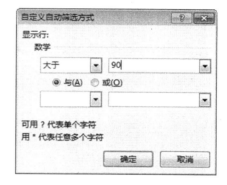

图 6-14　设置数学大于 90

高一（3）班期末成绩

姓名	语文	数学	英语	物理	化学	总分
丁啸啸	98	93	67	61	67	386
张四平	98	93	73	72	83	419
刘今海	95	95	94	54	63	401

图 6-15　筛选结果

2．员工薪资管理表格的自动筛选

接下来我们针对如图 6-16 所示的工资表格举几个例子，以进一步巩固自动筛选的相关知识。

例 4：筛选出满勤的员工。

所谓满勤，就是表中"请假扣除"为 0 的记录，可以通过以下两种方法来筛选：

一是进入自动筛选状态之后，单击"请假扣除"旁边下拉箭头，然后在下方的列表中仅保留"0"的勾选，单击"确定"按钮，如图 6-17 所示。

姓名	部门	基本工资	加班工资	出差补贴	业务奖金	请假扣除	养老保险	医疗保险	失业保险	住房公积金	应扣总额	应发工资	实发工资
张丽	广告部	3800	150	0	350	100	200	100	100	100	600	4800	4200
曹培培	销售部	3800	0	0	300	0	200	100	100	100	500	4600	4100
陈文娜	生产部	3800	0	0	580	0	200	100	100	100	500	4680	4180
郭配	技术研发部	3800	500	1000	300	0	200	100	100	100	500	6100	5600
任海峰	售后服务部	3800	0	1000	300	0	200	100	100	100	500	5680	5180
胡文华	销售部	3800	0	1000	300	0	200	100	100	100	500	5600	5100
尚峰	生产部	3800	150	500	450	50	200	100	100	100	550	5400	4850
蒋燕燕	技术研发部	3800	350	500	300	0	200	100	100	100	500	5450	4950
张阳	广告部	3800	0	0	500	100	200	100	100	100	600	4800	4200
李凤云	销售部	3800	400	0	300	0	200	100	100	100	600	5000	4500
李晓楠	生产部	3800	0	0	300	0	200	100	100	100	500	4800	4200
吴巧格	技术研发部	3800	0	0	400	0	200	100	100	100	500	4700	4200
唐龙	售后服务部	3800	0	0	400	0	200	100	100	100	500	4700	4200
王雪丽	技术研发部	3800	200	0	400	0	200	100	100	100	500	4900	4400
张旭	售后服务部	3800	150	0	400	0	200	100	100	100	500	4850	4350
胡坤	销售部	3800	0	0	400	0	200	100	100	100	500	4700	4200
刘赟	生产部	3800	100	0	400	0	200	100	100	100	500	4800	4300
李嘉振	技术研发部	3800	0	0	400	50	200	100	100	100	550	4700	4150
汪振威	广告部	3800	0	0	500	0	200	100	100	100	500	4400	3900
赵嘉嘉	销售部	3800	0	0	400	0	200	100	100	100	500	4400	3900
陈永良	生产部	3800	300	0	400	0	200	100	100	100	500	4400	3900
张磊	生产部	3800	0	0	400	0	200	100	100	100	500	4400	3900
汤杨	生产部	3800	350	0	400	0	200	100	100	100	500	4400	3900

图 6-16　工资表

图 6-17　取消不符合条件的项

另一种方法是在"数字筛选"菜单中选择"等于"命令，然后在打开的对话框中，设置等于"0"值，单击"确定"按钮，如图 6-18 所示。

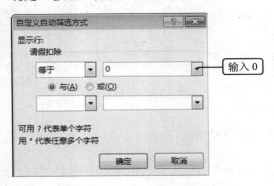

图 6-18　设置筛选项条件

采用以上任意一种，都可以得到如图 6-19 所示的筛选结果。

例 5：筛选出加班工资大于 300 的员工。

要筛选出加班工资大于 300 的员工记录，则在进入自动筛选状态之后，单击"加班工资"字段旁边的下拉箭头，然后选择"数字筛选"|"大于"命令，如图 6-20 所示。在打

开的"自定义自动筛选方式"对话框中，按照如图 6-21 所示的方式设置，单击"确定"按钮，即可得到如图 6-22 所示的结果。

姓名	部门	基本工资	加班工资	出差补贴	业务奖	请假扣	养老保	医疗保	失业保	住房公	应扣总	应发工	实发工
曹培培	销售部	3800	0	0	300	0	200	100	100	100	500	4600	4100
陈文婷	生产部	3800	0	0	380	0	200	100	100	100	500	4680	4180
郭配	技术研发部	3800	500	1000	300	0	200	100	100	100	500	6100	5600
任海峰	售后服务部	3800	0	1000	380	0	200	100	100	100	500	5680	5180
胡文华	销售部	3800	0	1000	300	0	200	100	100	100	500	5600	5100
蒋燕燕	技术研发部	3800	350	500	300	0	200	100	100	100	500	5450	4950
李凤云	销售部	3800	400	0	300	0	200	100	100	100	500	5000	4500
吴巧格	技术研发部	3800	0	0	400	0	200	100	100	100	500	4700	4200
唐龙	售后服务部	3800	0	0	400	0	200	100	100	100	500	4700	4200
王雪丽	技术研发部	3800	200	0	400	0	200	100	100	100	500	4900	4400
张旭	售后服务部	3800	150	0	400	0	200	100	100	100	500	4850	4350
胡坤	销售部	3800	0	0	400	0	200	100	100	100	500	4700	4200
刘蓉	生产部	3800	100	0	400	0	200	100	100	100	500	4800	4300
汪振威	广告部	3800	0	0	500	0	200	100	100	100	500	4400	3900
赵达嘉	销售部	3800	0	0	400	0	200	100	100	100	500	4400	3900
陈永良	生产部	3800	300	0	400	0	200	100	100	100	500	4400	3900
张磊	生产部	3800	0	0	400	0	200	100	100	100	500	4400	3900
汤杨	生产部	3800	350	0	400	0	200	100	100	100	500	4400	3900

图 6-19　筛选结果

图 6-20　选择命令

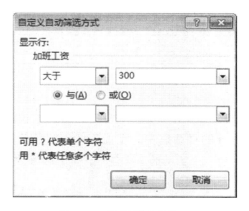

图 6-21　设置筛选条件

姓名	部门	基本工	加班工	出差补	业务奖	请假扣	养老保	医疗保	失业保	住房公	应扣总	应发工	实发工
郭配	技术研发部	3800	500	1000	300	0	200	100	100	100	500	6100	5600
蒋燕燕	技术研发部	3800	350	500	300	0	200	100	100	100	500	5450	4950
李凤云	销售部	3800	400	0	300	0	200	100	100	100	500	5000	4500
汤杨	生产部	3800	350	0	400	0	200	100	100	100	500	4400	3900

图 6-22　筛选结果

例 6：筛选出部门是销售部并且实发工资大于 5000 的记录。

这是两个并列的条件，首先要筛选出部门是销售部的员工记录，然后在此基础上再筛选出实发工资大于 5000 的记录。步骤如下：

（1）进入自动筛选状态，然后单击"部门"旁边的下拉箭头，在下方的列表框中勾选销售部，取消其余各项的选择，如图 6-23 所示。

图 6-23　设置筛选项

（2）单击"确定"按钮之后，得到如图 6-24 所示的筛选结果。

	A	B	C	D	E	F	G	H	I	J	K	L	M	N
1	姓名	部门	基本工	加班工	出差补贴	业务奖	请假扣除	养老保险	医疗保险	失业保险	住房公积	应扣总额	应发工资	实发工资
3	曹培培	销售部	3800	0	0	300	0	200	100	100	100	500	4600	4100
7	胡文华	销售部	3800	0	1000	300	0	200	100	100	100	500	5600	5100
11	李凤云	销售部	3800	400	0	300	0	200	100	100	100	500	5000	4500
17	胡 坤	销售部	3800	0	0	400	0	200	100	100	100	500	4700	4200
21	赵达嘉	销售部	3800	0	0	400	0	200	100	100	100	500	4400	3900

图 6-24　筛选结果

（3）单击"实发工资"旁边的下拉箭头，然后选择"数字筛选"中的"大于"命令，在打开的对话框中，设置条件为实发工资大于 5000，如图 6-25 所示。

图 6-25　设置筛选条件

（4）单击"确定"按钮得到最终结果，如图 6-26 所示。

	A	B	C	D	E	F	G	H	I	J	K	L	M	N
1	姓名	部门	基本工	加班工	出差补贴	业务奖	请假扣除	养老保险	医疗保险	失业保险	住房公积	应扣总额	应发工资	实发工资
7	胡文华	销售部	3800	0	1000	300	0	200	100	100	100	500	5600	5100

图 6-26　筛选结果

6.1.3　根据筛选结果进行汇总计算

对于筛选得到的结果，因为隐藏了一些数据行，所以在进行求和、求平均值以及其他一些运算时，这些隐藏的行也会参与运算。不过 Excel 提供了一个分类汇总函数 SUBTOTAL，可以专门针对筛选结果进行求和、求平均值、最大值、最小值等操作。从而将隐藏行排除在计算之外。

该函数语法如下：

```
SUBTOTAL(function_num,ref1,[ref2],...])
```

其中，function_num 为必需。可以使用 1～11（包含隐藏值）或 101～111（忽略隐藏值）之间的数字，用于指定使用何种函数在列表中进行分类汇总计算，如表 6-1 所示；ref1 为必需。要对其进行分类汇总计算的第一个命名区域或引用；ref2,...为可选。要对其进行分类汇总计算的第 2～254 个命名区域或引用。

表 6-1　Function_num参数与对应的函数

Function_num（包含隐藏值）	Function_num（忽略隐藏值）	函　　　数
1	101	AVERAGE
2	102	COUNT
3	103	COUNTA
4	104	MAX
5	105	MIN
6	106	PRODUCT
7	107	STDEV
8	108	STDEVP
9	109	SUM
10	110	VAR
11	111	VARP

如图 6-27 所示的就是对广告部的实发工资进行了汇总。需要说明的是，虽然筛选的结果也对不符合条件的行进行了隐藏，但这里使用参数 9 和 109，并无区别，因为参数里所说的隐藏值，是指通过"隐藏行"命令所隐藏的值。

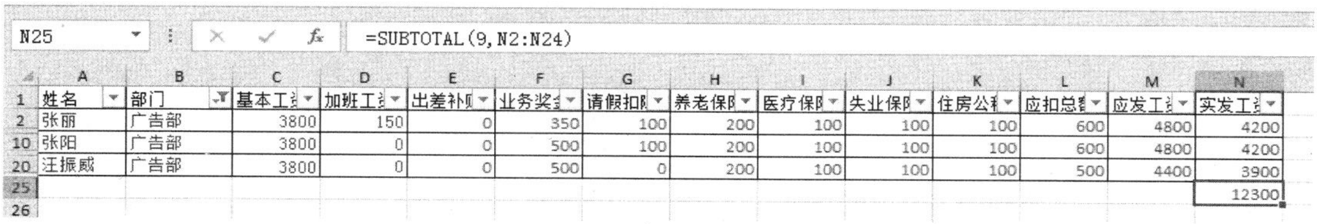

图 6-27　对筛选结果进行汇总

6.1.4 自动筛选使用技巧

1．对数据列表的局部启用自动筛选

如果不希望对整个表格进行筛选，则可以仅选择需要筛选的数据区域，然后再执行筛选命令，如图 6-28 所示，即只针对上半年的数据进行了筛选操作。

	A	B	C	D	E	F	G	H	I	J	K	L	M	N
1						各产品线全年产量统计								
2	产品线	全年累计	1月	2月	3月	4月	5月	6月	7月	8月	9月	10月	11月	12月
3	油烟机	18828	1349	1728	1271	1603	1458	1616	1909	1617	1138	1452	1820	1867
4	消毒柜	16838	1778	1105	1123	1452	1162	1322	1078	1895	1293	1361	1379	1890
6	灶具（含电灶）	18152	1528	1290	1253	1010	1551	1398	1716	1967	1806	1373	1411	1849
7	热水器	16523	1656	1178	1012	1329	1153	1387	1501	1538	1132	1373	1340	1924
9	电器喷漆（老线）	17070	1322	1771	1123	1363	1784	1075	1393	1041	1853	1762	1029	1564
11	电器精工	18002	1791	1200	1776	1311	1168	1853	1629	1283	1235	1792	1348	1616
12	燃气冲制	16058	1332	1179	1153	1473	1134	1549	1687	1392	1131	1074	1871	1083
13	燃气喷涂	16587	1478	1074	1441	1045	1933	1530	1766	1139	1110	1454	1568	1049
15	电器QQC	17474	1703	1289	1525	1100	1211	1952	1162	1929	1057	1978	1076	1492
16	电器PMC中心	18173	1819	1785	1380	1562	1692	1542	1674	1329	1713	1036	1376	1265
17	电器安全后勤组	19211	1964	1890	1589	1848	1668	1653	1780	1571	1119	1803	1158	1168
18	电器品质中心	16568	1968	1148	1088	1534	1393	1490	1265	1600	1416	1173	1406	1087
19	燃气QQC桩	18436	1326	1254	1365	1768	1748	1038	1673	1444	1837	1281	1943	1759
20	燃气PMC中心	16880	1330	1200	1233	1006	1346	1246	1802	1731	1889	1156	1153	1788
22	燃气品质中心	18409	1946	1975	1252	1613	1053	1192	1727	1740	1830	1603	1002	1476
23	制造技术部	19215	1698	1981	1765	1864	1784	1959	1006	1659	1393	1077	1781	1248
24	电器工厂	17588	1482	1869	1068	1439	1270	1149	1414	1901	1419	1794	1505	1278
25	燃气工厂	20406	1943	1651	1714	1058	1622	1920	1972	1673	1795	1553	1583	1922
26	供应链系统	17626	1576	1162	1262	1313	1888	1951	1038	1824	1732	1749	1117	1014

图 6-28 对局部数据启用自动筛选

2．允许被保护工作表使用自动筛选

如果在保护工作表以后，希望用户可以进行自动筛选的操作，则可以在保护工作表的对话框中选择"使用自动筛选"项，如图 6-29 所示。

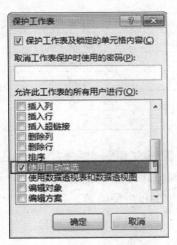

图 6-29 设置允许使用自动筛选

3．筛选后的数据处理

数据筛选之后，可以对筛选结果进行复制删除等操作，不管是复制筛选结果，还是删除筛选结果，被隐藏的数据行都不会被操作。这样就方便用户提取筛选的数据或者删除筛

选的数据。

比如，对于一个成绩表，如果希望删除 60 分以下的成绩行，则可以先筛选出 60 分以下的数据，然后再删除这些数据，保留的就是 60 及 60 分以上的数据行。

6.2　数据的高级筛选

"自动筛选"一般用于条件简单的筛选操作，虽然也可以筛选满足多个条件的记录，但若要筛选的多个条件间是"或"的关系，或需要将筛选的结果在新的位置显示出来那只有用"高级筛选"来实现了。

6.2.1　高级筛选实现方法

"高级筛选"一般用于条件较复杂的筛选操作，其筛选的结果可显示在原数据表格中，不符合条件的记录被隐藏起来；也可以在新的位置显示筛选结果，不符合条件的记录同时保留在数据表中而不会被隐藏起来，这样就更加便于进行数据的比对了。

例如我们要筛选出成绩单中"语文"成绩或者"数学成绩"超过 90 的记录，用"自动筛选"就无能为力了，而"高级筛选"可方便地实现这一操作。下面我们来通过一个例子来讲解一下。

如图 6-30 所示的成绩表，现在要求出语文成绩大于 90 或者数学成绩大于 90 的记录。可以按照以下步骤操作。

（1）设置条件区域，条件区域由标题和条件两部分组成，如果条件是并列的，则在同一行，如果条件是"或"的关系，则放在不同行。如图 6-31 所示，含义即语文大于 90，或者数学大于 90。

图 6-30　成绩表

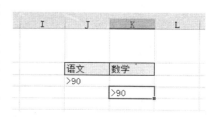

图 6-31　设置条件区域

（2）将光标定位在要筛选的数据表任意位置，然后单击“排序和筛选”组中的“高级”命令。

（3）在打开的“高级筛选”对话框中设置方式为“将筛选结果复制到其他位置”，其中列表区域，系统会自动选择，如果选择不正确，也可以自己动手选择，单击“条件区域”后面的图标，选择条件区域 J2:K4，然后将光标定位在“复制到”后的文本框中，在工作表中单击一个位置，用于存放筛选结果，如图 6-32 所示。

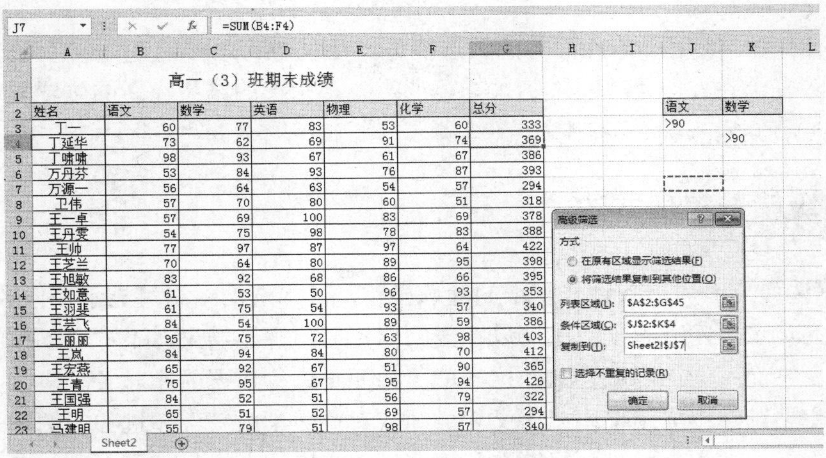

图 6-32　设置高级筛选对话框

（4）设置完成后，单击“确定”按钮。得到如图 6-33 所示的筛选结果。可以看到，显示的结果，不是语文大于 90 分，就是数学大于 90 分。

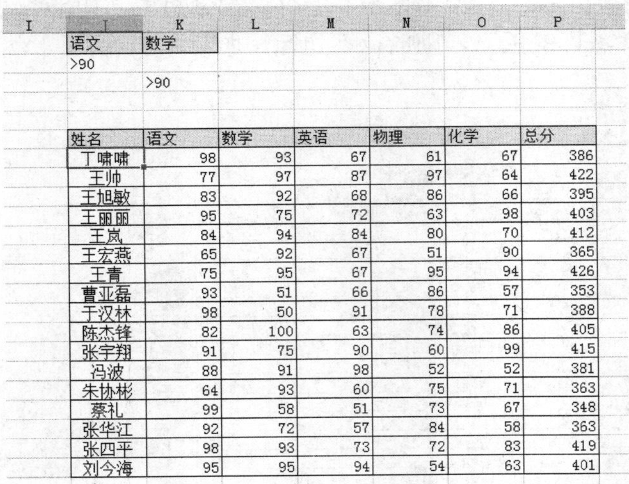

语文	数学
>90	
	>90

姓名	语文	数学	英语	物理	化学	总分
丁啸啸	98	93	67	61	67	386
王帅	77	97	87	97	64	422
王旭敏	83	92	68	86	66	395
王丽丽	95	75	72	63	98	403
王岚	84	94	84	80	70	412
王宏燕	65	92	67	51	90	365
王青	75	95	67	95	94	426
曹亚磊	93	51	66	86	57	353
于汉林	98	50	91	78	71	388
陈杰锋	82	100	63	74	86	405
张宇翔	91	75	90	60	99	415
冯波	88	91	98	52	52	381
朱协彬	64	93	60	75	71	363
蔡礼	99	58	51	73	67	348
张华江	92	72	57	84	58	363
张四平	98	93	73	72	83	419
刘今海	95	95	94	54	63	401

图 6-33　筛选结果

注意： 尽管“自动筛选”能完成的操作用“高级筛选”完全可以实现，但有的操作“高级筛选”却远不如“自动筛选”容易实现，如筛选高于平均值的记录，或求前几项的记录等。

6.2.2　高级筛选应用实例

接下来，我们通过对两个数据表进行筛选操作来进一步巩固高级筛选的相关知识。

1．对竞赛成绩单的高级筛选

如图 6-34 所示的数据表为某大学书法竞赛的成绩单，我们针对该成绩单来做高级筛选，在操作前，我们先对如图 6-35 所示的四组条件做一个分析，理解这些条件的意思就可以正确做出筛选的操作。

图 6-34　书法竞赛成绩单

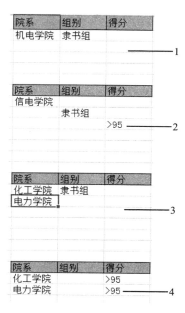

图 6-35　不同的条件设置

- 第一组条件是筛选出两个院系是机电学院，且组别是隶书组的记录，两个关系是并列。
- 第二组条件是筛选出院系是信电学院、或者组别是隶书组、或者得分在 95 分以上的记录，三者关系是"或"的关系。
- 第三组是筛选出院系是化工学院并且组别是隶书组，或者院系是电力学院的记录，院系之间是"或"的关系，化工学院与隶书组之间是并列关系。
- 第四组是筛选出院系是化工学院并且得分大于 95 分，或者院系是电力学院并且得分大于 95 分的记录。

现在我们以第 3 组为例，来介绍其实现过程，其余各组实现方法是相同的。步骤如下：

（1）将光标定位在数据表中的任意位置，单击"排序和筛选"组中的"高级"命令。

（2）在打开的"高级筛选"对话框中分别设置条件区域和结果存放区域，如图 6-36 所示。

（3）单击"确定"按钮，可以得到如图 6-37 所示的结果。可以看到结果中的记录院系要么是化工学院要么是电力学院，如果是化工学院则组别是隶书组。

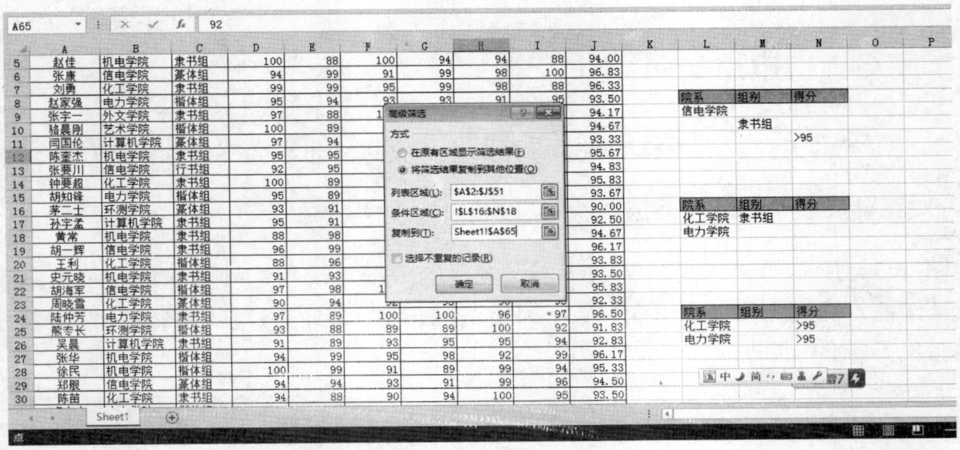

图 6-36　"高级筛选"对话框

姓名	院系	组别	评委1	评委2	评委3	评委4	评委5	评委6	得分
刘勇	化工学院	隶书组	99	99	95	99	98	88	96.33
赵家强	电力学院	楷体组	95	94	93	93	91	95	93.50
钟要超	化工学院	隶书组	100	89	99	100	98	89	95.83
胡知锋	电力学院	楷体组	95	89	97	99	92	90	93.67
陆仲芳	电力学院	隶书组	97	89	100	100	96	97	96.50
陈苗	化工学院	隶书组	94	88	90	94	100	95	93.50
虞方吉	电力学院	楷体组	92	91	95	89	97	99	93.83
马义义	电力学院	楷体组	89	90	98	90	96	100	93.83
顾坎凯	化工学院	隶书组	98	96	89	99	97	98	96.17
卢委委	电力学院	隶书组	100	90	88	95	100	99	95.33

图 6-37　筛选结果

有兴趣的朋友可以尝试将其余几个条件的记录筛选出来，这里就不再赘述。

2．对企业部门销售业绩的高级筛选

在条件区域中，除了字符串、逻辑表达式之外，还可以使用公式作为条件，下面我们以图 6-38 中的数据表为例，来讲解如何利用公式进行高级筛选。

图 6-38　销售任务与完成情况对比表

假设我们需要筛选出所属卖场是苏宁，或者超额完成比例在 5%以上的记录，则可以按照以下步骤进行。

（1）设置条件区域，在任意空白单元格输入条件“=B3="苏宁"”，然后在下一行的紧挨着一列输入公式“=E3/D3-1>5%”，即超额比例大于 5%。按回车键后，显示效果如图 6-39 所示。

（2）将光标定位在数据表内任一单元格，单击“排序和筛选”组中的“高级”命令。

（3）在打开的“高级筛选”对话框中，选择“将筛选结果复制到其他位置”，然后分别设置列表区域、条件区域和复制到的位置，需要注意的是，这里的条件区域要多选上面一行，即范围是$I$1:$J$3，如图 6-40 所示。

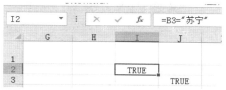

图 6-39　设置条件区域

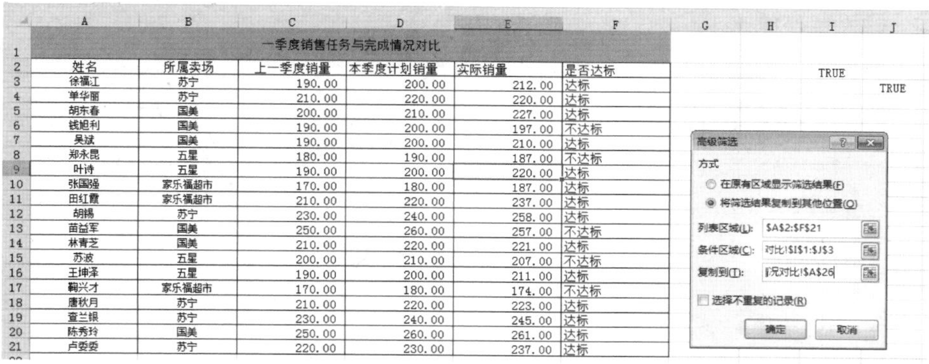

	A	B	C	D	E	F
1	一季度销售任务与完成情况对比					
2	姓名	所属卖场	上一季度销量	本季度计划销量	实际销量	是否达标
3	徐福江	苏宁	190.00	200.00	212.00	达标
4	单华丽	苏宁	210.00	220.00	220.00	达标
5	胡东春	国美	200.00	210.00	227.00	达标
6	钱旭利	国美	190.00	200.00	197.00	不达标
7	吴斌	国美	190.00	200.00	210.00	达标
8	郑永昆	五星	180.00	190.00	187.00	不达标
9	叶诗	五星	190.00	200.00	220.00	达标
10	张国强	家乐福超市	170.00	180.00	187.00	达标
11	田红霞	家乐福超市	210.00	220.00	237.00	达标
12	胡锡	苏宁	230.00	240.00	258.00	达标
13	苗益军	国美	250.00	260.00	257.00	不达标
14	林青芝	国美	210.00	220.00	221.00	达标
15	苏波	五星	200.00	210.00	207.00	不达标
16	王坤泽	五星	190.00	200.00	211.00	达标
17	鞠兴才	家乐福超市	170.00	180.00	174.00	不达标
18	唐秋月	苏宁	210.00	220.00	223.00	达标
19	查兰银	苏宁	230.00	240.00	245.00	达标
20	陈秀玲	国美	250.00	260.00	261.00	达标
21	卢委委	苏宁	220.00	230.00	237.00	达标

图 6-40　设置“高级筛选”对话框

（4）单击“确定”按钮，即可得到如图 6-41 所示的筛选结果。

	姓名	所属卖场	上一季度销量	本季度计划销量	实际销量	是否达标
27	徐福江	苏宁	190.00	200.00	212.00	达标
28	单华丽	苏宁	210.00	220.00	220.00	达标
29	胡东春	国美	200.00	210.00	227.00	达标
30	叶诗	五星	190.00	200.00	220.00	达标
31	田红霞	家乐福超市	210.00	220.00	237.00	达标
32	胡锡	苏宁	230.00	240.00	258.00	达标
33	王坤泽	五星	190.00	200.00	211.00	达标
34	唐秋月	苏宁	210.00	220.00	223.00	达标
35	查兰银	苏宁	230.00	240.00	245.00	达标
36	卢委委	苏宁	220.00	230.00	237.00	达标

图 6-41　筛选结果

6.2.3　高级筛选使用技巧

1．在筛选结果中只显示部分字段数据

如图 6-42 所示的数据表，如果希望筛选出销售一部和销售二部中排名在前 10 名之内的员工，要求只显示姓名、销售部门和排名三个字段，那么该如何操作呢？下面我们就来看具体的实现步骤：

（1）设置条件区域，如图 6-43 所示。

（2）从数据表中复制要显示的字段名称，至要显示筛选数据的位置粘贴，如图 6-44 所示。

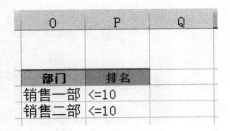

图 6-42　销售业绩统计表

	O	P	Q
	部门	**排名**	
	销售一部	<=10	
	销售二部	<=10	

图 6-43　设置条件区域

48		
49	姓名	部门	排名
50		

图 6-44　复制要显示的字段

（3）将光标定位至数据表中任一单元格，单击"排序和筛选"组中的"高级"按钮，打开"高级筛选"对话框，依次设置列表区域、条件区域和复制到的位置，如图 6-45 所示。要注意的是，这里的存放位置，不可以选择一个单元格，而是应该选择整个字段的区域，即图中的$A$49:$C$49。

（4）单击"确定"按钮，即可生成如图 6-46 所示的筛选结果。

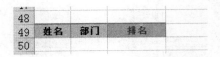

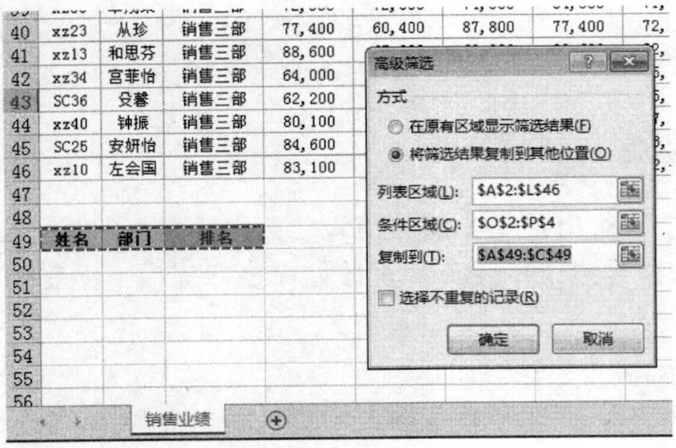

图 6-45　设置高级筛选对话框

	姓名	部门	排名
48			
49	姓名	部门	排名
50	容静蓉	销售一部	2
51	欧丹	销售一部	4
52	刘永健	销售一部	1
53	柏锦枫	销售一部	5
54	于成中	销售二部	7
55	彭嘉玲	销售二部	10
56	苍怡飘	销售二部	8

图 6-46　筛选结果

2. 筛选不重复值

如果筛选的记录中有重复的值，而在筛选结果中只需要显示其中一个值，则可以在“高级筛选”对话框中选择“选择不重复的记录”复选框。这样遇到重复记录，筛选结果将只会显示一次。

3. 高级筛选中通配符的运用

当对数据表中的文本字段进行筛选时，可以在条件中使用通配符，其中“*”代表可以与任意多的字符相匹配。“？”代表可以与任意一个字符相匹配。表 6-2 中列出了一些条件示例以及含义。

表 6-2　文本条件的示例

条 件 示 例	筛 选 记 录
张	以“张”开头的文本记录
="=北京"	文本等于“北京”的记录
<>A*	除了以A开头的所有文本记录
北京	文本中包含“北京”字符的记录
A*B	以A开头并且包含B的记录
A?B	以A开头，第三个字母是B
="=???"	包含3个字符的记录
<>???	不包含3个字符的记录
~?	以?号开头的记录
~*	以*号开头的记录
=	记录为空
<>	任何非空记录

如图 6-47 所示的筛选结果即是根据品名为“*蒙牛*”这个条件进行筛选的。

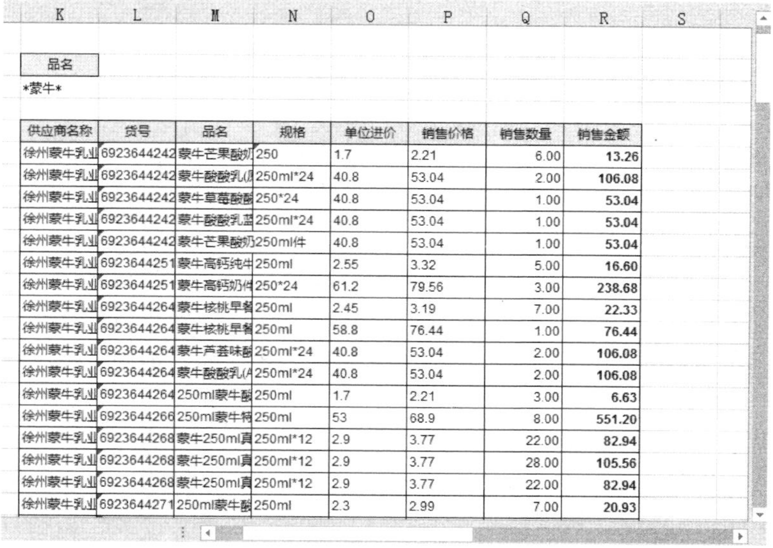

K	L	M	N	O	P	Q	R
品名							
蒙牛							
供应商名称	货号	品名	规格	单位进价	销售价格	销售数量	销售金额
徐州蒙牛乳业	6923644242	蒙牛芒果酸奶	250	1.7	2.21	6.00	13.26
徐州蒙牛乳业	6923644242	蒙牛酸酸乳(原	250ml*24	40.8	53.04	2.00	106.08
徐州蒙牛乳业	6923644242	蒙牛草莓酸酸	250*24	40.8	53.04	1.00	53.04
徐州蒙牛乳业	6923644242	蒙牛酸酸乳蓝	250ml*24	40.8	53.04	1.00	53.04
徐州蒙牛乳业	6923644242	蒙牛芒果酸奶	250ml件	40.8	53.04	1.00	53.04
徐州蒙牛乳业	6923644251	蒙牛高钙纯牛	250ml	2.55	3.32	5.00	16.60
徐州蒙牛乳业	6923644251	蒙牛高钙奶件	250*24	61.2	79.56	3.00	238.68
徐州蒙牛乳业	6923644264	蒙牛核桃早餐	250ml	2.45	3.19	7.00	22.33
徐州蒙牛乳业	6923644264	蒙牛核桃早餐	250ml	58.8	76.44	1.00	76.44
徐州蒙牛乳业	6923644264	蒙牛芦荟味酸	250ml*24	40.8	53.04	2.00	106.08
徐州蒙牛乳业	6923644264	蒙牛酸酸乳(A	250ml*24	40.8	53.04	2.00	106.08
徐州蒙牛乳业	6923644264	250ml蒙牛酸	250ml	1.7	2.21	3.00	6.63
徐州蒙牛乳业	6923644266	250ml蒙牛特	250ml	53	68.9	8.00	551.20
徐州蒙牛乳业	6923644268	蒙牛250ml真	250ml*12	2.9	3.77	22.00	82.94
徐州蒙牛乳业	6923644268	蒙牛250ml真	250ml*12	2.9	3.77	28.00	105.56
徐州蒙牛乳业	6923644268	蒙牛250ml真	250ml*12	2.9	3.77	22.00	82.94
徐州蒙牛乳业	6923644271	250ml蒙牛酸	250ml	2.3	2.99	7.00	20.93

图 6-47　通配符使用实例

第 7 章 分类汇总与合并计算

内容导读

在实际工作中，我们可能会经常对某些数据进行汇总计算，比如按要求求出每个地区的销量总额、求每个班级的最高分等。在 Excel 2013 中，这就需要用到分类汇总的功能，即根据不同的种类进行汇总。而合并计算则可以将多个具有相同结构的表格数据进行合并计算，如汇总、求最大值、均值等。还可以巧妙应用合计计算进行数据的对比。本章我们将通过一系列的实例对这两个知识点进行详细的解读。

通过本章的学习，您将掌握以下内容：

- ❑ 分类汇总的实现
- ❑ 多级别分类汇总
- ❑ 分类汇总的删除
- ❑ 不同类型的合并计算

7.1 分 类 汇 总

Excel 分类汇总属于 Excel 的一个基础应用，它通常是指将数据清单中的记录按某个字段分类，再分别对每一类数据进行汇总。在 Excel 2013 中，用户可以使用多种函数进行分类汇总计算。如 SUM、COUNT、AVERAGE、SUBTOTAL 等函数，也可以在列表或数据库中插入自动分类汇总。

7.1.1 汇总前的整理工作

在进行分类汇总前，需保证数据具有下列格式。

（1）数据区域的第一行为标题行。

（2）数据区域中没有空行和空列，数据区域四周是空行和空列。

（3）按类别进行排序。如图 7-1 所示是几个产品在一些城市的销售数据。

上述数据表中，可以看到"产品"列是混乱的，并未按类别排序。因此，需要对它进行排序分类。步骤如下：

（1）选中图 7-1 的数据单元格，单击"数据"菜单选项，选择"排序和筛选"组中的"排序"命令，如图 7-2 所示。

（2）在弹出的"排序"对话框中，"主要关键字"选择"产品"、"排序依据"选择"数据"、"次序"选择"升序"，如图 7-3 所示。

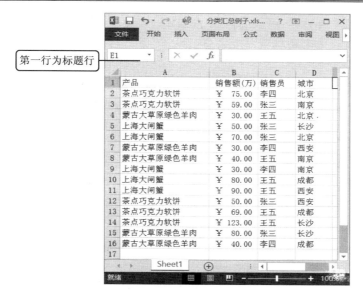

图 7-1　销售数据图

图 7-2　"排序"命令　　　　　　　　图 7-3　"排序"对话框

（3）单击"确定"按钮后，数据即可按"产品"字段排序，如图 7-4 所示。

图 7-4　排序后的结果

提示：除按产品字段排序外，我们还可以添加次要关键字，以达到目的。添加次要关键字的方法和上述的排序方法完全一样。

7.1.2 汇总的实现

在对数据进行分类排序后，就可以开始进行汇总了。Excel 2013 可自动计算列表中的分类汇总和总计值。当插入自动分类汇总时，Excel 将分级显示列表，以便为每个分类汇总显示和隐藏明细数据行。

1．设置分类汇总

比如，我们要对每种产品的销售额进行分类汇总，以便统计每种产品的总的销售额，可按下列步骤进行。

（1）单击数据清单中任一单元格。

（2）单击"数据"菜单选项，选择"分级显示"组中的"分类汇总"命令，如图 7-5 所示。

图 7-5 选择"分类汇总"命令

（3）弹出"分类汇总"对话框，如图 7-6 所示，选择"分类字段"为"产品"、"汇总方式"为"求和"、"选定汇总项"为"销售额"。

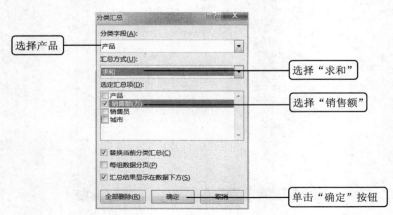

图 7-6 分类汇总

（4）单击"确定"按钮后，Excel 便自动计算列表中的分类汇总和总计，如图 7-7 所示。

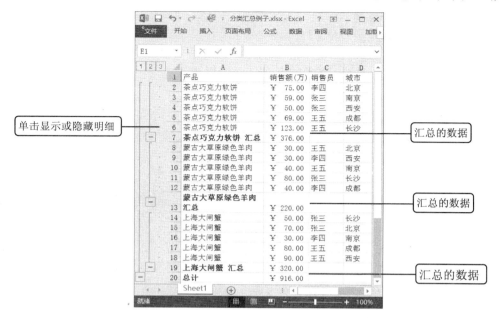

图 7-7　分类汇总后

经过分类汇总后，对于每种产品的销售额，便自动汇总了，比如：茶点巧克力软饼汇总为 376.00 万元。在最后一行，对所有产品的销售额进行了汇总，总计：916.00。

💡提示：若要只显示分类汇总和总计的汇总，单击行编号旁边的大纲符号，即可显示或隐藏单个分类汇总的明细行。

7.1.3　删除分类汇总

当不需分类汇总的时候，可以删除已分类汇总的数据。删除分类汇总时，Excel 2013 还将删除与分类汇总一起插入列表中的大纲和任何分页符。

删除分类汇总的步骤为：

（1）单击列表中包含分类汇总的单元格。

（2）单击"数据"菜单选项，选择"分级显示"组中的"分类汇总"命令。

（3）在打开"分类汇总"对话框中，单击"全部删除"按钮，如图 7-8 所示。

如果将工作簿设置为自动计算公式，则在编辑明细数据时，"分类汇总"命令将自动重新计算分类汇总和总计值。

图 7-8　删除分类汇总

7.1.4　多级分类汇总

在实际工作中，我们有时候需要在一组数据中，对多个字段进行汇总，这时就用到了多级分类汇总。多级分类汇总是指对数据进行多级分类，并求出每级的分类汇总。即先对某项指标进行分类，然后再对分类汇总后的数据做进一步的细化。

如图 7-9 所示的销售统计表，如果我们既希望统计出不同产品的营业额和利润，还希望统计出每个产品不同型号的销量。则可以按照下面的步骤进行（本表已经对产品和型号进行了排序，即"主要关键字"为"产品"、"次要关键字"为"型号"）。

	A	B	C	D	E	F	G
1	产品	型号	卖场	销量	批发价	营业额	利润
2	油烟机	JX05	苏宁	3703	3257	¥12,060,671.00	¥36,182.01
3	油烟机	JX05	国美	2517	3257	¥8,197,869.00	¥24,593.61
4	油烟机	JX05	五星	2004	3257	¥6,527,028.00	¥19,581.08
5	油烟机	JX09	苏宁	1412	2971	¥4,195,052.00	¥12,585.16
6	油烟机	JX09	国美	1072	2005	¥2,149,360.00	¥6,448.08
7	油烟机	JX09	五星	1038	2646	¥2,746,548.00	¥8,239.64
8	灶具	HD1B	苏宁	3068	599	¥1,837,732.00	¥5,513.20
9	灶具	HD1B	国美	2611	682	¥1,780,702.00	¥5,342.11
10	灶具	HD1B	五星	2339	1195	¥2,795,105.00	¥8,385.32
11	灶具	HD4B	苏宁	2205	1075	¥2,370,375.00	¥7,111.13
12	灶具	HD4B	国美	308	1024	¥315,392.00	¥946.18
13	灶具	HD4B	五星	250	452	¥113,000.00	¥339.00
14	消毒柜	ZTD100F-07A	苏宁	885	1909	¥1,689,465.00	¥5,068.40
15	消毒柜	ZTD100F-07A	国美	883	1613	¥1,424,279.00	¥4,272.84
16	消毒柜	ZTD100F-07A	五星	420	2963	¥1,244,460.00	¥3,733.38
17	消毒柜	ZTD100F-10A	苏宁	401	2617	¥1,049,417.00	¥3,148.25
18	消毒柜	ZTD100F-10A	国美	398	1996	¥794,408.00	¥2,383.22
19	消毒柜	ZTD100F-10A	五星	346	1449	¥501,354.00	¥1,504.06
20	热水器	0504	苏宁	284	2130	¥604,920.00	¥1,814.76
21	热水器	0504	国美	186	2900	¥539,400.00	¥1,618.20
22	热水器	0504	五星	181	4877	¥882,737.00	¥2,648.21

图 7-9　排序后的数据表

（1）打开"分类汇总"对话框，先将表格按产品汇总出营业额和利润的总和，设置如图 7-10 所示。

图 7-10　分类汇总产品字段

（2）单击"确定"按钮后，得到如图 7-11 所示的汇总结果。

	A	B	C	D	E	F	G
1	产品	型号	卖场	销量	批发价	营业额	利润
2	油烟机	JX05	苏宁	3703	3257	¥12,060,671.00	¥36,182.01
3	油烟机	JX05	国美	2517	3257	¥8,197,869.00	¥24,593.61
4	油烟机	JX05	五星	2004	3257	¥6,527,028.00	¥19,581.08
5	油烟机	JX09	苏宁	1412	2971	¥4,195,052.00	¥12,585.16
6	油烟机	JX09	国美	1072	2005	¥2,149,360.00	¥6,448.08
7	油烟机	JX09	五星	1038	2646	¥2,746,548.00	¥8,239.64
8	油烟机 汇总					¥35,876,528.00	¥107,629.58
9	灶具	HD1B	苏宁	3068	599	¥1,837,732.00	¥5,513.20
10	灶具	HD1B	国美	2611	682	¥1,780,702.00	¥5,342.11
11	灶具	HD1B	五星	2339	1195	¥2,795,105.00	¥8,385.32
12	灶具	HD4B	苏宁	2205	1075	¥2,370,375.00	¥7,111.13
13	灶具	HD4B	国美	308	1024	¥315,392.00	¥946.18
14	灶具	HD4B	五星	250	452	¥113,000.00	¥339.00
15	灶具 汇总					¥9,212,306.00	¥27,636.92
16	消毒柜	ZTD100F-07A	苏宁	885	1909	¥1,689,465.00	¥5,068.40
17	消毒柜	ZTD100F-07A	国美	883	1613	¥1,424,279.00	¥4,272.84
18	消毒柜	ZTD100F-07A	五星	420	2963	¥1,244,460.00	¥3,733.38
19	消毒柜	ZTD100F-10A	苏宁	401	2617	¥1,049,417.00	¥3,148.25
20	消毒柜	ZTD100F-10A	国美	398	1996	¥794,408.00	¥2,383.22
21	消毒柜	ZTD100F-10A	五星	346	1449	¥501,354.00	¥1,504.06
	消毒柜 汇总					¥6,703,383.00	¥20,110.15

Sheet1

图 7-11　根据产品字段汇总结果

（3）再次打开"分类汇总"对话框，选择"分类字段"为"型号"、"汇总方式"为"求和"、"选定汇总项"为"销量"，取消选择"替换当前分类汇总"复选框，如图 7-12 所示。

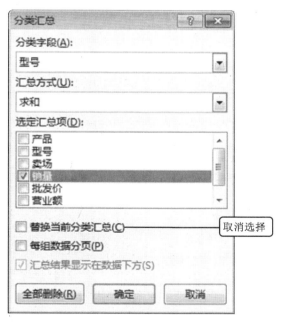

图 7-12　设置分类汇总项

（4）单击"确定"按钮得到最终的分类汇总结果，如图 7-13 所示。

注意：第二次分类汇总时，请清除"替换当前分类汇总"的勾选。

	产品	型号	卖场	销量	批发价	营业额	利润
1	产品	型号	卖场	销量	批发价	营业额	利润
2	油烟机	JX05	苏宁	3703	3257	¥12,060,671.00	¥36,182.01
3	油烟机	JX05	国美	2517	3257	¥8,197,869.00	¥24,593.61
4	油烟机	JX05	五星	2004	3257	¥6,527,028.00	¥19,581.08
5		JX05 汇总		8224			
6	油烟机	JX09	苏宁	1412	2971	¥4,195,052.00	¥12,585.16
7	油烟机	JX09	国美	1072	2005	¥2,149,360.00	¥6,448.08
8	油烟机	JX09	五星	1038	2646	¥2,746,548.00	¥8,239.64
9		JX09 汇总		3522			
10	油烟机 汇总					¥35,876,528.00	¥107,629.58
11	灶具	HD1B	苏宁	3068	599	¥1,837,732.00	¥5,513.20
12	灶具	HD1B	国美	2611	682	¥1,780,702.00	¥5,342.11
13	灶具	HD1B	五星	2339	1195	¥2,795,105.00	¥8,385.32
14		HD1B 汇总		8018			
15	灶具	HD4B	苏宁	2205	1075	¥2,370,375.00	¥7,111.13
16	灶具	HD4B	国美	308	1024	¥315,392.00	¥946.18
17	灶具	HD4B	五星	250	452	¥113,000.00	¥339.00
18		HD4B 汇总		2763			
19	灶具 汇总					¥9,212,306.00	¥27,636.92
20	消毒柜	ZTD100F-07A	苏宁	885	1909	¥1,689,465.00	¥5,068.40
21	消毒柜	ZTD100F-07A	国美	883	1613	¥1,424,279.00	¥4,272.84
	消毒柜	ZTD100F-07A	五星	420	2963	¥1,244,460.00	¥3,733.38

图 7-13 实现多级分类汇总

7.1.5 分类汇总结果的复制

当我们对数据分类汇总后，需要将汇总结果复制到另一张表上，但是当你一起选中时，若使用常规的复制方法，两个汇总之间的数据就会全部复制到另一张表中去。这时，我们可以使用以下方法来复制分类汇总的结果。

（1）单击分类汇总结果左侧相应级别的数字（1，2，3，4），找到需要的数据并选择要复制的内容，如图 7-14 所示。

A1			fx	产品			
	产品	型号	卖场	销量	批发价	营业额	利润
1	产品	型号	卖场	销量	批发价	营业额	利润
5		JX05 汇总		8224			
9		JX09 汇总		3522			
10	油烟机 汇总					¥35,876,528.00	¥107,629.58
14		HD1B 汇总		8018			
18		HD4B 汇总		2763			
19	灶具 汇总					¥9,212,306.00	¥27,636.92
23		ZTD100F-07A 汇总		2188			
27		ZTD100F-10A 汇总		1145			
28	消毒柜 汇总					¥6,703,383.00	¥20,110.15
32		0504 汇总		651			
36		0507 汇总		409			
37	热水器 汇总					¥4,006,684.00	¥12,020.05
38		总计		26920			
39	总计					¥55,798,901.00	¥167,396.70
40							

图 7-14 选中分类的数据

（2）单击"开始"菜单选项，选择"编辑"组中的"查找和替换"命令，在弹出的快捷菜单中选中"定位条件"命令，如图 7-15 所示。

（3）弹出"定位条件"对话框，选择"可见单元格"项，如图 7-16 所示。

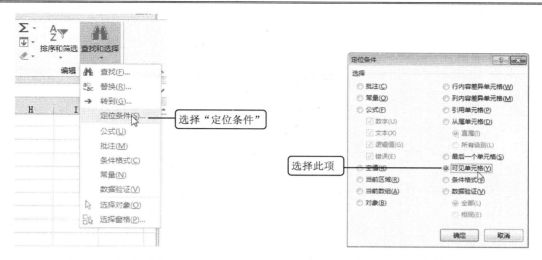

图 7-15 选择"定位条件"   图 7-16 定位条件

（4）单击"确定"按钮后，按 Ctrl+C 快捷键将其复制，如图 7-17 所示。

产品	型号	卖场	销量	批发价	营业额	利润
	JX05 汇总		8224			
	JX09 汇总		3522			
曲烟机 汇总					¥35,876,528.00	¥107,629.58
	HD1B 汇总		8018			
	HD4B 汇总		2763			
灶具 汇总					¥9,212,306.00	¥27,636.92
	ZTD100F-07A 汇总		2188			
	ZTD100F-10A 汇总		1145			
肖毒柜 汇总					¥6,703,383.00	¥20,110.15
	0504 汇总		651			
	0507 汇总		409			
热水器 汇总					¥4,006,684.00	¥12,020.05
	总计		26920			
总计					¥55,798,901.00	¥167,396.70

图 7-17 复制数据

（5）增加一个工作表，在新工作表中进行粘贴即可，结果如图 7-18 所示。

	A	B	C	D	E	F	G
1	产品	型号	卖场	销量	批发价	营业额	利润
2		JX05 汇总		8224			
3		JX09 汇总		3522			
4	曲烟机 汇总					¥35,876,528.00	¥107,629.58
5		HD1B 汇总		8018			
6		HD4B 汇总		2763			
7	灶具 汇总					¥9,212,306.00	¥27,636.92
8		ZTD100F-07A 汇总		2188			
9		ZTD100F-10A 汇总		1145			
10	肖毒柜 汇总					¥6,703,383.00	¥20,110.15
11		0504 汇总		651			
12		0507 汇总		409			
13	热水器 汇总					¥4,006,684.00	¥12,020.05
14		总计		26920			
15	总计					¥55,798,901.00	¥167,396.70

图 7-18 粘贴数据

7.2 分类汇总应用实例

在学习前一节的分类汇总知识后，本节我们主要对分类汇总的应用进行实例演示。

7.2.1 成绩统计表的简单分类汇总

下面我们以图 7-19 的成绩表作为原始表格进行分类汇总，主要统计某班男女生的平均成绩，即把男女生的平均成绩进行分类汇总，步骤如下：

（1）首先在数字区域内单击任一单元格，单击"数据"菜单选项，选择"排序和筛选"组中的"排序"命令，如图 7-20 所示。

图 7-19　原数据

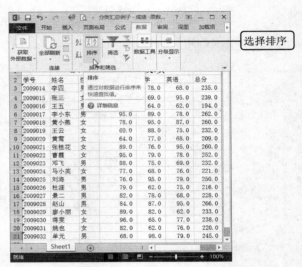

图 7-20　选择排序

（2）在弹出的"排序"对话框中，"主要关键字"选择"性别"、"排序依据"选择"数值"、"次序"选择"升序"，如图 7-21 所示。

图 7-21　排序

（3）单击"确定"按钮后，可看到数据表已经按性别进行排序了，如图 7-22 所示。

（4）单击"数据"菜单选项，选择"分级显示"组中的"分类汇总"命令，弹出"分类汇总"对话框，如图 7-23 所示，选择要分类的字段：性别，汇总方式：平均值，汇总项：总分。

图 7-22　排序后

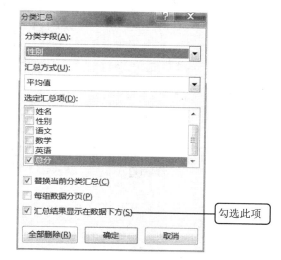

图 7-23　进行分类汇总设置

（5）单击"确定"按钮后，即按性别统计出了男生和女生的平均分，如图 7-24 所示。

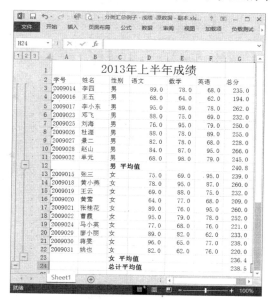

图 7-24　分类汇总后的结果

7.2.2　为成绩表创建多级分类汇总

在上面的例子中，如果我们还要统计出男生和女生的人数，这个时候，可以进行二次分类汇总，以达到这个目的。

在前面的分类汇总基础上，我们现在再进行二级分类汇总。步骤如下：

（1）单击"数据"菜单选项，选择"分级显示"组中的"分类汇总"命令，弹出"分类汇总"对话框，选择"分类字段"为"性别"、"汇总方式"为"计数"、"汇总项"为"总分"，并清除"替换当前分类汇总"的勾选，如图 7-25 所示。

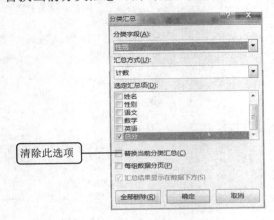

图 7-25　二次分类汇总

（2）单击"确定"按钮后，得到二次分类汇总的结果，如图 7-26 所示。分别统计出性别为男的人数：9，性别为女的人数：10，总计数：19。

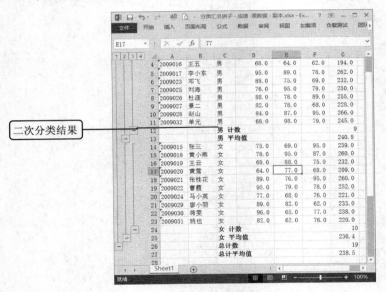

图 7-26　二次分类汇总

有兴趣的读者，可以打开本章提供的练习素材文件"分类汇总练习.xlsx"文件进行多重分类汇总的练习，如图 7-27 所示。要求分类汇总出每一个业务员的不同订单方式的订单数量以及金额，结果如图 7-28 所示。

提示：需要先对业务员和订单方式进行排序，即主要关键字为业务员，次要关键字为订单方式；然后再根据业务员进行分类汇总，汇总出数量和金额，再对订单方式进行分类汇总，取消选择"替换当前分类汇总"，单击"确定"即可。

	A	B	C	D	E	F	G	H	I
1	新版靓贝婴儿奶粉七月份订单								
2	业务员	订单	订单方式	城市	产品类别	数量(箱)	批发价	金额	业务员提成
3	陈淑云	130103	电话订单	长沙	标准1段	710	780	553800	11076
4	陈淑云	130103	电话订单	长沙	标准2段	540	780	421200	8424
5	陈淑云	130103	电话订单	长沙	标准3段	890	780	694200	13884
6	陈淑云	130103	电话订单	长沙	成长1+	560	810	453600	9072
7	陈淑云	130103	电话订单	长沙	成长2+	650	810	526500	10530
8	陈淑云	130107	来厂洽谈	重庆	标准1段	520	780	405600	8112
9	陈淑云	130107	来厂洽谈	重庆	标准2段	850	780	663000	13260
10	陈淑云	130107	来厂洽谈	重庆	标准3段	830	780	647400	12948
11	陈淑云	130107	来厂洽谈	重庆	成长1+	860	810	696600	13932
12	陈淑云	130107	来厂洽谈	重庆	成长2+	590	810	477900	9558
13	张建丰	130105	来厂洽谈	上海	标准1段	700	780	546000	10920
14	张建丰	130105	来厂洽谈	上海	标准2段	730	780	569400	11388
15	张建丰	130105	来厂洽谈	上海	标准3段	830	780	647400	12948
16	张建丰	130105	来厂洽谈	上海	成长1+	540	810	437400	8748
17	张建丰	130105	来厂洽谈	上海	成长2+	690	810	558900	11178
18	张艺玲	130108	来厂洽谈	南京	标准1段	670	780	522600	10452
19	张艺玲	130108	来厂洽谈	南京	标准2段	750	780	585000	11700
20	张艺玲	130108	来厂洽谈	南京	标准3段	630	780	491400	9828
21	张艺玲	130108	来厂洽谈	南京	成长1+	900	810	729000	14580
22	张艺玲	130108	来厂洽谈	南京	成长2+	780	810	631800	12636
23	张建丰	130102	网络订单	北京	标准1段	550	780	429000	8580
24	张建丰	130102	网络订单	北京	标准2段	780	780	608400	12168
25	张建丰	130102	网络订单	北京	标准3段	670	780	522600	10452
26	张建丰	130102	网络订单	北京	成长1+	730	810	591300	11826

Sheet2　Sheet3

图 7-27　原表

	A	B	C	D	E	F	G	H	I
1	新版靓贝婴儿奶粉七月份订单								
2	业务员	订单	订单方式	城市	产品类别	数量(箱)	批发价	金额	业务员提成
3	陈淑云	130103	电话订单	长沙	标准1段	710	780	553800	11076
4	陈淑云	130103	电话订单	长沙	标准2段	540	780	421200	8424
5	陈淑云	130103	电话订单	长沙	标准3段	890	780	694200	13884
6	陈淑云	130103	电话订单	长沙	成长1+	560	810	453600	9072
7	陈淑云	130103	电话订单	长沙	成长2+	650	810	526500	10530
8			**电话订单 汇总**			3350		2649300	
9	陈淑云	130107	来厂洽谈	重庆	标准1段	520	780	405600	8112
10	陈淑云	130107	来厂洽谈	重庆	标准2段	850	780	663000	13260
11	陈淑云	130107	来厂洽谈	重庆	标准3段	830	780	647400	12948
12	陈淑云	130107	来厂洽谈	重庆	成长1+	860	810	696600	13932
13	陈淑云	130107	来厂洽谈	重庆	成长2+	590	810	477900	9558
14			**来厂洽谈 汇总**			3650		2890500	
15	**陈淑云 汇总**					7000		5539800	
16	张建丰	130102	网络订单	北京	标准1段	550	780	429000	8580
17	张建丰	130102	网络订单	北京	标准2段	780	780	608400	12168
18	张建丰	130102	网络订单	北京	标准3段	670	780	522600	10452
19	张建丰	130102	网络订单	北京	成长1+	730	810	591300	11826
20	张建丰	130102	网络订单	北京	成长2+	730	810	591300	11826
21			**网络订单 汇总**			3460		2742600	
22	张建丰	130105	来厂洽谈	上海	标准1段	700	780	546000	10920
23	张建丰	130105	来厂洽谈	上海	标准2段	730	780	569400	11388
24	张建丰	130105	来厂洽谈	上海	标准3段	830	780	647400	12948
25	张建丰	130105	来厂洽谈	上海	成长1+	540	810	437400	8748
26	张建丰	130105	来厂洽谈	上海	成长2+	690	810	558900	11178
27			**来厂洽谈 汇总**			3490		2759100	
28	**张建丰 汇总**					6950		5501700	
29	张艺玲	130108	来厂洽谈	南京	标准1段	670	780	522600	10452
30	张艺玲	130108	来厂洽谈	南京	标准2段	750	780	585000	11700
31	张艺玲	130108	来厂洽谈	南京	标准3段	630	780	491400	9828

Sheet2　Sheet3

图 7-28　分类汇总后的表格

7.3 合 并 计 算

所谓合并计算，是指通过合并计算的方法来汇总一个或多个工作表中的数据。Microsoft Excel 提供了两种合并计算数据的方法。一是通过位置，即当我们的源区域有相同位置的数据汇总；二是通过分类，当我们的源区域没有相同的布局时，则采用分类方式进行汇总。合并计算功能使用得当，可以轻松地实现多个工作表间的数据关联。

7.3.1 认识合并计算

合并计算的目的是汇总一个或多个源区域中的数据，并将其显示在一张表中。比如，一个产品的销售统计表中，按季度或月份保存在不同的工作表中，这时可以使用合并计算将所有的销售数据合并到一张表中。

要对数据进行合并计算，可以使用"数据"选项卡上"数据工具"组中的"合并计算"命令，如图 7-29 所示。

图 7-29　合并计算

在进行合并计算前，首先得做一些准备工作，在每个单独的工作表上设置要合并计算的数据，主要有以下几点：

❑ 确保每个数据区域都采用列表格式：第一行中的每一列都具有标签，同一列中包含相似的数据，并且在列表中没有空行或空列。

❑ 将每个区域分别置于单独的工作表中。

❑ 确保每个区域都具有相同的布局。

下面就认识一下"合并计算"对话框，如图 7-30 所示，主要包括以下几个部分：

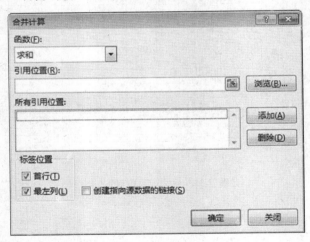

图 7-30　合并计算对话框

❑ "函数"列表框：指定合并计算的类型。"求和"是最常用的合并计算函数，也可以选择其他的函数。

❑ "引用位置"文本框：从想要合并计算的源文件中指定一个区域。在该框中输入区域以后，单击"添加"按钮将这个区域添加到"所有引用位置"列表中。如果通过位置合并计算，不要在区域中包括标签。如果用目录进行合并计算，则务必在该区域中包含标签。

❑ "所有引用位置"列表框：包含使用"添加"按钮添加的引用列表。

❑ 使用"标签位置"复选框：通过检查首行、最左列或这两个位置的标签，指导 Excel

进行合并计算。当通过目录进行合并计算时使用这些选项。

- ❑ "创建指向源数据的链接"复选框：当选中该复选框时，Excel 为每个标签添加汇总公式并创建一个分级显示。如果不选择该选项，合并计算将不使用公式，也不创建分级显示。
- ❑ "浏览"按钮：显示一个对话框，使用它可以选择一个要打开的工作簿。它在"引用位置"框内插入文件名，但必须提供区域引用。如果所有要合并计算的工作簿都处于打开状态，那么您的工作将会变得十分容易。
- ❑ "添加"按钮：将"引用位置"框中的引用位置添加到"所有引用位置"列表中。确保指定每个区域后再单击该按钮。
- ❑ "删除"按钮：从"所有引用位置"列表中删除选择的引用。

7.3.2　使用合并计算汇总表格数据

使用合并计算功能，我们也可以对单个表中的数据实现汇总，功能与分类汇总有些类似。比如图 7-31 所示的各车间一周产量统计表，希望统计出不同车间的各个产品的产量总和，则可以使用合并计算来实现。

	A	B	C	D	E	F
1			各车间一周产量统计			
2	车间	日期	产品A	产品B	产品C	产品D
3	一车间	星期一	356	455	318	394
4	一车间	星期二	338	488	316	370
5	一车间	星期三	475	391	372	491
6	一车间	星期四	324	410	452	395
7	一车间	星期五	433	434	486	423
8	二车间	星期一	418	455	333	434
9	二车间	星期二	427	413	361	311
10	二车间	星期三	392	430	464	336
11	二车间	星期四	433	480	314	440
12	二车间	星期五	399	333	413	361
13	三车间	星期一	351	421	479	353
14	三车间	星期二	497	327	340	385
15	三车间	星期三	444	393	472	394
16	三车间	星期四	307	449	384	361
17	三车间	星期五	406	400	453	340
18	四车间	星期一	399	316	385	377
19	四车间	星期二	451	417	322	401
20	四车间	星期三	416	500	454	393
21	四车间	星期四	371	488	448	400
22	四车间	星期五	400	302	472	437

图 7-31　原数据表

步骤如下：

（1）将光标定位在希望存放合并计算结果的位置，打开"合并计算"对话框，选择函数为"求和"，然后选择引用位置为 A2:F22，单击"添加"按钮，在标签位置选择"首行"和"最左列"选择，如图 7-32 所示。

（2）单击"确定"按钮，得到如图 7-33 所示的合并计算结果，可以看到各个产品的产量均按车间分类做了汇总。

（3）删除多余的列，得到如图 7-34 所示的结果。

图 7-32　设置合并计算选项

	日期	产品A	产品B	产品C	产品D
一车间		1926	2178	1944	2073
二车间		2069	2111	1885	1882
三车间		2005	1990	2128	1833
四车间		2037	2023	2081	2008

图 7-33　合并计算结果

	产品A	产品B	产品C	产品D
一车间	1926	2178	1944	2073
二车间	2069	2111	1885	1882
三车间	2005	1990	2128	1833
四车间	2037	2023	2081	2008

图 7-34　删除多余列

说明：本例的表格中相同的车间已经存放在一起了，实际上，即使车间的顺序是混乱的，也同样可以合并计算出正确的结果。也就是说，合并计算之前并不需要事先进行排序。

7.3.3　合并计算多个区域

下面我们来看如何对多个区域的数据进行合并，如图 7-35 所示为某公司空调产品一季度三个月在不同地区的销量统计表，现在希望汇总生成一张季度销量统计表，则可以按照下面的方法操作：

一月份空调销量		二月份空调销量		三月份空调销量	
地区	销量	地区	销量	地区	销量
华东	35600	华东	35600	华东	32640
华西	33808	华西	35868	华西	33405
华南	47507	华南	44505	华南	37507
华北	32409	华北	36407	华北	32409

图 7-35　合并计算前原表

（1）在 A10 单元格输入"一季度销量汇总"，作为合并计算后表格的标题，然后光标定位在 A11 单元格中，打开"合并"对话框，汇总函数选择"求和"，并依次添加 A2:B6、D2:E6、G2:H6 三个区域，选择"首行"和"最左列"选项，如图 7-36 所示。

图 7-36　设置合并计算项

（2）单击"确定"按钮，完成合并计算，如图 7-37 所示。

图 7-37　完成合并计算

7.3.4　同字段名的合并计算

上一例子中，合并的区域字段名称是相同的，本例我们来看，如果几个区域中字段名称不相同，会生成一个什么样的计算表格。

如图 7-38 所示的几个表格中地区一列信息是相同的，第二列的名称分别不同，我们来将这三个表格进行合并计算，步骤如下：

一月份空调销量				一月份冰箱销量				一月份洗衣机销量	
地区	空调			地区	冰箱			地区	洗衣机
华东	45600			华东	37600			华东	35680
华西	43808			华西	33808			华西	38808
华南	57507			华南	47507			华南	47897
华北	38409			华北	32409			华北	32467

图 7-38　合并计算前表格

（1）将光标定位在一个空白单元格位置，打开"合并计算"对话框，按如图 7-39 所示的选项设置"函数"、"引用位置"和"标签位置"。

图 7-39　设置合并计算选项

（2）单击"确定"按钮后，得到如图 7-40 所示的计算结果，可以看到该结果是将三个字段并列放在了一起，这样也就起到了合并表格的作用。

	A	B	C	D	E	F	G	H
1	一月份空调销量			一月份冰箱销量			一月份洗衣机销量	
2	地区	空调		地区	冰箱		地区	洗衣机
3	华东	45600		华东	37600		华东	35680
4	华西	43808		华西	33808		华西	38808
5	华南	57507		华南	47507		华南	47897
6	华北	38409		华北	32409		华北	32467
7								
8								
9								
10		空调	冰箱	洗衣机				
11	华东	45600	37600	35680				
12	华西	43808	33808	38808				
13	华南	57507	47507	47897				
14	华北	38409	32409	32467				
15								
16								

图 7-40　合并表格

7.3.5　对多个工作表进行合并计算

接下来我们来看如何对多个工作表中的数据进行合并计算，实际上其操作过程是一样的，只是在选择区域的时候需要到不同的工作表中选择要合并计算的区域。

如图 7-41～图 7-43 三个表格分别位于三个不同的工作表中，现在希望将这三个表格合并计算生成一个汇总表，放在新的工作表中。

方法如下：

（1）新建一个工作表，输入标题并设置相应格式，如图 7-44 所示。

	A	B	C	D	E
1	一月产量统计				
2	车间	产品A	产品B	产品C	产品D
3	一车间	1690	1451	1696	1411
4	二车间	1408	1728	1993	1497
5	三车间	1617	1359	1211	1953
6	四车间	1289	1829	1466	1457

图 7-41　一月产量统计表

	A	B	C	D	E
1	二月产量统计				
2	车间	产品A	产品B	产品C	产品D
3	一车间	1330	1625	1370	1558
4	二车间	1749	1251	1432	1211
5	三车间	1342	1275	1450	1337
6	四车间	1507	1804	1753	1231

图 7-42　二月产量统计表

	A	B	C	D	E
1	三月产量统计				
2	车间	产品A	产品B	产品C	产品D
3	一车间	1629	1725	1442	1943
4	二车间	1420	1209	1407	1928
5	三车间	1696	1985	1898	1489
6	四车间	1658	1655	1404	1977

图 7-43　三月产量统计表

图 7-44　新建工作表并设置标题

（2）将光标定位在新工作表的 A2 位置，然后打开"合并计算"对话框，选择"函数"为"求和"，单击"引用位置"下方的 按钮，选择一月份的表格数据区域 A2:E6，如图 7-45 所示。

（3）依次用同样的方法选择其他表格的数据区域，并选中"首行"和"最左列"选项，如图 7-46 所示。

图 7-45　选择数据区域

图 7-46　设置合并计算选项

（4）单击"确定"按钮，完成合并计算，如图 7-47 所示。

图 7-47　完成计算

7.3.6　利用合并计算进行数据核对

合并计算，除了上述的分类汇总功能外，还可以利用合并计算来进行数据核对，使数据核对的工作不再烦琐。比如我们有如下的数据，需要找出 2013 年哪些产品的价格发生了变化。

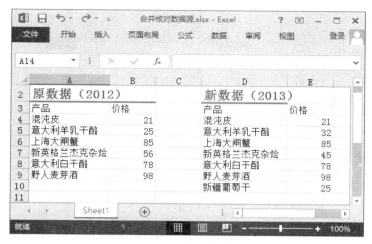

图 7-48　核对数据

利用合并计算功能，我们可以轻松地找出数据的变化，具体步骤如下。

（1）首先需要更改字段名称，以便进行合并计算，把价格分别改为"旧价格"和"新价格"，如图 7-49 所示。

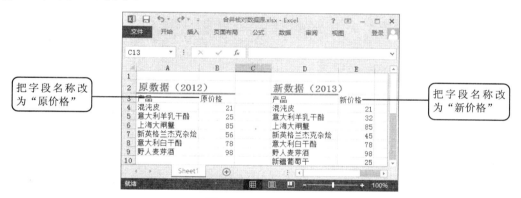

图 7-49　更新字段名

（2）选择核对后数据放置的起始单元格，比如 A14，如图 7-50 所示。

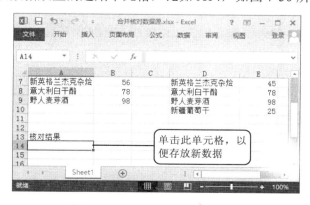

图 7-50　选择核对数据存放位置

（3）打开"合并计算"对话框，在函数项中选择求和，分别选择区域 A3:B9 和 D3:E10，勾选"首行"和"最左列"复选框，如图 7-51 所示。

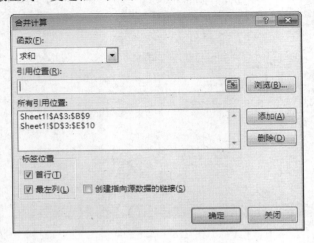

图 7-51　设置合并计算

（4）单击"确定"按钮，结果如图 7-52 所示，可以看到，由于两个区域的字段有所不同，在合并后并没有进行求和运算，而是分别单独成列，这样也就实现了对比的效果。

图 7-52　合并计算结果

（5）在合并计算结果后面，添加一新列：核对结果，并在 D16 列输入公式"=B15=C15"，并填充 D17:D21 单元格，如图 7-53 所示。

7.3.7　让合并计算自动更新

前面做了一系列的合并计算操作，但得到的结果却存在一个问题，那就是一旦原始数据区域的数值发生了变化，合并计算的结果并不会跟着发生改变。要解决此问题，只需要在合并计算对话框中勾选"创建指向源数据的链接"复选框即可，如图 7-54 所示。

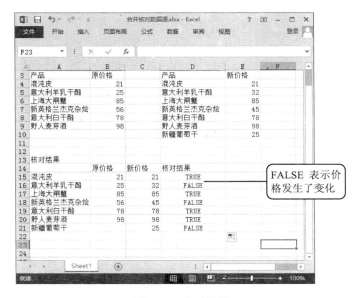

图 7-53　核对结果

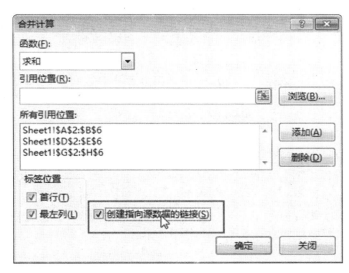

图 7-54　创建指向源数据的链接

第8章 数据透视表的应用

内容导读

数据透视表是 Excel 电子表格提供的又一便捷的数据分析工具，利用它能够较便捷地将所需数据呈现在表格或者图形中。利用数据透视表可以根据用户的设想完成多种组合和运算，如求和、计数等。可以这么说，数据透视表是分析大型数据表格时必不可少的一个实用工具。

通过本章的学习，您将掌握以下内容：

❑ 数据透视表的创建
❑ 数据透视表的编辑
❑ 透视图表的使用

8.1 认识数据透视表

数据透视表是用来从数据列表中总结信息的分析工具，可以快速分类、比较大量的数据，并且融合了汇总、排序、筛选等功能，是 Excel 中最常用的功能之一。合理运用数据透视表，可以使许多复杂的问题变得更加简单。

8.1.1 数据透视表的定义

数据透视表是一种交互的、交叉制表的 Excel 报表，用于对多种来源（包括 Excel 的外部数据）的数据（如数据库记录）进行汇总和分析。数据透视表的使用，对于汇总、分析、浏览和呈现汇总数据都非常有用，如图 8-1 所示。

图 8-1 数据透视表示意图

　　数据透视表是一种可以快速汇总、分析大量数据表格的交互式工具。使用数据透视表可以按照数据表格的不同字段从多个角度进行透视，并建立交叉表格，可以查看数据表格不同层面的汇总信息、分析结果以及摘要数据。从而帮助用户发现关键数据，并做出相应的决策。综上所述，数据透视表是专门针对以下用途设计的：

- ❑ 以多种用户友好方式查询大量数据。
- ❑ 对数值数据进行分类汇总和聚合，按分类和子分类对数据进行汇总，创建自定义计算和公式。
- ❑ 展开或折叠要关注结果的数据级别，查看感兴趣区域汇总数据的明细。
- ❑ 将行移动到列或将列移动到行（或"透视"），以查看源数据的不同汇总。
- ❑ 对最有用和最关注的数据子集进行筛选、排序、分组和有条件地设置格式，使用户能够关注所需的信息。
- ❑ 提供简明、有吸引力并且带有批注的联机报表或打印报表。

8.1.2　数据透视表专用术语

　　在学习了数据透视表的定义之后，我们来了解一下有关数据透视表的一些专用术语。

- ❑ 数据源：即创建数据透视表所需要的数据区域。
- ❑ 行字段：也叫行标签，在数据透视表中具有行方向的字段。
- ❑ 列字段：也叫列标签，表示信息的种类，即数据列表中的列。
- ❑ 筛选器：可以置入一个或多个字段，并可以根据这些字段进行数据的筛选。
- ❑ 项目：组成字段的成员。
- ❑ 字段标题：描述字段内容的标志，用户可以通过拖动字段标题对数据透视表进行透视。
- ❑ 组：一组项目的集合，可以自动生成也可以手动生成。
- ❑ 透视：通过改变一个或多个字段的位置来重新安排数据透视表。
- ❑ 汇总函数：Excel 计算表格中数据的值的函数，文本和数值的默认汇总方式为计数和求和。
- ❑ 分类汇总：数据透视表中对一行或一列单元格的分类汇总。
- ❑ 刷新：重新计算数据透视表，反映目前数据源的状态。

8.2　创建数据透视表

　　本节将对数据透视表的创建过程，以及数据透视表布局的选择方法进行介绍，以帮助读者为以后的应用奠定良好的基础。

8.2.1　我的第一个数据透视表

　　如果要创建一个数据透视表，则可以按照以下步骤进行：

　　（1）将光标放在表格数据源中任意一个单元格，切换至"插入"菜单，单击"数据透视图"命令，如图 8-2 所示。

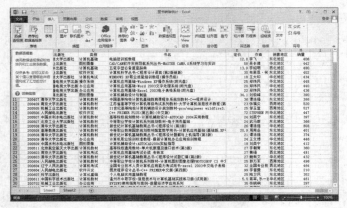

图 8-2　单击"数据透视表"按钮

（2）弹出"创建数据透视表"对话框，其中"请选择要分析的数据"选项中已经自动选择了光标所处位置的整个连续数据区域。接着在"选择放置数据透视表位置"选项区中，选择"新工作表"，如图 8-3 所示。

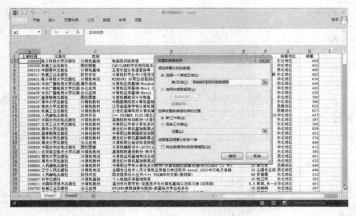

图 8-3　设置数据透视表数据源

（3）设置完成后，单击"确定"按钮。Excel 自动创建了一个空的数据透视表，同时，在窗口右侧有一个数据透视图字段的窗格，如图 8-4 所示。

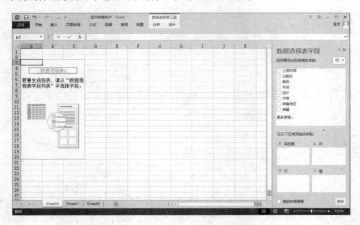

图 8-4　建立的空数据透视表

（4）根据提示，将各个字段依次拖至相应的区域中即可，如图 8-5 所示。从图中我们便可以一目了然地了解到各个出版社各种类型图书的销售情况。在 Excel 2013 的数据透视表中，用户可以通过勾选字段的方式将字段添加到数据透视表中，如果勾选的字段是文本类型，那么该字段将默认出现在行标签中；如果勾选的字段是数值类型的，那么字段将默认出现在数值区域中。

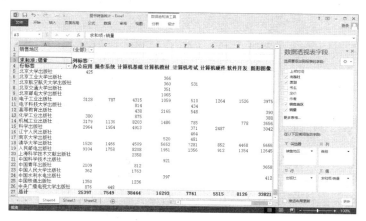

图 8-5　创建数据透视表字段

从图 8-5 我们可以看出，左边为数据透视表的报表生成区域，它会随着选择的字段不同而自动更新；右侧为数据透视表字段列表。创建数据透视表后，可以使用数据透视表字段列表来添加字段。

右下方为数据透视表的 4 个区域，其中"筛选器"、"列"标签、"行"标签区域用于放置分类字段，"值"区域放置数据汇总字段。

❑　将字段拖动到"行"区域，则此字段中的每类项目会成为一行；我们可以将希望按行显示的字段拖动到此区域。

❑　将字段拖动到"列"区域，则此字段中的每类项目会成为一列；我们可以将希望按列显示的字段拖动到此区域。

❑　将字段拖动到"值"区域，则会自动计算此字段的汇总信息（如求和、计数、平均值、方差等等）；我们可以将任何希望汇总的字段拖动到此区域。

❑　将字段拖动到"筛选器"区域，则可以根据此字段对报表实现筛选，可以显示每类项目相关的报表。我们可以将较大范围的分类拖动到此区域，以实现报表筛选。

🔔提示：在第一次创建数据透视表时，如果不知道如何操作和更好地汇总数据，那么不妨试用一下系统推荐的数据透视表，如图 8-6 所示。单击"插入"选项卡中的"推荐的数据透视表"按钮，随后将打开如图 8-7 所示的对话框，从中选择并预览其效果，选定后单击"确定"按钮即可。

8.2.2　报表布局的选择

当完成数据透视表的创建后，用户可以通过其功能区中的按钮来改变数据透视表的报告形式，在此将对其报表布局形式进行详细的介绍。数据透视表为用户提供了"以压缩形式"、"以大纲形式显示"、"以表格形式显示"3 种报表布局形式。

图 8-6　使用推荐模式

图 8-7　选择推荐样式

各布局形式的切换方法很简单，即单击"数据透视表工具"选项卡的"设计"子选项卡下的"报表布局"按钮，在展开的列表中选择合适的显示形式，如图 8-8 所示。其中，新创建的数据透视表默认的显示方式为"以压缩形式显示"。

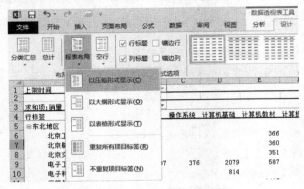

图 8-8　切换报表布局

（1）以压缩形式显示

该显示形式的数据透视表所有的行字段均堆积在一列中，虽然此种显示方式很适合展开/折叠整个字段，但复制后的数据透视表无法显示行字段标题，这样也就失去了利用价值，如图 8-9 所示。

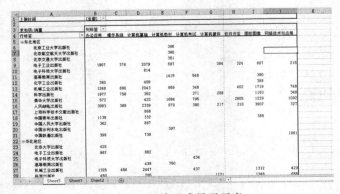

图 8-9　压缩形式显示示意

（2）以大纲形式显示

为了满足更多用户的需求分析，我们可以使用大纲显示形式。这是一种较为经典的数据透视表样式。通过前面介绍的切换方式即可轻松地转换至大纲形式，如图 8-10 所示。

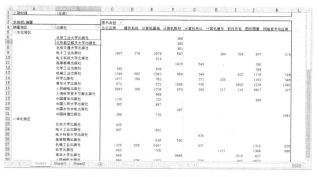

图 8-10　大纲形式显示示意

（3）以表格形式显示

该显示形式将以传统的表格格式查看所有数据，并且方便地将单元格复制到其他工作表。可以说，这是一种用户首选的数据透视表显示方式，如图 8-11 所示。

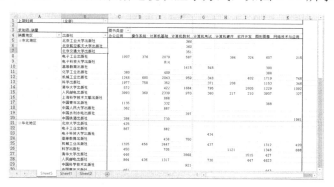

图 8-11　表格形式显示示意

除了上述介绍的三种视图方式外，用户还可以设置"重复所有项目标签"和"不重复项目标签"。若想将数据透视表中空白字段填充相应的数据，使复制后的数据透视表数据完整或满足特定的报表显示要求，则可以选择"重复所有项目标签"显示方式，如图 8-12所示。若想撤销数据透视表所有重复项目的标签，则可以选择"不重复项目标签"命令。

图 8-12　重复显示项目标签示意

8.3　编辑数据透视表

当数据透视表生成之后，通过其字段列表对话框，可以清晰地看到数据透视表的结构，利用它便可以轻而易举地向数据透视表内添加、删除、移动字段，甚至可以执行诸如排序、筛选等编辑操作。

8.3.1　字段的添加与删除

向数据透视表中添加字段的操作很容易，即选择字段后，将其拖至指定的列表区域即可。如将销售地区拖至行列表区域后，在透视表中即可看到新的汇总结果，如图 8-13 所示。

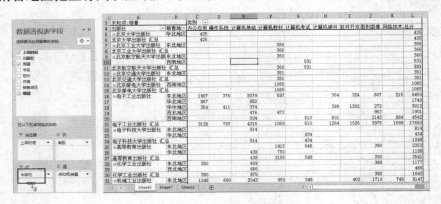

图 8-13　添加字段并查看汇总结果

完成上述的操作后，感觉整个表格不是很清爽，这是为什么呢？接下来不防调整一下行列表区域中"出版社"与"销售地区"的前后顺序。结果果然是让人豁然开朗，如图 8-14 所示。

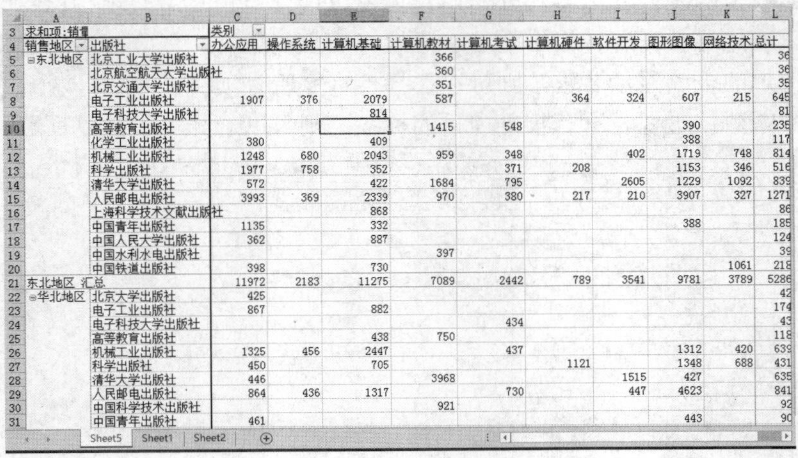

图 8-14　调整字段的位置

此时，如果觉得出版社信息的存在有些多余，那么可以果断地将"出版社"这一字段删除。即在行列表区域中单击"出版社"，随后在打开的菜单中选择"删除字段"选项，如图 8-15 所示。或者是选择该字段将其移至字段列表框之外，如图 8-16 所示。

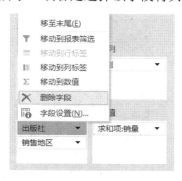

图 8-15 删除字段

图 8-16 移除字段

删除字段后，数据透视表的汇总结果如图 8-17 所示。

	A	B	C	D	E	F	G	H	I	J	K
1	上架时间	(全部)									
2											
3	求和项:销量	类别									
4	销售地区	办公应用	操作系统	计算机基础	计算机教材	计算机考试	计算机硬件	软件开发	图形图像	网络技术	总计
5	东北地区	11972	2183	11275	7089	2442	789	3541	9781	3789	52861
6	华北地区	5714	1340	6665	5639	1601	1121	1962	8565	1108	33715
7	华东地区		611	1862		1246	639		2535		6893
8	华中地区	3376	2348	4794			1439	2275	1703	534	16469
9	西北地区	1438		6637	957	1431			3813	1890	16166
10	西南地区	2897	1067	7211	2608	1041	1527	348	7424	3010	27133
11	总计	25397	7549	38444	16293	7761	5515	8126	33821	10331	153237

图 8-17 删除字段后的显示结果

8.3.2 重命名字段

Excel 在生成数据透视表的时候，会自动为透视表添加行标签、列标签以及求各项等字段。如果希望修改这些标签的名字，那么可以单击数据透视表中列标题的单元格"类别"，之后输入新标题"图书类型"，最后按回车键确认即可，其结果如图 8-18 所示。

	A	B	C	D	E	F	G	H	I	J	K
1	上架时间	(全部)									
2											
3	求和项:销量	图书类型									
4	销售地区	办公应用	操作系统	计算机基础	计算机教材	计算机考试	计算机硬件	软件开发	图形图像	网络技术与	总计
5	东北地区	11972	2183	11275	7089	2442	789	3541	9781	3789	52861
6	华北地区	5714	1340	6665	5639	1601	1121	1962	8565	1108	33715
7	华东地区		611	1862		1246	639		2535		6893
8	华中地区	3376	2348	4794			1439	2275	1703	534	16469
9	西北地区	1438		6637	957	1431			3813	1890	16166
10	西南地区	2897	1067	7211	2608	1041	1527	348	7424	3010	27133
11	总计	25397	7549	38444	16293	7761	5515	8126	33821	10331	153237
12											
13											
14											

图 8-18 重命名字段

需要说明的是，数据透视表中每一个字段的名称必须是唯一的，否则将出现如图 8-19 所示的提示信息。换句话说，Excel 系统是不接受任意两个字段具有相同的名称，即创建的数据透视表的各个字段的名称不能相同，创建的数据透视表字段名称与数据源表头标题行的名称也不能相同。

8.3.3 报表筛选区域的使用

在数据透视表的左上角有一筛选区域，它是用来做
什么呢？下面将一探究竟。

图 8-19　出现重名字段后的提示信息

1．筛选字段的添加与使用

首先将"作者"字段拖至"筛选器"列表区域，如图 8-20 所示。这样作者筛选字段将
会出现在最前面，接下来以筛选"作者"为例，对数据透视表的筛选操作进行介绍。

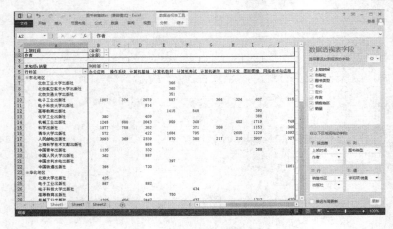

图 8-20　添加筛选字段

如果只想显示王永民老师图书的销量，那么可以单击"筛选器"区域中"作者"字段
右边的下拉箭头，然后从中选择"王永民"，之后单击"确定"按钮即可，其筛选结果如
图 8-21 和图 8-22 所示。

图 8-21　选择筛选项

图 8-22　查看筛选结果

如果想同时筛选多个人的图书销售情况，那么可以事先选中"选择多项"复选项，这
样便可以一次性完成相应的操作，如图 8-23 和图 8-24 所示。其筛选结果如图 8-25 所示。

图 8-23 设置多项选择

图 8-24 勾选多个筛选对象

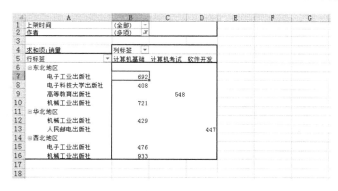

图 8-25 查看多项筛选的结果

2．快速查看分页报表

在完成上述筛选操作后，可以发现所筛选的内容都存在于同一个页面中，能有什么方法使筛选的结果分布在不同的页面吗？下面将通过一个具体的实例进行学习。

（1）单击数据透视表中的任意一个单元格，接着单击"数据透视表工具"选项下的"选项"按钮，在展开的列表中选择"显示报表筛选页"命令，如图 8-26 所示。

（2）弹出"显示报表筛选页"对话框，从中进行选择筛选页字段，如图 8-27 所示。比如"上架时间"，设置完成后，单击"确定"按钮。

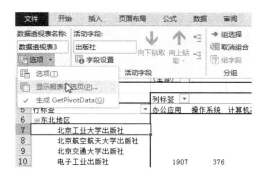

图 8-26 设置分页显示选项

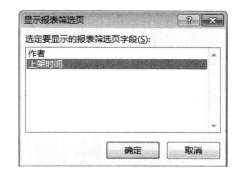

图 8-27 指定筛选页字段

（3）上述筛选操作的结果如图 8-28 和图 8-29 所示，其中每个工作表中均显示了不同时间点上架图书的图书销量。

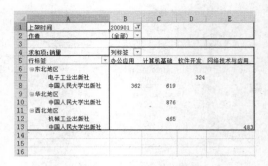

图 8-28　查看分页结果 1　　　　　　　　　　图 8-29　查看分页结果 2

8.3.4　数据透视表的数据汇总方式

数据透视表的优势在于，我们可以很方便地从不同的角度，对数据进行不同方式的汇总统计。默认情况下，数据透视表都是以求和的方式计算金额合计。其实在汇总方式中一共有 11 种函数，包括求和、计数、数值计数、平均值、最大值、最小值、乘积、标准偏差、总体标准偏差、方差、总体方差。如果希望求某一字段的平均值等，则可以对汇总方式进行修改。

例如，单击要修改的"求和项：销量"字段，然后选择"值字段设置"命令，如图 8-30 所示，在打开的"值字段设置"对话框中选择计算类型为"最大值"，如图 8-31 所示，最后单击"确定"按钮即可。

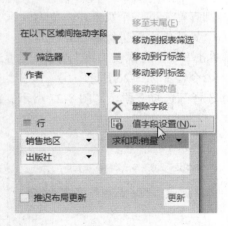

图 8-30　选择命令

图 8-31　设置计算类型

注意：如果将一些数值型字段拖动到"值"区域中时，汇总方式自动变为计数，那么就说明此字段中一定有文本型的数据，这就应该引起用户的注意，对其中的数值进行检查。哪怕只有一个单元格是文本型的数据，也会影响整个字段的计算方式。

8.3.5　改变数据透视表的值显示方式

数据透视表的汇总方式其实就相当于使用工作表函数对数据的统计汇总。而通过改变数据透视表的值显示方式，还可以对数据按照不同字段做相对比较。比如，可以将一些数据通过百分比的方式显示，这样可以从另外一种角度重新审视数据。

（1）通过右键设置值显示方式

选择要更改显示方式的字段区域并右击，在弹出的如图 8-32 所示的快捷菜单中选择“值显示方式”命令，在其下级菜单项中选择一个合适的方式即可，比如选择“行汇总的百分比”，其结果如图 8-33 所示。

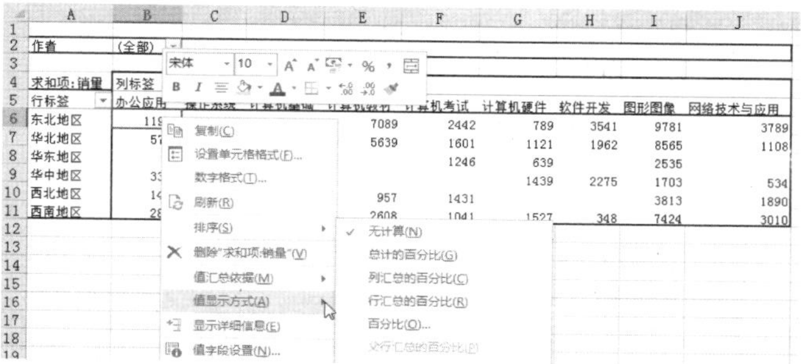

图 8-32　通过右键选择值显示方式

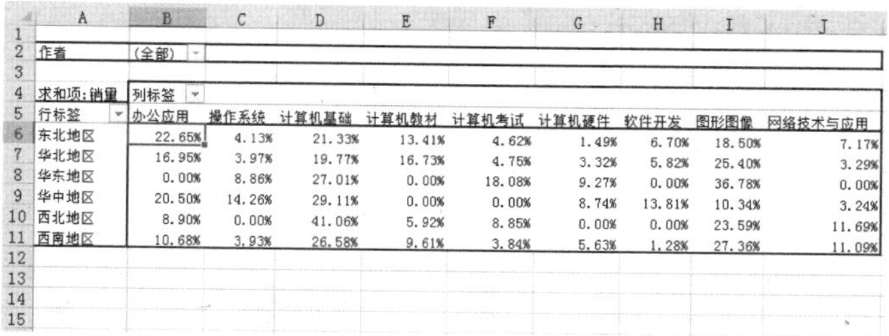

行标签	办公应用	操作系统	计算机基础	计算机教材	计算机考试	计算机硬件	软件开发	图形图像	网络技术与应用
东北地区	22.65%	4.13%	21.33%	13.41%	4.62%	1.49%	6.70%	18.50%	7.17%
华北地区	16.95%	3.97%	19.77%	16.73%	4.75%	3.32%	5.82%	25.40%	3.29%
华东地区	0.00%	8.86%	27.01%	0.00%	18.08%	9.27%	0.00%	36.78%	0.00%
华中地区	20.50%	14.26%	29.11%	0.00%	0.00%	8.74%	13.81%	10.34%	3.24%
西北地区	8.90%	0.00%	41.06%	5.92%	8.85%	0.00%	0.00%	23.59%	11.69%
西南地区	10.68%	3.93%	26.58%	9.61%	3.84%	5.63%	1.28%	27.36%	11.09%

图 8-33　查看值显示结果

（2）通过字段列表设置值显示方式

单击“值”字段中要设置的字段，选择“值字段设置”命令，如图 8-34 所示。随后在弹出的“值字段设置”对话框中选择“值显示方式”选项卡，然后在下拉列表中选择相应的值显示方式，如图 8-35 所示，比如“总计百分比”，其结果如图 8-36 所示。

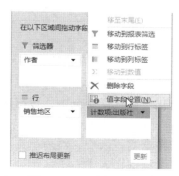

图 8-34　通过菜单选择

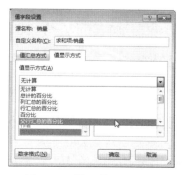

图 8-35　设置值显示方式

	A	B	C	D	E	F	G	H	I	J
1										
2	作者	(全部)								
3										
4	求和项:销量	列标签								
5	行标签	办公应用	操作系统	计算机基础	计算机教材	计算机考试	计算机硬件	软件开发	图形图像	网络技术与应用
6	东北地区	7.81%	1.42%	7.36%	4.63%	1.59%	0.51%	2.31%	6.38%	2.47%
7	华北地区	3.73%	0.87%	4.35%	3.68%	1.04%	0.73%	1.28%	5.59%	0.72%
8	华东地区	0.00%	0.40%	1.22%	0.00%	0.81%	0.42%	0.00%	1.65%	0.00%
9	华中地区	2.20%	1.53%	3.13%	0.00%	0.00%	0.94%	1.48%	1.11%	0.35%
10	西北地区	0.94%	0.00%	4.33%	0.62%	0.93%	0.00%	0.00%	2.49%	1.23%
11	西南地区	1.89%	0.70%	4.71%	1.70%	0.68%	1.00%	0.23%	4.84%	1.96%
12										
13										
14										
15										

图 8-36　总计百分比显示示意

需要说明的是，各值显示方式是有区别的，如图 8-37 和图 8-38 所示分别为“父行汇总的百分比”、“父列汇总的百分比”的值显示结果。

	A	B	C	D	E	F	G	H	I	J
1										
2	作者	(全部)								
3										
4	求和项:销量	列标签								
5	行标签	办公应用	操作系统	计算机基础	计算机教材	计算机考试	计算机硬件	软件开发	图形图像	网络技术与应用
6	东北地区	47.14%	28.92%	29.33%	43.51%	31.47%	14.31%	43.58%	28.92%	36.68%
7	华北地区	22.50%	17.75%	17.34%	34.61%	20.63%	20.33%	24.14%	25.32%	10.73%
8	华东地区	0.00%	8.09%	4.84%	0.00%	16.05%	11.59%	0.00%	7.50%	0.00%
9	华中地区	13.29%	31.10%	12.47%	0.00%	0.00%	26.09%	28.00%	5.04%	5.17%
10	西北地区	5.66%	0.00%	17.26%	5.87%	18.44%	0.00%	0.00%	11.27%	18.29%
11	西南地区	11.41%	14.13%	18.76%	16.01%	13.41%	27.69%	4.28%	21.95%	29.14%
12										
13										
14										
15										

图 8-37 “父行汇总的百分比”显示示意

	A	B	C	D	E	F	G	H	I	J
1										
2	作者	(全部)								
3										
4	求和项:销量	列标签								
5	行标签	办公应用	操作系统	计算机基础	计算机教材	计算机考试	计算机硬件	软件开发	图形图像	网络技术与应用
6	东北地区	22.65%	4.13%	21.33%	13.41%	4.62%	1.49%	6.70%	18.50%	7.17%
7	华北地区	16.95%	3.97%	19.77%	16.73%	4.75%	3.32%	5.82%	25.40%	3.29%
8	华东地区	0.00%	8.86%	27.01%	0.00%	18.08%	9.27%	0.00%	36.78%	0.00%
9	华中地区	20.50%	14.26%	29.11%	0.00%	0.00%	8.74%	13.81%	10.34%	3.24%
10	西北地区	8.90%	0.00%	41.06%	5.92%	8.85%	0.00%	0.00%	23.59%	11.69%
11	西南地区	10.68%	3.93%	26.58%	9.61%	3.84%	5.63%	1.28%	27.36%	11.09%
12										
13										
14										
15										

图 8-38 “父列汇总的百分比”显示示意

8.3.6 数据透视表的刷新与数据源控制

数据透视表生成之后，如果数据源中的数据有了变化，在默认情况下，数据透视表并不会自动更新，而是需要手动进行刷新来与数据源保持一致。

方法比较简单，只要在更新数据之后，将光标放在数据透视表中，然后单击“分析”菜单“数据”组中的“刷新”按钮即可。当然也可以在数据透视表中右击，选择“刷新”

命令。

　　但是"刷新"命令只是刷新数据透视表所引用的数据源的值。当数据源的范围变化了以后（比如数据源增加了新的记录），则使用刷新命令就不能将数据范围一起更新了。这时可以通过"数据"组中的"更改数据源"命令，打开"更改数据透视表数据源"对话框重新选择数据区域，如图 8-39 和图 8-40 所示。

图 8-39　选择更改数据源命令

图 8-40　设置数据区域

8.3.7　数据透视表排序

　　和正常的表格一样，数据透视表同样可以进行排序操作。对着要排序的字段列表位置右击，选择"排序"命令，从下级菜单中选择"升序"或者"降序"即可，如图 8-41 所示。如果希望排序的方向是从左到右，则可以选择"其他排序选项"命令，在打开的"按值排序"对话框中，选择排序方向为"从左到右"即可，如图 8-42 所示。

图 8-41　选择排序命令

行标签	办公应用	操作系统	计算机基础	计算机教材	计算机考试	计算机硬件	软件开发	图形图像	网络技术与应用
机械工业出版社	3179	1136	8203	1486	785		778	3656	1168
科学出版社	2964	1954	4913		371	2487		3042	1568
清华大学出版社	1520	1466	4509	5652	1281	852	4468	5655	2614
电子工业出版社	3128	787	4315	1059	510	1264	1526	3975	1099
化学工业出版社	380		875					388	
中国青年出版社	2109		812					3658	
高等教育出版社			438	2165	548			390	

图 8-42　降序排列结果

说明：如果选择"排序"子菜单中的"其他排序选项"命令，系统将弹出如图 8-43 所示的对话框，从中可以根据需要分别设置排序选项和排序方向。新版本中更为温馨的是，当完成排序设置后，在"摘要"选项区中将会显示出排序的具体原则。

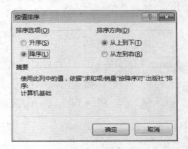

图 8-43　自定义排序方式

8.3.8　切片器

Excel 2010 版本开始就提供了"切片器"的功能，利用切片器，不仅可以对数据透视表字段进行筛选，还可以非常直观地在切片器内查看该字段的所有数据项信息。

数据透视表中的切片器实际上是一种以图形化的筛选方式单独为数据透视表中的每个字段创建一个选取器，它比下拉列表筛选按钮更加方便。下面我们简单了解一下切片器的插入与使用方法。

数据透视表生成之后，若想将某个字段添加到切片器，可以在选中该字段的情况下右击，在弹出的快捷菜单中选择"添加为切片器"命令，如图 8-44 所示。

或者是，单击"分析"菜单中的选择"插入切片器"按钮，在打开的"插入切片器"中选择要插入的字段，最后单击"确定"按钮，如图 8-45 所示。

比如，若选择了"销售地区"字段，则会产生一个销售地区列表，如图 8-46 所示，并在切片器中显示所有销售地区的销售数据。

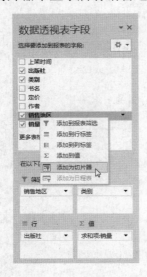

图 8-44　右键选择命令

图 8-45　通过菜单插入切片器

图 8-46　生成切片器

如果想查看某一地区的相关数据，那么只需选中该切片其中的地区名即可，如图 8-47 所示。在此可以通过 Shift 键或者 Ctrl 键进行多选。

另外，对于一些大型数据表，可以通过添加多个切片器，以实现对数据的动态观察与分析。有兴趣的朋友可以作进一步的研究。

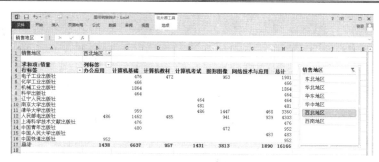

图 8-47　通过切片器筛选

8.4　从数据透视表到数据透视图

数据透视图报表为数据透视表中的数据提供了图形表示形式，具有这种图形表示形式的数据透视表称为相关联的数据透视表。若要更改数据透视图报表中显示的布局和数据，则可更改相关联的数据透视表中的布局。数据透视图与标准图表一样，数据透视图报表也具有数据系列、类别、数据标记和坐标轴。此外，用户还可以根据需要更改图表类型和其他选项，例如图表标题、图例放置、数据标签、图表位置等。

在数据透视表中，单击"数据透视表工具-分析"选项卡中的"数据透视图"按钮，如图 8-48 所示。随后将打开如图 8-49 所示的"插入图表"对话框，从中选择合适的图表样式并单击"确定"按钮即可。

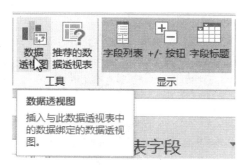

图 8-48　创建数据透视图

图 8-49　选择数据透视图类型

经过上述操作后，将生成如图 8-50 所示的图表。

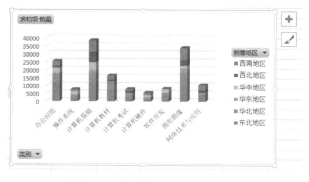

图 8-50　查看生成的数据透视图

需要说明的是，该图表会随着数据透视表中数据的变化而变化。比如，通过单击"类别"字段，在展开的列表中取消对"操作系统"、"计算机硬件"、"软件开发"类别的勾选，单击"确定"按钮后，数据透视图将会跟着发生变化，如图 8-51 和图 8-52 所示。

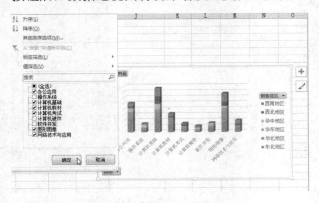

图 8-51　利用图表筛选

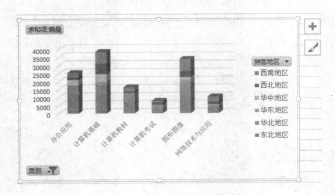

图 8-52　查看筛选结果

提示：如果想在数据透视图中添加一些新元素，那么可以单击图表右上角的"图表元素"按钮，在展开的列表中进行勾选即可；如果想要改变数据透视表的样式，则可以单击"图表样式"按钮，在展开的列表中选择合适的样式即可，如图 8-53 和图 8-54 所示。

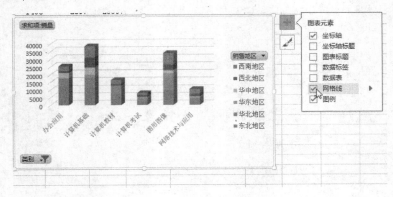

图 8-53　添加图表元素

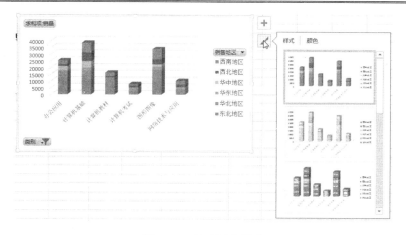

图 8-54　更改图表样式

8.5　数据透视表应用实例

为了更好地掌握前面所介绍的知识，下面我们将通过一个具体的实例分析进行现场演示。在此以"姐妹日化商品销售报表"为例展开分析。

8.5.1　销售数据透视表的创建

（1）打开商品销售报表，之后单击"插入"选项卡中的"数据透视表"按钮，随后将打开相应的对话框，从中设置数据表/区域，接着选择数据透视表的位置为"新工作表"，设置完成后单击"确定"按钮，如图 8-55 和图 8-56 所示。

图 8-55　准备创建数据透视表

图 8-56　设置数据表/区域

（2）接下来，即可看到创建的空白数据透视表，如图 8-57 所示。

（3）我们只需要将字段拖至相应的数据列表区域即可，比如将"销售收入（含税）"、"优惠金额"拖至"值"区域，将"商品分类"拖至"行"区域，如图 8-58 所示。为了能够进行彻底的分析，用户可以根据需要向数据透视表中添加任意字段。

图 8-57　空白的数据透视表

图 8-58　向数据透视表中添加字段

8.5.2　在数据透视表中增加新字段

如果希望在上述数据透视表中新增一个"应纳税额"字段，以计算出销售金额所产生的税额，那么该如何操作呢？

（1）将光标放在数据透视表中，单击"分析"菜单中"字段、项目和集"命令，选择"计算字段"命令，如图 8-59 所示。

（2）弹出"插入计算字段"对话框，从中输入字段名称"应纳税额"，输入公式"=('销售收入(含税)'-优惠金额)*0.05"，如图 8-60 所示。

💬提示：在输入公式时，用户可以在"字段"列表中选定字段后，单击"插入字段"按钮，这样就省去了输入公式的麻烦，同时也避免了输入错误的可能性。如图 8-61 所示是先选择"销售收入（含税）"字段并将其插入到公式中，随后输入"-"（减号），最后再插入"优惠金额"字段。

图 8-59　选择命令

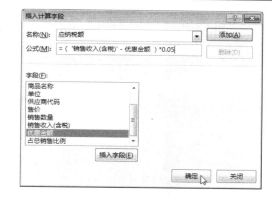

图 8-60　输入名称和公式

图 8-61　在公示中插入字段的操作

（3）设置完成后，单击"确定"按钮，即可为数据透视表添加"税金"字段，如图 8-62 所示。

行标签	求和项:优惠金额	求和项:销售收入（含税）	求和项:应纳税额
儿童用品	0	217.3	10.865
化妆品	3273.6	9861.4	329.39
洗涤用品	3656.31	19824.79	808.424
牙具用品	824.5	6937.4	305.645
总计	7754.41	36840.89	1454.324

图 8-62　完成数据透视表的创建

8.5.3　销售业绩分析

1. 查看各类商品的销售情况

（1）将"商品分类"、"商品名称"字段拖至"筛选器"列表区域，以创建筛选字段，如图 8-63 所示。

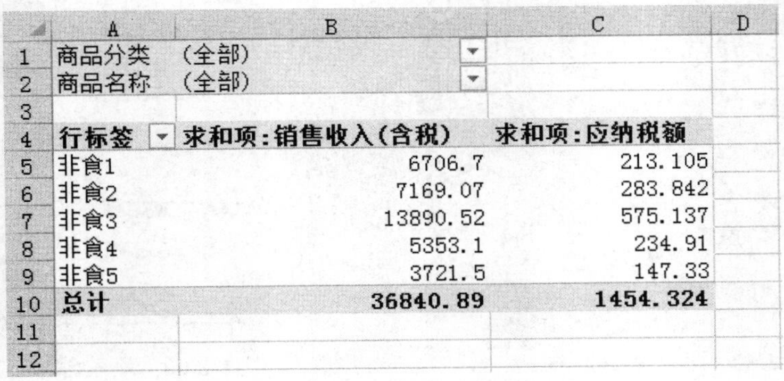

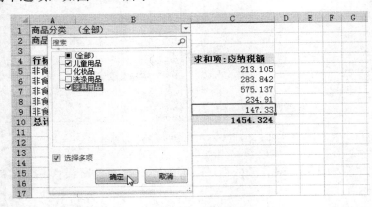

图 8-63　创建筛选字段

（2）单击"商品分类"筛选字段右侧的下拉箭头，在打开的列表中选择"儿童用品"、"牙具用品"两个选项，如图 8-64 所示。

图 8-64　按商品分类进行筛选

（3）选择完成后，单击"确定"按钮即可看到筛选的结果，如图 8-65 所示。

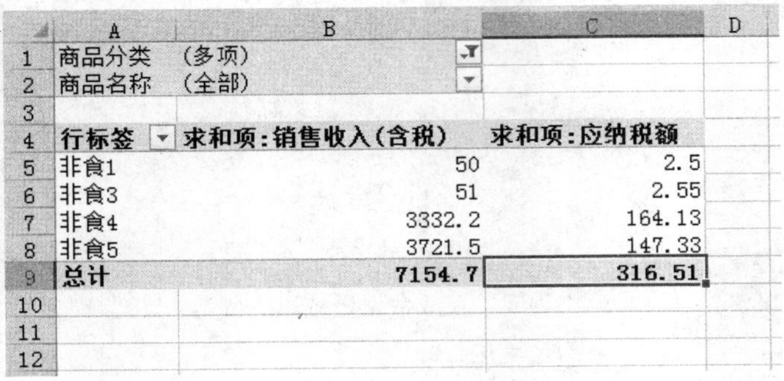

图 8-65　查看筛选结果

（4）除了按照商品分类进行筛选外，我们还可以查看某些商品的销售情况。单击"商品名称"筛选字段右侧的下拉箭头，在打开的列表中选择黛维莉和丹姿两个系列的产品，随后单击"确定"按钮即可，如图 8-66 和图 8-67 所示。

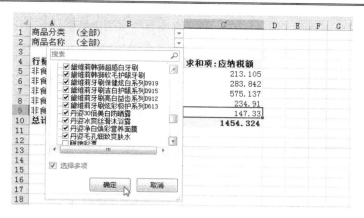

图 8-66　按商品名称进行筛选

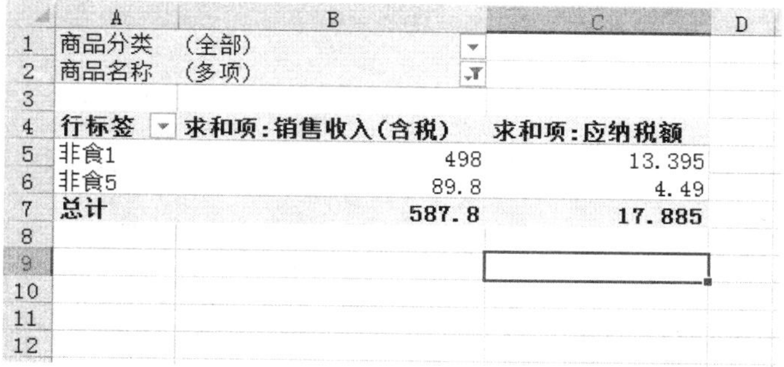

图 8-67　查看筛选结果

2．查看哪种包装方式最受欢迎

通过数据透视表，不难发现，该表有一个"单位"字段，那么用户就能查看各种类型包装的销售情况，若销售额高，则说明此类包装将是很受欢迎的。在此将通过创建并使用切片器的形式进行分析。

（1）在数据透视表中，单击"数据透视表-分析"选项卡下的"插入切片器"按钮，如图 8-68 所示。

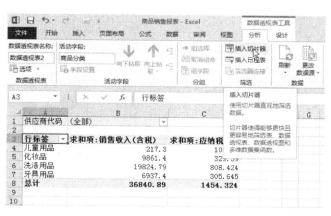

图 8-68　创建切片器

（2）随后将打开如图 8-69 所示的"插入切片器"对话框，从中勾选"单位"选项，这样便可创建单位切片器，如图 8-70 所示。

图 8-69　勾选"单位"选项　　　　　　　图 8-70　查看创建的切片器

（3）单击切片器中的某一单位，即可以单位作出筛选，如选择"瓶"，即可发现，儿童用品中以"瓶"为单位的商品销售额很低，这说明此类包装并不适合用来包装儿童所用的产品，如图 8-71 所示。

图 8-71　查看使用切片器的筛选结果

（4）通过切片器也可以同时进行多项筛选，比如在按住 Ctrl 键的同时，选择两种或更多种包装单位，如图 8-72 所示。

图 8-72　进行多项筛选

（5）如果想撤销此次筛选，则可以单击切片器右上角的"清除筛选器"按钮，如图 8-73 所示，这样即可恢复筛选前的原貌。如果想删除该筛选器，则可以右击筛选器，在弹出的快捷窗口中选择"删除'单位'"选项，如图 8-74 所示。

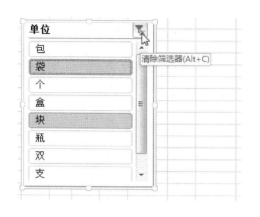

图 8-73　清除筛选器

图 8-74　删除切片器

8.5.4　创建各类商品数据透视图

前面介绍了数据透视表的使用方法，接下来我们再熟悉一下有关数据透视图的操作知识。数据透视图是一种最直观、最便捷的分析工具，因此有关数据透视图的内容还是必须要掌握的。

（1）单击数据透视表中的"数据透视图"按钮，在展开的列表中选择"数据透视图"选项，如图 8-75 所示。

图 8-75　创建数据透视图

（2）打开"插入图表"对话框，从中选择合适的图表类型，如"三维堆积柱形图"，选定后单击"确定"按钮，如图 8-76 所示。

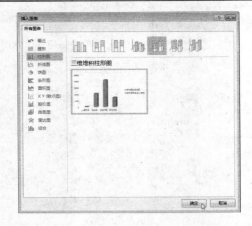

图 8-76 "插入图表"对话框

（3）返回编辑区，即可发现已经生成了指定的图表，如图 8-77 所示。

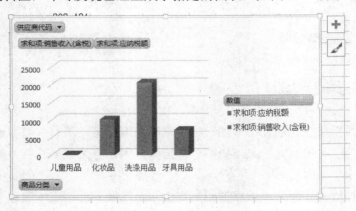

图 8-77 查看插入的柱形图表

（4）单击"商品分类"标签，在打开的列表中取消对"儿童用品"的勾选，那么数据透视图中便不再显示该类型数据，如图 8-78 所示。

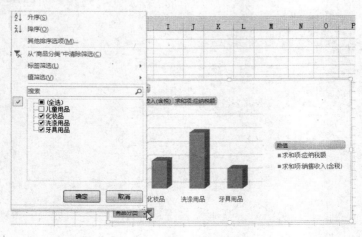

图 8-78 取消儿童用品的显示

（5）同样，如果单击数据透视图左上角的"供应商代码"按钮，并从展开的列表中勾选以"0"开头的供货商，那么在图表中即可直观反映出该部分厂商所生产产品的销售情况，如图 8-79 所示。最后单击"确定"按钮，查看结果如图 8-80 所示。

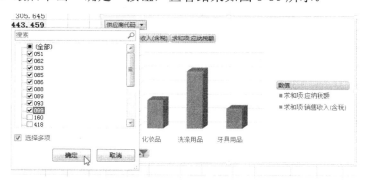

图 8-79 按供货商进行筛选

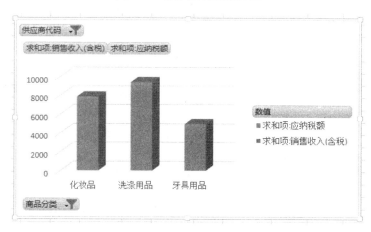

图 8-80 查看筛选结果

（6）为了在图表中显示该部分商品的具体销售额，用户可以单击图表右上角的"图表元素"按钮，在展开的列表中选择"数据标签"选项即可，如图 8-81 所示。

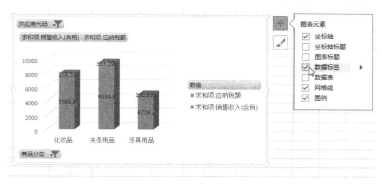

图 8-81 为图表添加数据标签

关于数据透视表和数据透视图的使用方法与技巧，感兴趣的读者可以不断地进行尝试，只有不断地学习和研究，才能体验到知识所带来的快乐。

8.6 高效办公技巧

8.6.1 字段的位置及顺序调整

在数据透视表中，可以很方便地调整行标签和列标签的位置以及顺序，如果要改变标签的顺序，则可以拖动标签向上或者向下移动，如图 8-82 所示，而如果要改变标签的位置，比如将字段从行标签移动至列标签的位置，同样只要直接将其拖至列标签的位置即可，如图 8-83 所示。

图 8-82 改变字段顺序

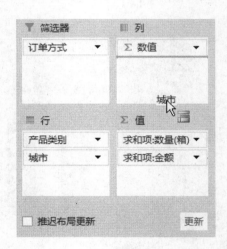

图 8-83 改变字段位置

需要指出的是，字段的顺序不同，所生成的数据透视表也不同，如图 8-84 和图 8-85 所示，行标签中尽管都是城市和产品类别，但生成的透视表却明显不同。而且在选择标签字段的时候，同样的两个字段，选择的顺序不同，生成的数据透视表也会不同。

求和项:金额	列标签				
行标签	陈淑云	张建丰	张艺玲	赵晓珍	总计
□北京		2742600			2742600
标准1段		429000			429000
标准2段		608400			608400
标准3段		522600			522600
成长1+		591300			591300
成长2+		591300			591300
□上海		2759100			2759100
标准1段		546000			546000
标准2段		569400			569400
标准3段		647400			647400
成长1+		437400			437400
成长2+		558900			558900
□天津				3203700	3203700
标准1段				678600	678600
标准2段				663000	663000
标准3段				655200	655200
成长1+				720900	720900
成长2+				486000	486000
□南京			2959800		2959800
标准1段			522600		522600
标准2段			585000		585000
标准3段			491400		491400

图 8-84 "城市"字段在前的效果

求和项:金额	业务员				
行标签	陈淑云	张建丰	张艺玲	赵晓珍	总计
□标准1段	959400	975000	522600	1224600	3681600
北京		429000			429000
上海		546000			546000
天津				678600	678600
南京			522600		522600
张家港				546000	546000
长沙	553800				553800
重庆	405600				405600
□标准2段	1084200	1177800	585000	1146600	3993600
北京		608400			608400
上海		569400			569400
天津				663000	663000
南京			585000		585000
张家港				483600	483600
长沙	421200				421200
重庆	663000				663000
□标准3段	1341600	1170000	491400	1060800	4063800
北京		522600			522600
上海		647400			647400
天津				655200	655200
南京			491400		491400
张家港				405600	405600

图 8-85 产品类别在前的效果

8.6.2　对同一字段使用多种汇总方式

如果对一个字段既想求和，又想求其中的最大值，能不能做到呢？答案当然是肯定的，只要将该字段再次拖至“值”区域，然后将其中一个的汇总方式修改为求最大值即可。如图 8-86 所示，就是对金额进行了求最大值和求和两种计算。

3						
4		列标签				
5		标准1段		标准2段		标准3段
6	行标签	求和项:金额	最大值项:金额2	求和项:金额	最大值项:金额2	求和项:金额
7	北京	429000	429000	608400	608400	522600
8	上海	546000	546000	569400	569400	647400
9	天津	678600	678600	663000	663000	655200
10	南京	522600	522600	585000	585000	491400
11	张家港	546000	546000	483600	483600	405600
12	长沙	553800	553800	421200	421200	694200
13	重庆	405600	405600	663000	663000	647400
14	总计	3681600	678600	3993600	663000	4063800
15						

图 8-86　对同一字段使用多种汇总方式

同样，也可以通过这种方式将一个字段以不同的方式显示值，如金额既可以以数值的形式显示，也可以以百分比的形式显示，如图 8-87 所示。

4		列标签				
5		标准1段		标准2段		标准3段
6	行标签	求和项:金额	最大值项:金额2	求和项:金额	最大值项:金额2	求和项:金额
7	北京	2.16%	429000	3.06%	608400	2.63%
8	上海	2.75%	546000	2.87%	569400	3.26%
9	天津	3.42%	678600	3.34%	663000	3.30%
10	南京	2.63%	522600	2.95%	585000	2.47%
11	张家港	2.75%	546000	2.43%	483600	2.04%
12	长沙	2.79%	553800	2.12%	421200	3.49%
13	重庆	2.04%	405600	3.34%	663000	3.26%
14	总计	18.53%	678600	20.11%	663000	20.46%

图 8-87　以不同方式显示同一字段值

8.6.3　数据透视表的项目组合

如果某一类别下面的数据比较多，比如某工作的姓名字段有很多人员，而希望在数据透视表中将这些人员按姓名的字母顺序进行归类，则可以将其排序后再进行分组操作，这样就比较方便数据的管理，也会使透视表显示更有条理性。

如图 8-88 所示的表格，如果希望将几个标准阶段单独成组，成长阶段单独成组，则可以分别选择要成组的数据，然后单击右键，选择“创建组”命令即可。成组后的效果如图 8-89 所示。

而如果要取消组合，则可以选择“取消组合”命令。

图 8-88　创建组

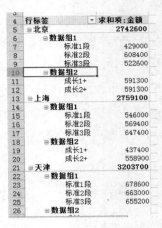

图 8-89　创建组后的效果

第 9 章　数据的模拟分析

内容导读

模拟分析又叫假设性分析，它是基于现有的计算模型，在影响最终结果的诸多因素中进行测算与分析，以寻求最佳的方案，Excel 提供了多项功能来支持类似的分析工作，可以在极大程度上满足用户的各种需求，本章我们将对 Excel 的模拟分析功能做详细的介绍。

通过本章的学习，您将掌握以下内容：

❑ 模拟运算表的使用
❑ 方案管理器的使用
❑ 单变量求解的运用
❑ 规划求解的使用
❑ 分析工具库的加载与使用

9.1　认识模拟运算表

模拟运算数据表为用户提供了对指定数学模型的观察手段，支持用户观察当模型中 1～2 个变量在指定范围内变化时，对数学模型所产生的影响。

通常假设分析中数据表的构成包括以三个部分：

❑ 问题（模型）前提条件的描述（参与模型计算的数据量，主要指常量）。
❑ 模型涉及的变量及其取值范围（只能包括 1～2 个变量，涉及一个变量称为单变量数据表，涉及两个变量的称为双变量数据表）。
❑ 问题的数学模型（公式）。

9.1.1　使用模拟运算表进行单变量预测分析

我们来通过一个实例讲解如何利用模拟运算表进行单变量预测。

问题描述 1：

假设某人向银行存款，年利率收益为 6%，预计投资时间为 5 年，需要了解投资各个时期资金总额的情况。

如图 9-1 所示的存款利率表，其收入总额的数学模型为：

$$收入总额=存款金额×(1+年收益率)$$

现在想分别求出每年的资金总额分别是多少，则可以按照下面的步骤操作。

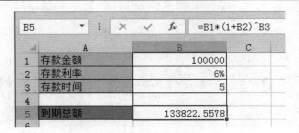

图 9-1　存款利率表

（1）在 E1 单元格输入"=B5"，然后在 D2:D6 输入序列 1～5，分别代表不同的年份，然后选中 D1:E6 区域，切换至"数据"菜单，单击"数据工具"组中的"模拟分析"命令，选择"模拟运算表"，如图 9-2 所示。

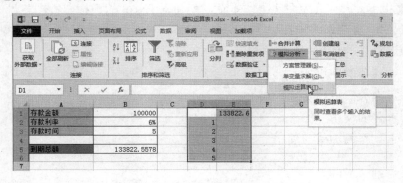

图 9-2　选择分析数据与菜单命令

（2）在打开的"模拟运算表"对话框中，输入引用列的单元格为$B$3，或者在"输入引用列的单元格"框中单击，选择 B3 单元格，如图 9-3 所示。

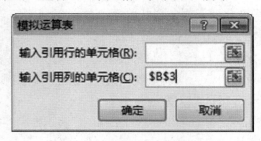

图 9-3　设置引用列的单元格

（3）单击"确定"按钮，完成模拟运算，如图 9-4 所示。

	A	B	C	D	E
1	存款金额	100000			133822.6
2	存款利率	6%		1	106000
3	存款时间	5		2	112360
4				3	119101.6
5	到期总额	133822.5578		4	126247.7
6				5	133822.6
7					

图 9-4　完成模拟运算

同样是上一张表，现在希望了解存款金额不同的情况下，存满 5 年的到期总额情况。

步骤如下：

（1）建立如图 9-5 所示的计算模型，在 D2 单元格输入"=B5"，然后在 E1:I1 单元格区域输入不同的存款额度。

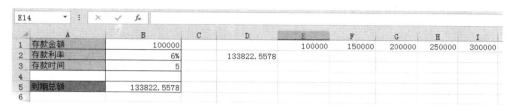

图 9-5　设置不同的存款额度

（2）选择 D1:I2 范围，单击"数据工具"组中的"模拟分析"命令，选择"模拟运算表"，在打开的"模拟运算表"对话框中，输入引用行的单元格为 B1，如图 9-6 所示。

图 9-6　设置引用行的单元格

（3）单击"确定"按钮，完成模拟运算分析，如图 9-7 所示。

	A	B	C	D	E	F	G	H	I
1	存款金额	100000			100000	150000	200000	250000	300000
2	存款利率	6%		133822.5578	133822.5578	200733.84	267645.1	334556.4	401467.7
3	存款时间	5							
4									
5	到期总额	133822.5578							
6									

图 9-7　模拟运算结果

9.1.2　使用模拟运算表进行双变量预测分析

对于上面的分析，都是基于一个变量的情况下进行的。还是接着看上面的表格，如果我们想模拟分析在利率相同的情况下，不同的存款金额在每一年的总额变化情况，这就需要利用两个变量了。步骤如下。

（1）在 D1 单元格输入"=B5"，然后分别在 E1:I1 单元格区域输入不同的存款金额，在 D2:D6 输入 1～5 作为不同的年份，如图 9-8 所示。

	A	B	C	D	E	F	G	H	I
1	存款金额	100000		133822.5578	100000	150000	200000	250000	300000
2	存款利率	6%		1					
3	存款时间	5		2					
4				3					
5	到期总额	133822.5578		4					
6				5					
7									

图 9-8　设置变量

（2）选中 D1:I1 区域，打开"模拟运算表"，设置引用行的单元格为 B1，引用列的单元格为$B$3，如图 9-9 所示。

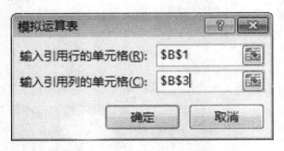

图 9-9　设置引用的单元格

（3）单击"确定"按钮，完成数据的模拟运算，如图 9-10 所示。

	A	B	C	D	E	F	G	H	I
1	存款金额	100000		133822.5578	100000	150000	200000	250000	300000
2	存款利率	6%		1	106000	159000	212000	265000	318000
3	存款时间	5		2	112360	168540	224720	280900	337080
4				3	119101.6	178652.4	238203.2	297754	357304.8
5	到期总额	133822.5578		4	126247.696	189371.54	252495.4	315619.2	378743.1
6				5	133822.5578	200733.84	267645.1	334556.4	401467.7

图 9-10　运算结果

接下来，我们再来看一个例子，利用模拟运算表，求解不同情况下的方程式。

假设有方程式为：$z=3x^2-2y$，想求出 x 和 y 分别取值 1～5 的情况下 z 的值，则可以按照以下方法进行。

（1）输入如图 9-11 所示的数据，其中，B3 单元格为公式"=3*B1^2-2*B2"。

B3		⋮	×	✓	fx	=3*B1^2-2*B2

	A	B	C	D	E
1	x	2			
2	y	3			
3	z	6			
4					
5					

图 9-11　输入数据表

（2）在 A5 单元格输入"=B3"，分别在 A6:A10，B5:F5 输入表示 x 和 y 的值，选中

A5:F10，打开"模拟运算表"对话框，分别设置引用行的单元格为$B$1，引用列的单元格为$B$2，如图 9-12 所示。

图 9-12　设置引用的单元格

（3）单击"确定"按钮，即可得到运算结果，如图 9-13 所示。

	A	B	C	D	E	F	G
1	x	2					
2	y	3					
3	z	6					
4							
5	6	1	2	3	4	5	
6	1	1	10	25	46	73	
7	2	-1	8	23	44	71	
8	3	-3	6	21	42	69	
9	4	-5	4	19	40	67	
10	5	-7	2	17	38	65	
11							
12							
13							

图 9-13　模拟运算结果

9.2　单变量求解

单变量求解，是指在待求解问题数学模型（公式）已经被确定的前提下，根据对模型所描述目标的确定要求，利用数学模型倒推条件（自变量）指标的逆向分析过程。

简单地说，就是已经有一个确定的计算公式，想要求出当结果是某一数值时，另一变量的值是多少。举个简单的例子，假设有公式 $y=5x+5$，希望求出当结果值 y 是 100 时，x 的值会是多少。就可以利用单变量求解来求出满足 $y=100$ 时 x 的值。方法如下：

（1）建立如图 9-14 所示的计算模型，其中 B2 的公式为"=5*B1+5"。

（2）选择"模拟分析"|"单变量求解"命令，打开"单变量求解"对话框，在对话框中，分别设置目标单元格、目标值以及可变单元格，如图 9-15 所示。单击"确定"按钮后，系统会进行计算，得出求解状态，如图 9-16 所示。

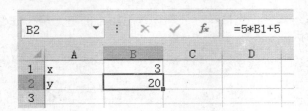

图 9-14　建立计算模型

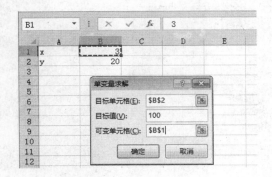

图 9-15　设置求解选项

图 9-16　完成求解

再来看一个例子，还是利用上一节中的存款收益表，如图 9-17 所示。现在想求出到期额达到 15 万元时，需要存款多长时间。可以按照下面的步骤实现：

	A	B
1	存款金额	100000
2	存款利率	6%
3	存款时间	5
4		
5	到期总额	133822.5578

图 9-17　投资收益表

（1）执行"单变量求解"，打开"单变量求解"对话框，设置目标单元格为 B5，目标值设置为 150000，可变单元格选择 B3，如图 9-18 所示。

图 9-18　设置单变量求解选项

（2）单击"确定"按钮，完成求解，如图 9-19 所示。

图 9-19　完成求解

9.3　规　划　求　解

在企业生产管理的过程中，经常会遇到一些规划的问题，比如产品的生产规划、生产的组织安排等。要在最大程度合理有效地利用有限的人力、物力、财力等资源，使得企业的利润达到最大化，或者在成本最小的情况下创造更大的利润。这些利用前面的模拟运算以及方案管理器往往无法有效完成，而 Excel 的规划求解工具则可以帮助用户得到各种规划的最佳解决方案。

9.3.1　加载规划求解

在默认情况下，Excel 并没有加载规划求解工具，因此，需要手工加载该工具才能使用。方法如下：

（1）选择"文件"|"选项"命令，打开"Excel 选项"对话框。

（2）单击"加载项"命令，在"管理"右侧的下拉列表中选择"Excel 加载项"，单击"转到"按钮，如图 9-20 所示。

（3）在弹出的"加载宏"对话框中选择"规划求解加载项"，如图 9-21 所示。单击"确定"按钮后，在"数据"菜单中就会有"规划求解"命令。

图 9-20　Excel 选项

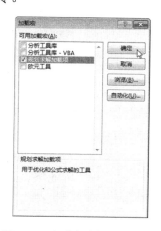

图 9-21　加载规划求解加载项

9.3.2　使用规划求解

下面我们来通过一个常用的例子来了解规划求解的应用过程。

假设某品牌需要采购一批赠品用于促销活动，商品分别为水杯、毛巾、洗衣液、刀具套装四种，分别有不同的单价，根据活动需求，采购的原则如下：

❑　全部赠品数量总数为 500 件；

❑　水杯数量不能少于 80 件；

❑　毛巾数量不能少于 90 件；

❑　洗衣液数量不能少于 120 件；

❑　刀具套装不能少于 50 件但不能多于 100 件。

而规划的目的既能满足促销需要，又使得采购的成本最小。要解决这类问题，首先要将其模型化，分别确定决策变量、约束条件和目标。

其中决策变量则为四种赠品的采购数量，我们分别用 a，b，c，d 来表示。那么约束条件则为：

$a \geqslant 80$

$b \geqslant 90$

$c \geqslant 120$

$50 \leqslant d \leqslant 100$

目标当然是采购成本最小。接下来我们通过规划求解来实现这一目标。

步骤如下：

（1）新建一个工作簿文件，创建如图 9-22 所示的表格，将有关的数据输入到工作表中。因为尚未求解，这里的采购数量也是暂定。此时总成本为 20300。

	A	B	C	D
1		数量	单价	成本
2	水杯	150	50	7500
3	毛巾	150	20	3000
4	洗衣液	120	35	4200
5	刀具套装	80	70	5600
6	合计	500	175	20300

图 9-22　输入原始数据

（2）选择"数据"菜单中的"规划求解"命令，打开"规划求解参数"对话框，设置目标单元格为 D6，并选定"最小值"按钮，可变单元格为 B2:B5，如图 9-23 所示。

（3）接下来添加约束条件，单击"添加"按钮，打开"添加约束"对话框，在单元格引用中选择 B2 单元格，运算符号选择>=，约束值输入 80，如图 9-24 所示。然后再单击"添加"按钮，依次添加其他条件，B3>=90、B4>=120、B5<=100、B5>=50、B6=500。

图 9-23　设置求解参数

图 9-24　添加约束

（4）单击"确定"按钮，返回"规划求解参数"对话框，可以看到条件已经被添加到遵守约束下的列表框中，如图 9-25 所示。

图 9-25　添加的约束条件

（5）单击"求解"按钮，打开"规划求解结果"对话框，这里可以选择是否生成报告，以及是否保留规划求解的解，这里选择全部三个报告，如图 9-26 所示。

（6）单击"确定"按钮，即可得到求解结果，如图 9-27 所示。可以看到此时成本变成了 16700，比原表格节省了 3600 元成本。同时，也会看到生成的各类报告。从报告中可以看到最佳方案与原方案的差异，如图 9-28 所示。

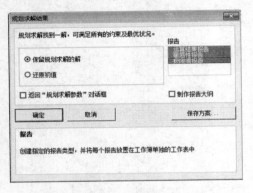

	A	B	C	D
1		数量	单价	成本
2	水杯	80	50	4000
3	毛巾	250	20	5000
4	洗衣液	120	35	4200
5	刀具套装	50	70	3500
6	合计	500	175	16700

图 9-26 "规划求解结果"对话框　　　　　　图 9-27 求解结果

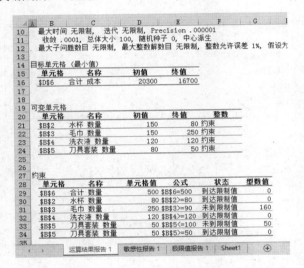

图 9-28 生成的运算结果报告

9.4 方案管理器的使用

通过模拟运算表可以分析计算模型中一到两个关键因素的变化对结果的影响。而如果要同时考虑更多的因素来进行分析时，模拟运算表往往就会有一定的局限性。另外，很多时候，决策者在进行分析时，往往只需要对比一些特定的组合，而不需要将所有的可能性全部列出，在这种情况下，使用 Excel 的方案则更加适合问题的处理。

9.4.1 创建方案

Excel 方案管理器提供了层次性的数据管理方案与计算功能。每个方案在变量与公式计算定义的基础上，能够通过定义一系列可变单元格和对应各变量（单元格）的取值，构成一个方案。在方案管理器中可以同时管理多个方案，从而达到对于多变量、多数据系列、以及多方案的计算和管理。

下面我们仍然延用上一节中的存款收益表来进行方案的定义。

如图 9-29 所示的表格，假设有不同额度的存款额，想要通过定义方案来分析不同存款利率以及不同存款时间的情况下，到期所产生的到期总额。如年收益率为 6%，投资 5 年；年收益率为 8%，投资 10 年；年收益率为 10%，投资 20 年等在不同投资额度下所产生的到期总额。

D9

	A	B
1	存款金额	100000
2	存款利率	6%
3	存款时间	5
4		
5	到期总额	133822.5578
6		

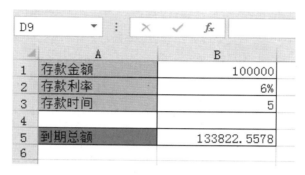

图 9-29　存款收益表

步骤如下：

（1）按照如图 9-30 所示，在 D1:H1 范围内输入不同的投资额度，分别是 10 万～50 万，然后在 D2 单元格输入公式“=D1*(1+$B$2)^$B$3”，即到期总额的计算公式。注意，D1 单元格采用相对引用，而 B2 和 B3 单元格则采用绝对引用。

	A	B	C	D	E	F	G	H
1	存款金额	100000		10	20	30	40	50
2	存款利率	6%		13.38225578				
3	存款时间	5						
4								
5	到期总额	133822.5578						
6								

图 9-30　输入方案所需的数据和公式

（2）复制公式，先求出不同额度在年收益率为 6%，投资时间为 5 年的情况下所产生的到期总额，如图 9-31 所示。

D2　=D1*(1+$B$2)^$B$3

	A	B	C	D	E	F	G	H
1	存款金额	100000		10	20	30	40	50
2	存款利率	6%		13.38225578	26.76451155	40.146767	53.52902	66.91128
3	存款时间	5						
4								
5	到期总额	133822.5578						
6								

图 9-31　复制公式

（3）单击“模拟分析”命令，选择“方案管理器”，打开“方案管理器”对话框，如

图 9-32 所示。

图 9-32 "方案管理器"对话框

（4）单击"添加"按钮，打开"添加方案"对话框，输入方案名，如"年收益 6%-投资 5 年"。然后在可变单元格的文本框中输入 B2,B3，如图 9-33 所示。

（5）单击"确定"按钮，弹出"方案变量值"对话框，设置 B2 和 B3 的值，如图 9-34 所示。

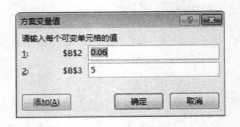

图 9-33 添加方案   图 9-34 设置方案变量值

（6）单击"添加"按钮，继续添加新的方案，如图 9-35 所示，单击"确定"按钮后，在打开的"方案变量值"对话框中再设置可变单元格的值，如图 9-36 所示。

（7）继续单击"添加"按钮，依次定义其他方案，完成后单击"确定"按钮，返回"方案管理器"，如图 9-37 所示。可以看到已经定义好的几个方案。

（8）选择一个方案，然后单击"显示"按钮，即可在数据表中看到方案的分析结果，如图 9-38 所示。

图 9-35 添加方案

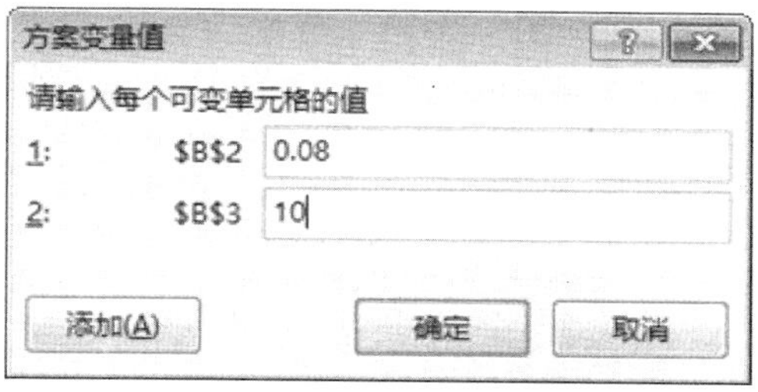

图 9-36 设置变量值

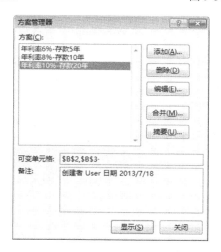

图 9-37 完成方案的定义

图 9-38 显示方案

接下来，我们来换种需求，同样是该表格，想要通过定义方案来分析不同存款利率下，对于不同的存款金额以及不同存款时间的情况下，到期所产生的纯收益。如存款金额为 10 万，存 5 年；存款为 20 万，存 10 年；存款为 40 万，存 15 年等，在不同利率的情况下所产生的纯收益。

步骤如下：

（1）在 D1:G1 区域内输入不同的存款利率，在 D2 单元格中输入公式"=$B$1*(1+D1)^$B$3-$B$1"，即计算收益额的公式，注意相对地址与绝对地址的引用，如图 9-39 所示。

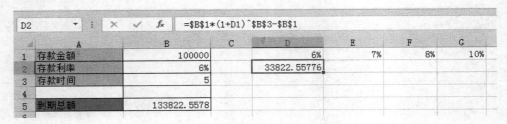

图 9-39　输入数据及计算公式

（2）复制公式，求出不同存款利率下存款为 10 万，存款时间为 5 年的收益情况，如图 9-40 所示。

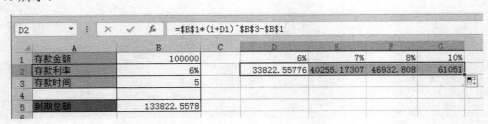

图 9-40　复制公式

（3）打开方案管理器，单击"添加"按钮，输入方案名以及可变单元格，如图 9-41 所示。
（4）单击"确定"按钮，在打开的方案变量值对话框中输入变量的值，如图 9-42 所示。

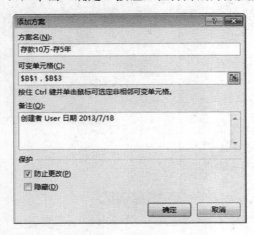

图 9-41　添加方案

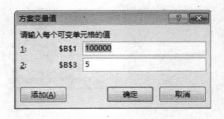

图 9-42　设置变量值

（5）再单击"添加"按钮，依次完成其他方案的添加。

（6）完成后，选择一个方案，单击"显示"按钮即可看到该方案的显示效果，结果如图 9-43 所示。

图 9-43　方案显示效果

9.4.2　编辑方案

要对某一方案进行编辑，可以在选定该方案之后，直接单击"编辑"按钮，将打开"编辑方案"对话框，内容与"添加方案"完成相同，用户可以在此修改方案的每一项设置。如图 9-44 和图 9-45 所示。

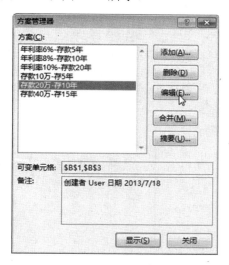

图 9-44　单击编辑按钮

图 9-45　"编辑方案"对话框

9.4.3　删除方案

如果要删除某一方案，只要在方案管理器中，选择要删除的方案，然后单击"删除"按钮即可。

9.4.4 合并方案

如果计算模型有多人使用，而每个人都定义了不同的方案，或者在同一工作簿的不同工作表中针对相同的计算模型定义了不同的方案，则可以使用合并方案的功能，将这些方案合并到一起。

假设我们要将"方案管理 1.xlsx"与"方案管理 2.xlsx"中的方案进行合并，步骤如下：

（1）将两个工作簿文件打开，选择"方案管理 1.xlsx"的方案所在的工作表，然后打开方案管理器，单击"合并"按钮，如图 9-46 所示。

（2）打开"合并方案"对话框，选择方案来源的工作簿文件"方案管理 2.xlsx"，单击"确定"按钮，如图 9-47 所示。

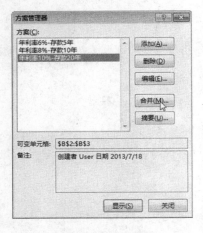

图 9-46　单击合并按钮

图 9-47　"合并方案"对话框

（3）在方案管理器中可以看到合并后的结果，"方案管理 2.xlsx"中的方案已经被合并到"方案 1.xlsx"中，如图 9-48 所示。

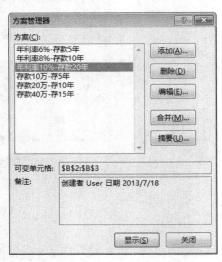

图 9-48　完成合并

9.4.5　生成方案报告

利用方案的显示功能，每次只能显示一个方案的结果。这样对比起来并不是很方便，而 Excel 的方案功能允许用户生成报告，从而可以很方便地对数据进行对比分析。

在"方案管理器"中单击"摘要"按钮，将显示"方案摘要"对话框，如图 9-49 所示。

图 9-49　"方案摘要"对话框

从对话框中可以看到，一共有两种类型的摘要报告。其中，"方案摘要"将以大纲的形式展示报告，而"方案数据透视表"则是数据透视表形式的报告。

"结果单元格"是文字中的计算结果，也就是用户希望进行对比分析的最终指标，在通常情况下，Excel 会推荐一个目标，用户可以根据需要更改这个结果单元格。设置完成后单击"确定"按钮，系统就会在一个新的工作表中生成相应的报告，如图 9-50 和图 9-51 所示。

方案摘要		当前值	存款10万-存5年	存款20万-存10年	存款40万-存15年
可变单元格：					
	$B$1	200000	100000	200000	400000
	$B$3	10	5	10	15
结果单元格：					
	$B$2	6%	6%	6%	6%
	$B$3	10	5	10	15
	$B$5	358169.5393	133822.5578	358169.5393	958623.2772

注释："当前值"这一列表示的是在
建立方案汇总时，可变单元格的值。
每组方案的可变单元格均以灰色底纹突出显示。

图 9-50　"方案摘要"报告

$B$1, $B$3 由	(全部) ▼		
行标签 ▼	$B$2	$B$3	$B$5
存款10万-存5年	0.06	5	133822.5578
存款20万-存10年	0.06	10	358169.5393
存款40万-存15年	0.06	15	958623.2772

图 9-51　方案数据透视表报告

🔔**注意**：方案报告生成时形成了一个新的数据表。但当方案数据表或方案发生变化时，报告的内容不会自动重新计算。这些变化不能在现有的摘要报告中体现。因此，当方案发生变化时，需要重新创建方案摘要报告。

9.5 加载与使用分析工具库

"分析工具库"实际上是一个外部宏（程序）模块，它专门为用户提供一些高级统计函数和实用的数据分析工具。利用数据分析工具库可以构造反映数据分布的直方图；可以从数据集合中随机抽样，获得样本的统计测度；可以进行时间数列分析和回归分析；可以对数据进行傅里叶变换和其他变换等。

9.5.1 加载分析工具库

分析工具库默认情况下也没有加载，因此要想使用分析工具库，首先要将其加载，方法与加载规划求解工具一样，利用上一节的方法打开"加载宏"对话框，然后在对话框中选择"分析工具库"，如图 9-52 所示。单击"确定"后，就可以在数据菜单中看到"数据分析"命令，如图 9-53 所示。单击"数据分析"命令，就可以打开如图 9-54 所示的"数据分析"对话框。

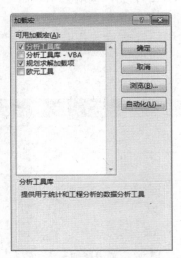

图 9-52　加载分析工具库

图 9-53　加载后的菜单命令

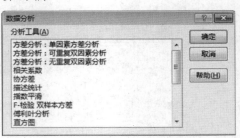

图 9-54　"数据分析"对话框

9.5.2　分析工具简介

从数据分析对话框中可以看到，Excel 的分析工具库提供了十几种的分析工具，下面我们来对这些工具做一简单的介绍。

1．方差分析工具

"方差分析"是一种统计检验，用以判断两个或者更多的样品是否是从同样的总体中抽取的。使用分析工具库中的工具，可以执行三种类型的方差分析。

- ❏ 单因素方差分析：单向方差分析，每组数据只有一个样品。
- ❏ 可重复双因素分析：双向方差分析，每组数据有多个样品。
- ❏ 无重复双因素分析：双向方差分析，每组数据有一个样品。

如图 9-55 所示为"单因素方差分析"对话框，α 代表检验的统计置信水平。方差分析的结果包括：每个样品的平均数和方差、F 值、F 的临界值和 F 的有效值（p 值）。

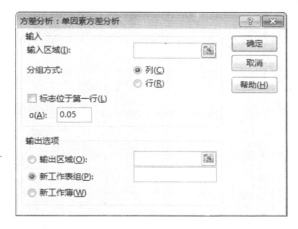

图 9-55　"方差分析：单因素方差分析"对话框

2．相关系数工具

相关系数是用以度量两组数据一起变化的程序。比如，如果一个数据组中的较大值同第二个数据组中的较大值相联系，两组数据存在正的相关系数。相关的程度用一个系数来表示，这个系数从-1.0（一个完全的负相关系数）到+1.0（一个完全的正相关系数）。相关系数为 0，说明两个变量不相关。指定输入区域可以包括任意数目的由行或者列组成的变量。输出结果由一个相关系数矩阵组成，该矩阵显示了每个变量对应于其对应变量的相关系数。如图 9-56 所示为相关系数的对话框。

3．协方差工具

"协方差"工具生成一个与相关系数工具所生成的相类似的矩阵。与相关系数一样，协方差是测量两个变量之间的偏差程度。特别是协方差是它们中每对数据点的偏差乘积的平均数。因为"协方差"工具不生成公式，可以使用 COVAR 函数计算协方差矩阵。

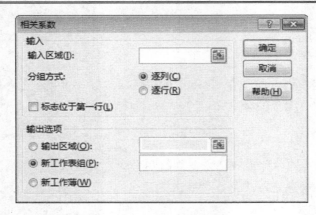

图 9-56 "相关系数"对话框

4．描述统计工具

"描述统计"工具产生的表格用一些标准统计量来描述数据，它使用的对话框如图 9-57 所示。"第 K 大值"选项和"第 K 小值"选项显示对应于指定的排位的数值。例如，选取"第 K 大值"并指定其值为 2，那么输出则会显示输入区域中第二大的数值。标准输出包括了最大值和最小值。

图 9-57 "描述统计"对话框

因为这一程序的输出量由数值组成（非公式），所以只可以在确定数据不发生变化时才能使用这一程序；否则，就需要重新执行该程序。也能够通过使用公式来产生所有的统计量。

5．指数平滑工具

指数平滑工具是一种基于先前的数据点和先前预测的数据点的预测数据技术。可以指定从 0 到 1 的阻尼系数（也称平滑系数），它决定先前数据点和先前预测数据点的相对权数。也可以计算标准误差并画出图表。指数平滑程序产生使用指定阻尼系数的公式。因此，如果数据发生变化，Excel 将更新公式。

6．F-检验（双样本方差检验）工具

"F-检验"是常用的统计检验，它可以比较两个总体方差。此检验的输出由下列内容组成：两个样本中每个样本的平均值和方差、F 值、F 的临界值和 F 的有效值。

7．傅里叶分析工具

此工具对数据区域执行快速"傅里叶转换"。使用傅里叶分析工具，可以将区域转换为下列大小：1、2、4、8、16、32、64、128、256、512 或 1024 数据点。此程序接受并且产生复杂数值，这些值表现为文本字符串，而不是数值。

8．直方图工具

此工具对制作数据分布和直方图表非常有用。它接受一个输入区域和一个接收区域，接收区域就是直方图每列的值域。如果忽略接收区域，Excel 将创建 10 个等间距的接收区域，每个区域的大小由以下公式确定：

```
=(MAX(input_range)-MIN(input_range))/10
```

在"直方图"对话框可以指定结果直方图按照在每个接收区域中出现的频率排序。如果选择了"柏拉图"选项，接收区域必须包含数值而不能包含公式。如果公式出现在接收区域，Excel 就无法正确地排序，工作表将显示错误的数值。直方图工具不能使用公式，因此如果改变了任何输入数据，都需要重新执行程序，更新结果。

9．移动平均工具

"移动平均"工具可以帮助平滑数据系列。尤其适合与图表相关联的情况。Excel 通过计算指定数目数值的移动平均来执行平滑操作。许多情况下，移动平均有助于摆脱数据误差的影响，观察变化趋势。

如图 9-58 所示为"移动平均"对话框，也可以指定需要 Excel 为每个平均值所使用的数值的数量。如果选中"标准误差"复选框，Excel 计算标准误差并在移动平均数公式旁边放置这些计算的公式。标准误差值表示确切值和计算所得移动平均数间的可变程度。当关闭这一对话框时，Excel 创建引用所指定的输入区域的公式。

图 9-58 "移动平均"对话框

10. 随机数发生器工具

尽管 Excel 中包含有内置的函数来计算随机数，但"随机数发生器"工具要灵活得多，这是因为可以指定随机数的分布类型。如图 9-59 所示为"随机数发生器"对话框。对话框中"参数"栏的变化取决于选择的分布类型。

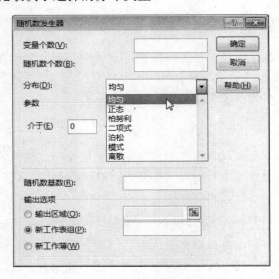

图 9-59 "随机数发生器"对话框

"变量个数"是指所需的列的数量，"随机数个数"是指所需的行的数量。例如，要将 200 个随机数安排成 20 行 10 列，那么就需要在相应的文本框中各自指定 10 和 20。"随机数基数"输入框可以指定一个 Excel 在随机数发生运算法则中所使用的开始值。通常，使该输入框保持空白。如果想要产生同样的随机数序列，那么可以指定基数处于 1 到 32767 之间（只能是整数值）。可以使用"随机数发生器"对话框中的"分布"下拉菜单来建立如下的分布类型。

- ❑ 均匀：每个随机数有同样被选择的可能。指定上限和下限。
- ❑ 正态：随机数符合正态分布，指定平均数和正态分布标准偏差。
- ❑ 柏努利：随机数为 O 或者 1，由指定的成功的概率来决定。
- ❑ 二项式：假定指定成功的概率，此分布返回的随机数是基于经过多次试验的柏努利分布。
- ❑ 泊松：此选项产生服从泊松分布的数值，此数值以发生在一个时间间隔内的离散事件为特点，在这里单一事件发生的概率同时间间隔的长短是成比例的。在泊松分布中，参数等同于平均数，也等同于方差。
- ❑ 模式：此选项不产生随机数，而是逐步地重复指定的一连串数字。
- ❑ 离散：此选项可指定所选择特定值的概率，要求一个两列的输入区域，第一列存储数值，第二列存储所选择的每个数值的概率。第二列中概率的和必须是百分之百。

11. 排位与百分比排位工具

该工具对话框如图 9-60 所示，该工具可以显示区域中每个数值的序数和百分比排位。

运行工具后，将创建一个类似于如图 9-61 所示的表格。当然，也可以使用 RANK 函数，PERCENTILE 函数或 PERCENTRANK 函数进行排位和百分比排位。

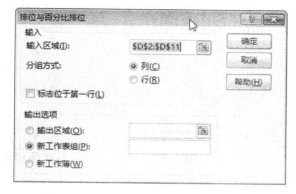

图 9-60　"排位与百分比排位"对话框

	A	B	C	D
1	点	列1	排位	百分比
2	5	95	1	100.00%
3	7	94	2	88.80%
4	6	89	3	77.70%
5	4	88	4	66.60%
6	3	76	5	44.40%
7	10	76	5	44.40%
8	8	72	7	33.30%
9	9	71	8	22.20%
10	2	69	9	11.10%
11	1	63	10	0.00%

图 9-61　排位后表格

12. 回归工具

"回归"工具计算工作表数据的回归分析。可以使用回归来分析趋势，预测未来，建立预测模型，并且通常情况下它也用来搞清楚一系列表面上无关的数据。

回归分析能够决定一个区域中的数据（因变量）随着一个或者更多其他区域数据（自变量）中的函数值变化的程度。通过使用 Excel 计算的数值，这种关系得到以用数学表达。可以使用这些计算创建数据的数学模型，并通过使用一个或者更多个自变量的不同数值预测自变量。此工具可以执行简单和多重线性回归，并自动计算和标准化余项。"回归"对话框提供了许多选项，如图 9-62 所示。

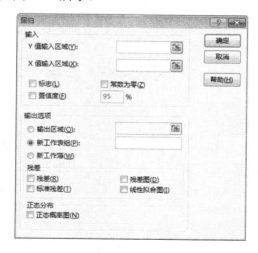

图 9-62　"回归"对话框

其中：
- Y 值输入区域：包含因变量的区域。
- X 值输入区域：一个或多个包含自变量的区域。
- 置信度：回归的置信水平。

- 常数为零：如果选中该复选框，将使得回归有一个为零的常量（意味着回归曲线通过原点，当 X 值为零，所预测的 Y 值也为零）。
- 残差：这些复选框指定在输出中是否包含余项。余项是预测值与观察值间的差值。
- 正态分布：此选项为正态概率图生成一个图表。

13．抽样工具

"抽样"工具从输入值区域产生一个随机样品。"抽样"工具通过建立大型数据库的子集来使用大型数据库。

"抽样方法"栏中有两个选项：周期与随机。如果选择周期样本，Excel 将从输入区域中每隔 n 个数值选择一个样本，n 等于指定的周期。对于随机样本，只需指定需要 Excel 选择样品的大小，每个变量被选中的概率都是一样的。

14．t-检验工具

"t-检验"用于判断两个小样本间是否在统计上存在重要的差异。分析工具库可以执行下列 3 种 t-检验类型。

- 平均值的成对二样本分析：对于成对样本，对每个主题都有两种观测报告（如检验前和检验后），样本必须是同样大小。
- 双样本等方差假设：对于独立而非成对样本，Excel 假设两个样本方差相等。
- 双样本异方差假设：对于独立而非成对样本，Excel 假设两个样本的方差不相等。

15．z-检验（双样本平均值）工具

"t-检验"用于小样本，而"z-检验"用于大的样本或总数。必须了解两种输入区域的差异。

9.6　模拟分析实例

9.6.1　最小值优化排班方案

某超市的客流高峰主要集中在周六至周日两天，根据估算，周一至周日需要员工 45、45、50、50、60、70 和 65，员工每周工作 5 日，试分析如何合理安排员工值班所需要人数最少。

该方案可以通过规划求解解决，具体步骤如下：

（1）建立值班表模型。在表中将服务员分成 7 个组别，分别于周一至周五、周二至周六、周三至周日……值班。B3:F3 单元格区域为一组，人数等于 I3 单元格，C4:G4 为二组，人数等于 I4 单元格，其余组类推，如图 9-63 所示。

（2）选择 B10:I10 单元格区域，输入公式"=SUM(B3:B9)"并按 Ctrl+回车键，在 B11:H11 单元格输入每天需求的员工人数，如图 9-64 所示。

图 9-63　值班表模型

日期	周一	周二	周三	周四	周五	周六	周日	值班人数	说明
周一	0								一组
周二		0	0	0	0	0			二组
周三			0	0	0	0	0		三组
周四	0					0	0		四组
周五	0	0				0			五组
周六	0	0	0			0	0		六组
周日	0	0	0				0		七组
求和									
需求									

图 9-64　输入求和公式和需求人数

日期	周一	周二	周三	周四	周五	周六	周日	值班人数	说明
周一	0	0	0	0	0				一组
周二		0	0	0	0	0			二组
周三			0	0	0	0	0		三组
周四	0					0	0		四组
周五	0	0				0	0		五组
周六	0	0	0			0	0		六组
周日	0	0	0				0		七组
求和	0	0	0	0	0	0	0	0	
需求	45	45	50	50	60	70	65		

（3）单击"数据"菜单中的"规划求解"命令，打开"规划求解参数"对话框，设置目标为 I10 单元格，选择最小值，可变单元格为 I3:I9 单元格区域，如图 9-65 所示。

图 9-65　设置目标和可变单元格

（4）单击"添加"按钮，添加如图 9-66 和图 9-67 所示的两个约束条件。

图 9-66　约束条件 1

图 9-67　约束条件 2

（5）单击"确定"返回规划求解参数对话框，可以看到条件已经被添加，这里再选择求解方法为"非线性 GRG"，并勾选"使无约束变量为非负数"选项，如图 9-68 所示。

（6）单击"求解"按钮，弹出规划求解结果对话框，如图 9-69 所示。单击"确定"按钮即可显示求解结果，如图 9-70 所示。可以看到最少共需要 77 名员工，一组至七组分别安排 1、11、21、11、16、11、6 名员工，分别从周一至周日开始值班。

 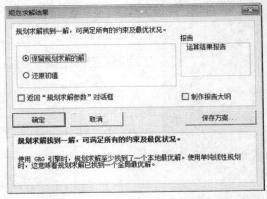

图 9-68　选择求解方法　　　　　　　图 9-69　规划求解结果对话框

	A	B	C	D	E	F	G	H	I	J
1	某超市员工值班安排表									
2	日期	周一	周二	周三	周四	周五	周六	周日	值班人数	说明
3	周一	1	1	1	1	1			11	一组
4	周二		11	11	11	11	11		11	二组
5	周三			21	21	21	21	21	21	三组
6	周四	11			11	11	11	11	11	四组
7	周五	16	16			16	16	16	16	五组
8	周六	11	11	11			11	11	11	六组
9	周日	6	6	6	6			6	6	七组
10	求和	45	45	50	50	60	70	65	77	
11	需求	45	45	50	50	60	70	65		
12										

图 9-70　求解结果

本例中使用了 SUM 函数求出当天值班总人数，作为规划求解的约束条件，要求大于或等于第 11 行输入的值，另一个条件是员工必须是整数，且不会出现负数，所以选择了"使无约束变量为非负数"选项。

9.6.2　制作按揭贷款分析表

当前贷款购房成为多数家庭购房时选择的方案，然而究竟首付多少、贷多少年更加适合自己呢，如何才能根据自己的还款能力制定一个切实可行的购房贷款计划呢？下面我们就来通过 Excel 提供的 PMT 函数以及双变量模拟运算表来完成这项任务。

通过 PMT 函数和双变量模拟运算表可以做一个购房贷款方案表，计算在"还款期数"和"贷款本金"两个参数同时变化的情况下"贷款的每期（月）偿还额"，然后从中选择适合自己的一套方案，这样就不会因为还贷而影响正常生活了。

我们先来了解一下 PMT 函数。PMT 函数可以计算为偿还一笔贷款，要求在一定周期内支付完时，每次需要支付的偿还额，也就是我们平时所说的"分期付款"。购房贷款或其他贷款时，可以用 PMT 函数计算贷款的每期（月）偿还额。

语法格式如下：

```
PMT（rate, nper, pv, fv, type）
```

返回值为"投资或贷款的每期（月）偿还额"。

其中，rate 为必要。指定每一期的贷款利率。例如，如果有一笔贷款年百分比率（APR）为 10% 且按月付款的汽车贷款，则每一期的利率为 0.1/12；nper 为必要。Integer 指定一笔贷款的还款期数。例如，如果对一笔为期四年的汽车贷款选择按月付款，则贷款共有 4×12（或 48）个付款期；pv 为必要。现值或一系列未来付款的当前值的累积和，也称为本金；fv 为可选。未来值，或在最后一次付款后希望得到的现金余额。如果省略 fv，则假定其值为 0（零），即贷款的未来值是 0；type 为可选。如果贷款是在贷款周期结束时到期，请使用 0；如果贷款是在周期开始时到期，则请使用 1；如果省略的话，默认值为 0。

为了便于理解与操作，我们可以把 PMT 函数简化成如下形式：

```
PMT（贷款利率，还款期数，贷款本金）
```

返回值为投资或贷款的每期（月）偿还额。

🔔注意：需要指出的是，应确认所指定的"贷款利率"和"还款期数"单位的一致性。例如，同样是 5 年期年利率为 12% 的贷款，如果按月支付，"贷款利率"应为 12%/12，"还款期数"应为 5×12；如果按年支付，"贷款利率"应为 12%，"还款期数"为 5。

了解了 PMT 函数的含义之后，接下来我们来结合模拟运算表进行购房贷款方案决策。本例利用双变量模拟运算表在 PMT 函数中让"还款期数"和"贷款本金"两个参数同时为变量，然后计算各种情况下"贷款的每期（月）偿还额"。

假设某人想通过贷款购房，可供选择的房价有 40 万元、50 万元、70 万元、90 万元、110 万元；可供选择的按揭方案有 5 年、10 年、15 年、20 年和 30 年。由于收入的限制，其每月还款额（以下称为月供金额）最高不能超过 5000 元，但也不要低于 3000 元，已知银行贷款利率为 7%。现用双变量模拟运算表帮助其选择贷款方案，方法如下：

（1）新建一个 Excel 工作簿，在 B2 单元格输入房价 500000（此单元格将被设置为行变量），在 B3 单元格建立公式计算月利率：=7%/12（结果为 0.58%），在 B4 单元格建立公式计算 10 年按揭的月份数 120（此单元格将被设置为列变量）。

（2）在 C7:G7 单元格区域输入不同房价，在 B8:B12 区域输入不同按揭年数的月份数。

（3）在 B7 单元格建立公式"=PMT(B3,B4,B2)"，按回车键确认，即可在 B7 单元格得到房价 50 万元 10 年按揭的月供金额，如图 9-71 所示。

	A	B	C	D	E	F	G
1	模拟计算月供金额						
2	房价	500000					
3	利率	0.58%					
4	期数	120					
5							
6							
7		¥-5,805.42	400000	500000	700000	900000	1100000
8	5年	60					
9	10年	120					
10	15年	180					
11	20年	240					
12	30年	360					
13							

图 9-71　建立运算模型

（4）选取区域 B7:G12 建立模拟运算表。单击"数据"菜单的"模拟分析"|"模拟运算表"命令，打开"模拟运算表"对话框。

（5）分别指定$B$2 为引用行的单元格（即行变量），$B$4 为引用列的单元格（即列变量），如图 9-72 所示。

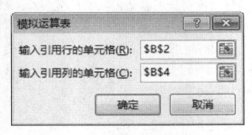

图 9-72　设置引用的行、列变量

（6）单击"确定"按钮，就会显示不同还款期限、不同房价的房屋月供金额，从图 9-73 中可以看出工作表中有 7 套方案满足月供不超过 5000 元同时也不低于 3000 元的条件，可供购房时选择。

	A	B	C	D	E	F	G
1	模拟计算月供金额						
2	房价	500000					
3	利率	0.58%					
4	期数	120					
5							
6							
7		¥-5,805.42	400000	500000	700000	900000	1100000
8	5年	60	-7920.48	-9900.6	-13860.8	-17821.1	-21781.3
9	10年	120	-4644.34	-5805.42	-8127.59	-10449.8	-12771.9
10	15年	180	-3595.31	-4494.14	-6291.8	-8089.45	-9887.11
11	20年	240	-3101.2	-3876.49	-5427.09	-6977.69	-8528.29
12	30年	360	-2661.21	-3326.51	-4657.12	-5987.72	-7318.33
13							

图 9-73　模拟运算结果

9.6.3　使用描述统计工具分析学生成绩

有时，我们需要计算一组数据的常用统计量，如平均值、标准偏差、样本方差、峰值等，尽管 Excel 提供了计算这些功能的函数，但更方便快捷的方法是利用 Excel 提供的描述统计工具，下面我们利用该工具来分析一个成绩表。

图 9-74 是某班级的 3 门课的考试成绩，现需要根据这些成绩计算出平均值、方差、标准差等统计量。

	A	B	C	D
1	姓名	语文	数学	英语
2	郭云云	81	86	94
3	禹琰丹	78	83	82
4	何海祥	72	89	90
5	董育霄	81	50	96
6	孙才仁	74	78	94
7	贾学	72	54	96
8	祖民民	85	56	88
9	葛安	78	53	96
10	姬岩泽	90	81	91
11	和聪	75	53	86
12	仲孙策建	76	71	82
13	翁山江	87	57	98
14	虞平	81	76	92
15	普虎彬	70	74	89
16	郁友心	76	85	85
17	路荔莺	74	68	96
18	蔡环蓉	89	82	80
19	刘松风	89	51	94
20	文斌中	71	82	99
21	段义腾	72	77	93
22	申红岚	85	76	80
23	崔力壮	76	76	93
24	郁广良	78	62	98
25	溥香	90	60	83
26	金锦秋	79	70	85

图 9-74　待分析的成绩表

步骤如下：

（1）单击"数据"菜单中的"数据分析"命令，打开"数据分析"对话框，选择"描述统计"工具，单击"确定"按钮，如图 9-75 所示。

（2）设置描述统计的各个选项，如图 9-76 所示。其中：

- "输入区域"即要分析的数据所在的单元格区域，这里选择 B1:D31 范围。
- 分组方式，通常 Excel 会根据指定的区域自动选择，这里采用默认的方式。
- 选中"标志位于第一行"，因为所选区域包含的标志行。
- "输出选项"选择输出到"新工作表组"。
- 选中"汇总统计"复选框，以显示描述统计结果。
- 选中"平均数置信度"复选框，可以输出包含均值的置信度，在其后的文本框中输入 95，表示要计算在显著性水平为 5%时的均值置信度。
- "第 K 大值"和"第 K 小值"，可以分别指定要输出数据中的第几个最大值或最小值，本例中不做选择。

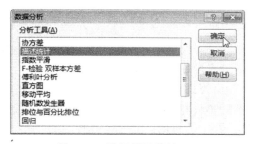

图 9-75　选择描述统计

图 9-76　"描述统计"对话框

（3）设置完成后，单击"确定"按钮，Excel 会生成一个新的工作表，用于存放分析数据，如图 9-77 所示。

	A	B	C	D	E	F
1	语文		数学		英语	
2						
3	平均	78.93333	平均	69.2	平均	90
4	标准误差	1.211946	标准误差	2.305615	标准误差	1.112107
5	中位数	78	中位数	72.5	中位数	91.5
6	众数	81	众数	53	众数	96
7	标准差	6.6381	标准差	12.62838	标准差	6.09126
8	方差	44.06437	方差	159.4759	方差	37.10345
9	峰度	-1.22647	峰度	-1.4981	峰度	-1.22944
10	偏度	0.369274	偏度	-0.19764	偏度	-0.34427
11	区域	20	区域	39	区域	19
12	最小值	70	最小值	50	最小值	80
13	最大值	90	最大值	89	最大值	99
14	求和	2368	求和	2076	求和	2700
15	观测数	30	观测数	30	观测数	30
16	置信度(95	2.478707	置信度(95	4.715513	置信度(95	2.274514
17						

图 9-77　描述统计结果

从分析结果可以看出，语文成绩分布比较正常，数学偏低，分别为 78.9 和 69.2，中值分别是 78 和 72.5，而英语的成绩平均值偏高。中值和众数也分别为 91.5 和 96，说明该课程的成绩偏高，可能是因为试卷难度较小或者英语成绩普遍偏好。

9.6.4　求解利润最大化问题

某工厂要生产甲、乙两种产品，其中生产 1 吨甲产品需要 A 原料 0.2 吨、B 原料 0.7 吨、C 原料 0.6 吨；生产 1 吨乙产品需要 A 原料 0.3 吨、B 原料 0.5 吨、C 原料 0.9 吨。已知每天各种原料的使用限额：A 为 40 吨、B 为 38 吨、C 为 50 吨。而每销售一吨甲产品可以获利 5 万元，乙产品可获利 4 万元。问如何安排生产计划，才能在有限的原料供应下获得最大的利润。

这是企业生产过程中的一个典型的规划问题，要利用 Excel 的规划求解工具，首先要将其模型化，分别确定决策变量、约束条件以及目标。

❑　该例中的决策变量是甲、乙两款产品的生产数量，这里分别用 x_1 和 x_2 表示；

❑　约束条件则为生产过程中使用的原料限额数量，即

　　　　A 原料：$x_1 \times 0.2 + x_2 \times 0.3 \leqslant 40$

　　　　B 原料：$x_1 \times 0.7 + x_2 \times 0.5 \leqslant 38$

　　　　C 原料：$x_1 \times 0.6 + x_2 \times 0.9 \leqslant 50$

❑　目标为企业生产的利润最大化，公式为：

　　　　max $P = x_1 \times 5 + x_2 \times 4$

建立好模型之后，接下来我们就可以进行规划求解了，具体的步骤如下：

（1）建立工作表，将规划模型中的相关数据以及公式输入到工作表中，如图 9-78 所示。其中：生产数量为任意设置的两个数字，B5 单元格为 A 原料的消耗总量，公式为"=B3*\$E3+B4*\$E4"，C5 和 D5 的公式类推。B8 单元格为计算的利润额，其公式为

"=E3*5+E4*4"，当前计算结果为 135 万元。

列1	A原料	B原料	C原料	生产数量
原料限额	40	38	50	
甲产品	0.2	0.7	0.6	15
乙产品	0.3	0.5	0.9	15
合计	7.5	18	22.5	
利润额（万元）	135			

图 9-78　建立工具表

（2）单击"数据"菜单中的"规划求解"命令，弹出"规划求解参数"对话框。

（3）设置目标单元格为"B8"，选择"最大值"，通过更改可变单元格为"E3:E4"，如图 9-79 所示。

（4）单击"添加"按钮，打开"添加约束"对话框，在"单元格引用"位置指定 A 原料合计所在的单元格地址 B5，选择<=运算符，在"约束"位置指定 A 原料限额所在的单元格地址 B2，如图 9-80 所示。

图 9-79　设置参数

图 9-80　"添加约束"对话框

（5）单击"添加"按钮即完成了第一个约束条件的添加，即原料 A 使用量不能大于限额数量，按照同样的方法分别添加原料 B 和原料 C 的约束条件。

（6）添加完毕后单击"确定"按钮，返回"规划求解参数"对话框。接下来选择求解的方法，因为该规划问题的目标和约束条件都是线性公式，所以在"选择求解方法"下拉列表中要选择"单纯线性规划"，如图 9-81 所示。

（7）单击"求解"按钮，Excel 就会自动进行计算，求解完成将会出现一个"规划求解结果"的对话框，如图 9-82 所示。从对话框中可以看到求解工具已经找到一个可满足所有约束的最优解。用户还可以选择是否保留规划求解的解，还可以选择生成报告大纲等，这里选择了全部的三个报告。

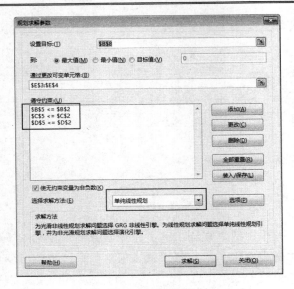

图 9-81　选择求解方法

图 9-82　求解完成

（8）单击"确定"按钮，完成求解过程，同时也会生成相应的报告，下面我们简要了解一下生成的报告。

比如：从如图 9-83 所示的运算结果报告可以看出 B 原料和 C 原料已经达到了限制值，而 A 原料未达到限制值，这就告诉决策者，如果增加 B 原料和 C 原料的供应，还有可能规划出获利更大的生产计划，而增加 A 原料则对获利不会再产生影响。

再来看如图 9-84 所示的敏感性报告，从敏感性报告关于可变单元格的分析结果可以看出最优生产计划的适应范围：当前甲产品的单位获利是 5 万元，如果增加或减少的量分别不超过 0.6 和 2.33 时可以不用改变生产计划；同样，对于乙产品，如果增加或者减少的量分别不超过 3.5 和 0.42 时不用改变生产计划。

在敏感性报告中对于约束的分析，则可以帮助决策者调整约束条件。从原料的阴影价格可以看出，原料 B 对获利影响更大一些，每增加 1 吨的 B 原料的供应，可能带来约 6.36 万元的利润，当然这要在允许的增加范围 20.33 之内，C 原料次之，而 A 原料的阴影价格为 0，也就是增加 A 原料的供应，不会对利润的增加产生影响。这一点与前面的运算结果报告是一致的。

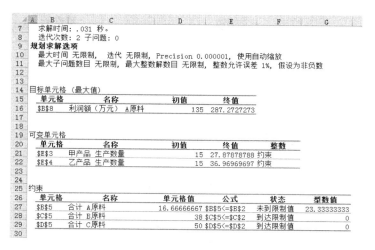

图 9-83　运算结果报告

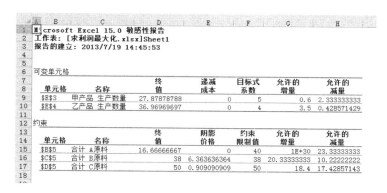

图 9-84　敏感性报告

💭说明：当规划模型有所变动时，可以在工作表中修改相关数值之后，再重新运行规划求解功能进行计算即可。

第 10 章　借助图表分析数据

内容导读

　　图表是 Excel 中最常使用的功能之一，利用数据表生成不同类型的图表，可以更加形象地将数据展示给用户，将枯燥无味的数据通过图表的形式展现出来。这样不仅能够更加生动地表示数据，还能够通过图表对数据进行分析，对趋势进行预测。能够帮助决策层做出正确的决策。本章我们就一起来学习有关图表的相关知识。

　　通过本章的学习，您将掌握以下内容：

- ❑　图表的创建
- ❑　图表的编辑
- ❑　不同图表的应用举例
- ❑　迷你图表的使用

10.1　图表的应用

　　数据表尽管可以将一切数据进行整理规划，但有时面对庞大的数据，想要了解这些数据之间的内在关系，并从中观察到一定的规律往往是比较困难的。而使用图表则可以非常方便地处理这些问题。

10.1.1　图表的组成

　　在学习建立图表之前，先来了解一下图表的组成，Excel 的图表是由图表区、绘图区、标题、数据系列、坐标轴、图例等部分构成，如图 10-1 所示。

　　除此之外，还可能包括一些在特定图表中显示的元素，如数据模拟运算表以及三维背景等。

10.1.2　图表的类型

　　Excel 图表包括柱形图、折线图、饼图、条形图、面积图、XY（散点图）、股价图、曲面图、气泡图、雷达图等类型。如图 10-2 所示。同时，每一种标准图表类型还包括多种子图表类型。下面我们对这些图表类型做一个简单了解。

1．柱形图

　　如图 10-2 所示。由一系列垂直条组成，用来显示一段时间内数据的变化，或者显示不同项目之间的对比。例如：不同产品季度或年销售量对比、在几个项目中不同部门的经费分配情况、每年各类资料的数目等。柱形图又分为簇状柱形图、堆积柱形图、百分比堆积柱形图、三维柱形图等。

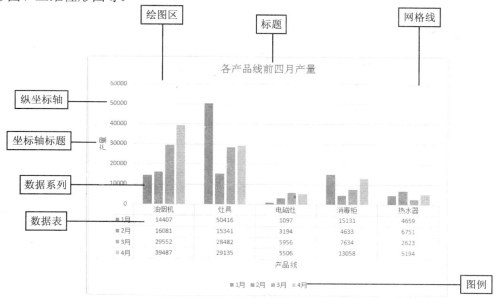

图 10-1　图表的组成

图 10-2　柱形图

2. 条形图

条形图与柱形图功能相同，同样是用来显示各个项目之间的对比。有簇状条形图、堆积条形图、百分比堆积条形图等，如图 10-3 所示。

3. 折线图

折线图被用来显示一段时间内的趋势。如图 10-4 所示，比如数据在一段时间内是呈增长趋势的，另一段时间内处于下降趋势，这种情况就可以通过折线图对未来作出预测。一般在工程上应用较多，折线图有折线图、堆叠折线图、百分比堆叠折线图、三维折线图等类型。

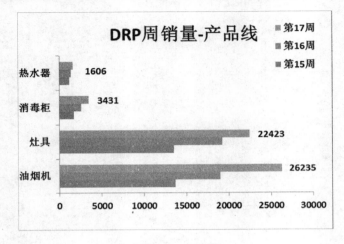

图 10-3　条形图

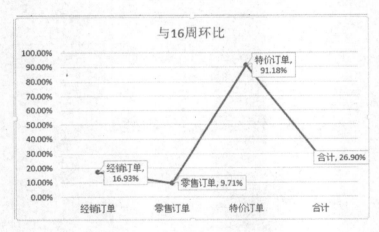

图 10-4　折线图

4．饼图

饼图主要用于对比几个数据在其形成的总和中所占百分比值。整个圆饼代表总和，每一个数用一个楔形或薄片代表，如图 10-5 所示。饼图通常只显示一个数据系列，当您希望强调数据中的某个重要元素时可以采用饼图。饼图具有饼图、分离型饼图、复合饼图、复合条饼图等类型。

5．XY 散点图

展示成对的数和它们所代表的趋势之间的关系。如图 10-6 所示，对于每一数对，其中一个数被绘制在 X 轴上，而另一个被绘制在 Y 轴上。过两点作轴垂线，相交处在图表上有一个标记。当大量的这种数对被绘制后，出现一个图形。散点图的重要作用是可以用来绘制函数曲线，从简单的三角函数、指数函数、对数函数到更复杂的混合型函数，都可以利用它快速准确地绘制出曲线，所以在教学、科学计算中会经常用到。

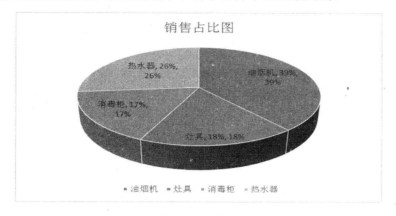

图 10-5　饼图

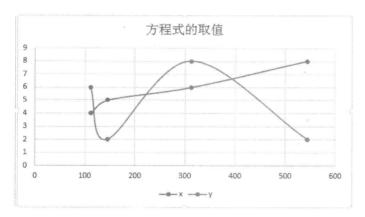

图 10-6　XY 散点图

6．面积图

面积图用于显示一段时间内变动的幅值。如图 10-7 所示，面积图能表示单独各部分的变动，同时也表示总体的变化。有面积图、堆叠面积图、百分比堆叠面积图等类型。

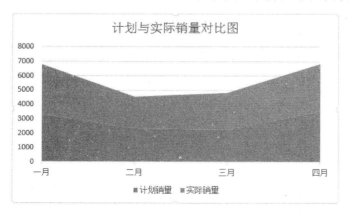

图 10-7　面积图

7．雷达图

雷达图显示数据如何按中心点或其他数据变动，每个类别的坐标值从中心点辐射，来源于同一序列的数据同线条相连。如图 10-8 所示，用户可以采用雷达图来绘制几个内部关联的序列，很容易地做出可视的对比。

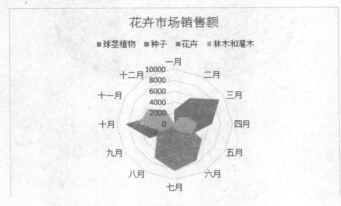

图 10-8　雷达图

8．曲面图

曲面图显示的是连接一组数据点的三维曲面。在寻找两组数据的最优组合时，曲面图很有用。如同一张地质学的地图，曲面图中的颜色和图案表明具有相同范围的值的区域。如图 10-9 所示，与其他图表类型有所不同，曲面图中的颜色不用于区别"数据系列"，而是用来区别值的。

图 10-9　曲面图

9．气泡图

如图 10-10 所示，气泡所处的坐标值代表对应于 x 轴（水平轴）和 y 轴（垂直轴）的两个变量值，气泡的大小则表示数据系列中第 3 个变量的值，数值越大，气泡越大。气泡图可以用于分析更为复杂的数据关系，除两组数据之间的关系外，还可以对另一组相关指标的数值大小进行描述。气泡图包括两种子图表类型图，即气泡图和三维气泡图。

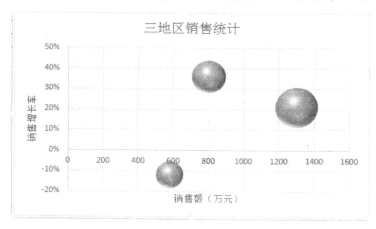

图 10-10　气泡图

10．股价图

如图 10-11 所示，这种图表类型通常用于显示股票价格，但是也可以用于科学数据。它是具有三个数据序列的折线图，被用来显示一段给定时间内一种股标的最高价、最低价和收盘价。通过在最高、最低数据点之间画线形成垂直线条，而轴上的小刻度代表收盘价。股价图多用于金融、商贸等行业，用来描述商品价格、货币兑换率和温度、压力测量等，最适合对股价进行描述。

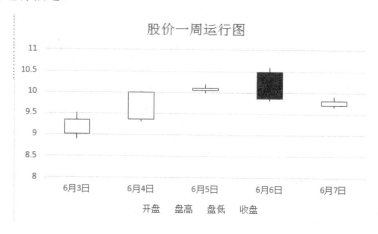

图 10-11　股价图

10.1.3　创建图表

我们以创建一个简单的柱形图为例，来了解一下图表创建的一般步骤：

（1）要创建一个图表，首先要确定生成图表的数据区域，即要选择一个数据区域，这个区域可以是整个数据表，也可以是数据表的一部分。本例我们选择的区域为 A1:D4。

（2）将菜单切换至"插入"项，单击"图表"选项组中的"插入柱形图"按钮 ▇▇▾，随后会弹出几种类型的柱形图，鼠标移上去之后，就会预览到图表效果，根据需要选择一种单击即可，如图 10-12 所示。

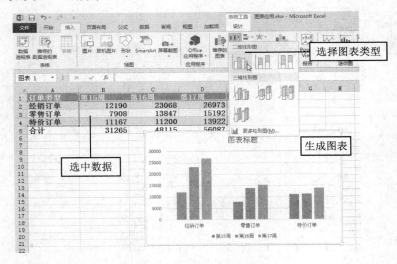

图 10-12　插入图表

（3）图表生成后，接下来就是对图表作进一步的修改和编辑，比如为图表添加标题、更改图表格式、设置图例位置、改变图表大小等，这里我们把图表标题改为"各类订单近三周变化情况"，如图 10-13 所示。至此，一个简单的图表就制作完成了。

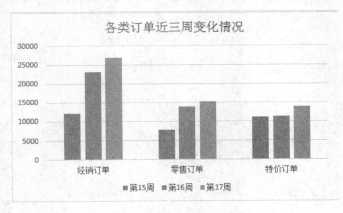

图 10-13　完成图表的制作

10.1.4　设置图表格式

接下来我们来学习如何设置图表的格式。

1．改变图表大小

要更改图表的大小，可以像更改图形图像的大小一样，直接用鼠标拖动控制柄就可以了。当然也可以在格式工具栏中设置具体的值，如图 10-14 所示。

图 10-14　通过工具栏设置图表大小

2. 更改图表各区域格式

要更改图表某一项的格式，只需要选择该项，然后在格式菜单中就可以设置各种格式，如边框、填充、艺术字效果、阴影、发光等，如图 10-15 所示。比如我们想要改变图表的背景，那么就可以选择整个图表区，然后在"形状填充"下拉菜单中选择相应的填充色即可，如图 10-16 所示。

除此之外，还可以通过双击来更改区域的格式。方法是在右侧出现的"设置图表区格式"窗格中进行格式的设置，如图 10-17 所示。

图 10-15　格式工具栏

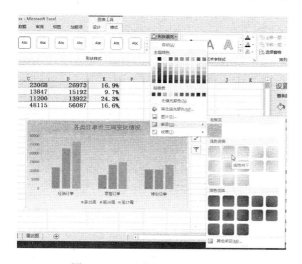

图 10-16　更改图表背景色　　　　图 10-17　设置图表区格式

比如我们要填充绘图区的背景，则可以双击绘图区，然后在"设置绘图区格式"中进行设置即可，如图 10-18 所示。

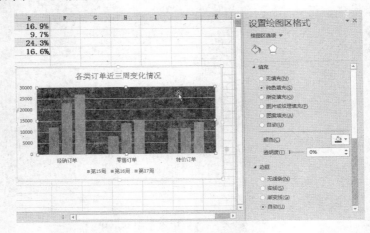

图 10-18　设置数据系列格式

限于篇幅，有关格式的设置这里就不做太多讲解，有兴趣的朋友可以自己尝试进行操作。

10.1.5　编辑图表

下面我们来学习如何对图表进行各种编辑操作。

1．更改图表类型

如果原有的图表类型已经不适合对数据进行分析，或者由于某种原因，希望更改图表的类型，则可以通过更改图表类型的功能，将图表快速更换为另一种类型。

切换到"设置"菜单，选中图表，单击"更改图表类型"命令，在打开的"更改图表类型"对话框中，选择一个适合的类型，单击"确定"按钮即可，如图 10-19 和图 10-20 所示。

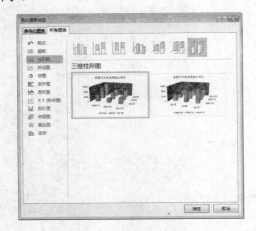

图 10-19　"更改图表类型"对话框

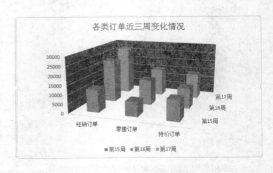

图 10-20　更改后的图表类型

2．更改图表样式

Excel 2013 提供了一些内置的图表样式，用户可以通过"设计"菜单中的图表样式选项，可以快速更改图表的样式。

选中要更改的图表，然后切换至"设计"菜单，选择一种喜欢的样式即可，如图 10-21所示。

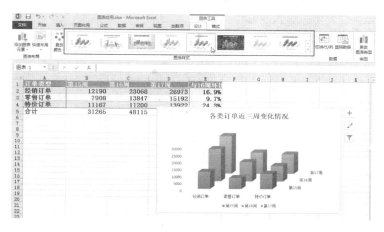

图 10-21　更改图表样式

另外，选中图表后，在图表右上方有三个小图标，单击第二个"图表样式"图标，同样可以显示图表样式供用户选择，如图 10-22 所示。

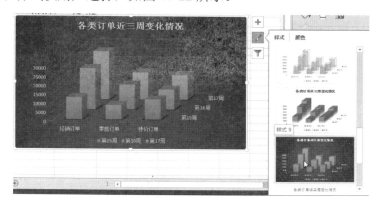

图 10-22　通过快捷按钮改变图表样式

3．更改图表颜色

Excel 图表提供了一系列的颜色方案，可以更改图表的配色，如图 10-23 所示。选择图表后，单击"设计"菜单中的"更改颜色"命令，即可以选择相应的颜色方案。同样，也可以通过图表样式按钮来更改图表的颜色方案。

4．添加/删除图表元素

默认情况下，生成的图表可能不一定会满足用户的需要，如果希望增加图表的一些选項，或者删除一些显示元素，或者希望更改元素的位置等，则可以通过添加图表元素来实现。

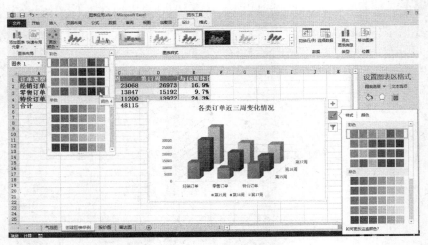

图 10-23　更改图表颜色

选择图表后，会在图表的右侧出现三个快捷按钮，单击"+"号按钮，可以看到一些图表元素，用户可以根据需要选择需要的元素，单击元素，还可以在下级菜单中做进一步的设置。如图 10-24 所示为图表添加了主要横坐标轴标题和纵坐标轴标题。

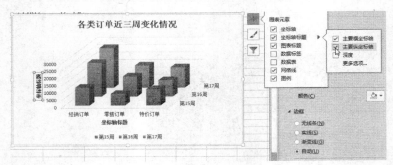

图 10-24　增加数据表元素

在添加之后，还需要将其修改为有意义的标题名称，如图 10-25 所示。

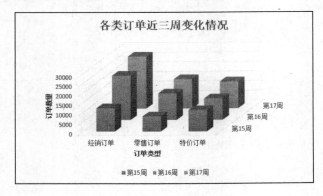

图 10-25　修改标题

除此之外，还可以在"设计"菜单中通过执行"添加图表元素"命令来添加更多的元素，如图 10-26 所示，通过该菜单为图表添加了数据表，即数据源的表格。当然，如果不需要某些元素，则可以取消勾选，或者直接在图表上删除即可。

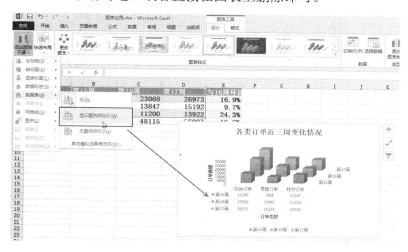

图 10-26　"添加图表元素"命令

5．快速布局图表

Excel 图表针对每类图表类型提供了一些快速布局的方案，如果这其中有你需要的方案，则可以直接选择，而省去了自己设置的过程。

选中图表，单击"快速布局"按钮，然后选择一种需要的布局方案即可，如图 10-27 所示。

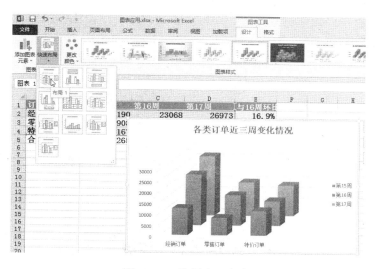

图 10-27　选择布局方案

6．切换行列

如果希望更换图表系列产生的位置，则可以通过执行"设计"菜单中的"切换行/列"

命令来完成系列的切换，如图 10-28 所示。

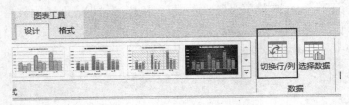

图 10-28　切换行列命令

切换行/列前后的效果对比如图 10-29 所示。

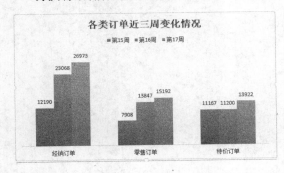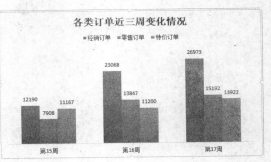

图 10-29　切换行/列前后对比

7．增加/删除数据系列和类型

如果想对图表中系列的个数进行调整，比如想删除某一系列或类别，则可以选中图表后，单击旁边的图表筛选器按钮，在弹出的选项中，根据需要取消不需要的系列或类别，单击"应用"即可，如图 10-30 所示。如果要删除的是系列，还可以直接在图表中选择系列的柱形进行删除。

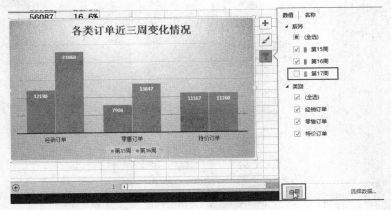

图 10-30　删除系列

8．修改数据源

数据源就是生成图表所需要的数据，如果在图表生成之后又有新数据需要添加到图表中，或者希望更换图表的数据区域，则可以通过修改数据源来完成。

　　执行"设计"菜单中的"选择数据"命令，弹出"选择数据源"对话框，在该对话框中可以重新选择数据区域，还可以通过添加、删除、编辑按钮对系列进行增加、删除和编辑。也可以在该对话框中进行行列的互换，如图 10-31 所示。

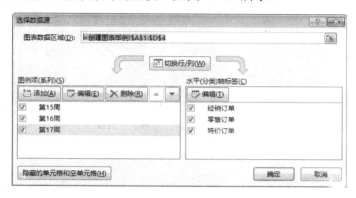

图 10-31　更改数据源

9. 切换图表位置

　　图表不仅可以嵌入在工作表中，还可以单独存放在一张工作表，如果希望将图表以新的工作表存放，或者将图表移至另一个工作表中，则可以通过"移动图表"命令进行。

　　选中图表，执行"设计"菜单中的"移动图表"命令，在打开的"移动图表"对话框中选择存放的位置，单击"确定"按钮即可，如图 10-32 所示。

图 10-32　"移动图表"对话框

10.2　图表分析应用实例

　　在了解了图表的相关知识之后，下面我们来通过几个相关的实例来进一步深入学习图表的内容，以加强相关知识的掌握。在这些实例中将会涉及图表的格式以及选项的设置，希望读者朋友能够认真体会。

10.2.1　柱形图应用实例

　　实例 1：利用柱形图制作 DRP 周销量图表

　　下面我们将根据不同产品线连续三周的销售情况来做一个三维簇状柱形图表，效果如图 10-33 所示，步骤如下。

　　（1）打开本章的素材文件"图表应用.xlsx"，选择生成图表所需的数据源，本例选择了 A1:D9 单元格区域，然后单击"插入"菜单图表组中的柱形图按钮，选择"三维簇状柱形图"，将会自动生成一个图表，如图 10-34 所示。

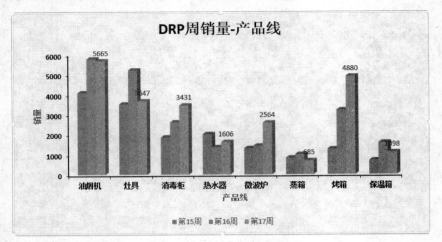

图 10-33　图表效果

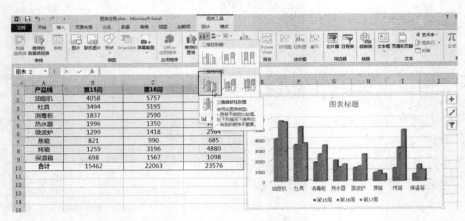

图 10-34　插入图表

（2）适当改变图表的大小，然后修改图表的标题，并设置合适的字体字号，将标题、坐标轴的字体颜色设置为黑色，加粗显示，如图 10-35 所示。

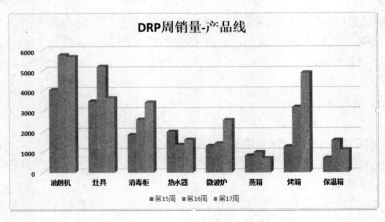

图 10-35　添加标题并设置坐标轴字体

（3）单击图表右上方的"＋"号图标，选择数据标签，显示出图表的数据，如图 10-36 所示。

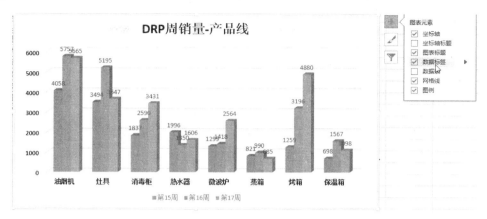

图 10-36　显示数据标签

🔔注意：如果只想显示其中某一系列的数据，则可以单击选中该系列，再选择"数据标签"项即可。

（4）接着勾选"坐标轴标题"，显示出坐标轴标题，并将其更改为合适的内容，如图 10-37 所示。

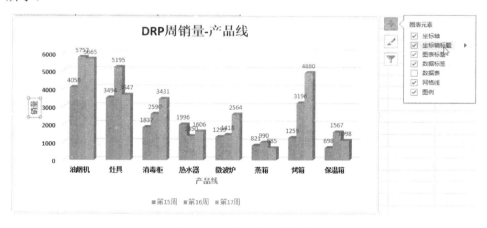

图 10-37　添加坐标轴标题

（5）接下来我们将坐标轴显示出来，双击纵向坐标轴，在右侧面板中切换至"填充线条"选项组，设置线条为实线，颜色为黑色，宽度为 0.5，然后用同样的方法设置横向坐标轴，如图 10-38 所示。

（6）单击图表旁边的"＋"标签，将网格线取消，不显示网格线，如图 10-39 所示。或者直接选中网格线，删除即可。

（7）最后，我们选择整个图表区，通过格式菜单为图表添加一个背景纹理，完成图表的制作，如图 10-40 所示。

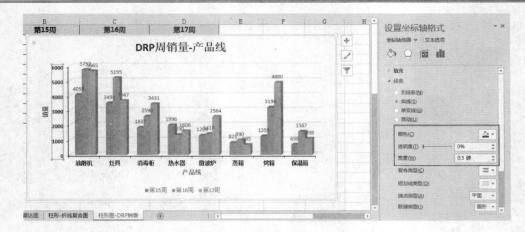

图 10-38　设置坐标轴显示

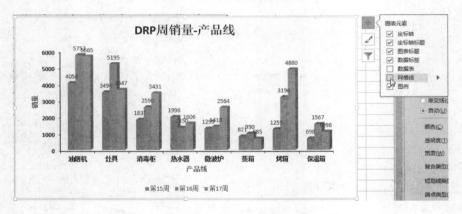

图 10-39　取消显示网格线

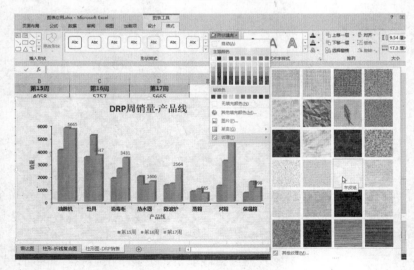

图 10-40　完成图表

实例 2：制作供应链缺货对比图表

接下来，我们来制作一个单个柱形的图表，本例是根据供应链交付不满足率来制作的一个缺货对比图表，效果如图 10-41 所示。

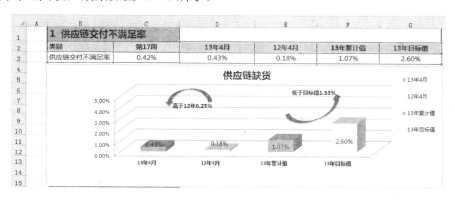

图 10-41　图表效果图

步骤如下：

（1）选择图表数据源区域，这里选择 B2:B3 和 D2:G3 区域，然后插入一个三维簇状柱形图，如图 10-42 所示。

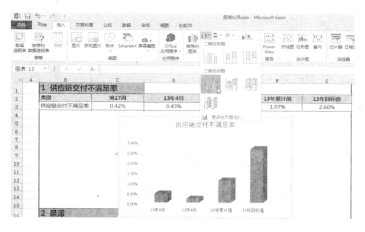

图 10-42　插入图表

（2）改变图表的大小，适当将宽度增加。然后改变图表的标题，并定义其字体以及坐标轴的字体颜色，以黑色显示以起到醒目的作用，如图 10-43 所示。

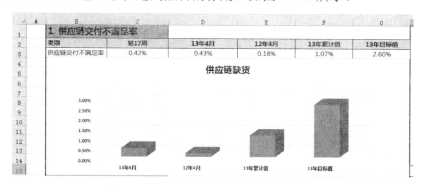

图 10-43　改变标题及坐标轴格式

（3）双击纵向坐标轴，在"坐标轴选项"一栏中，将边界最大值设置为 0.05，如图 10-44 所示。

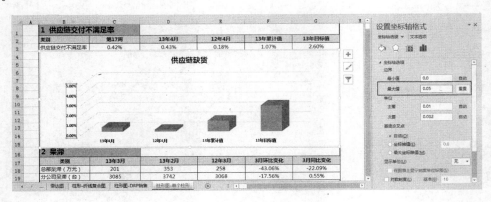

图 10-44　设置坐标轴边界值

（4）在刻度线标记选项中，将主要类型的标记设置为外部显示，如图 10-45 所示。

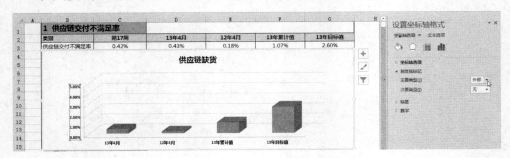

图 10-45　设置坐标轴

（5）双击选中单个柱状，通过格式菜单，为每个柱状填充不同的颜色，如图 10-46 所示。

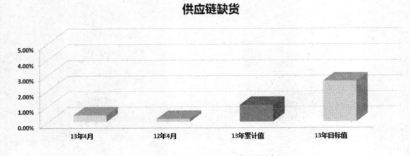

图 10-46　更改系列颜色

（6）通过图表右上方的"+"号按钮，将图例显示在右侧，并添加数据标记，然后适当移动图例和数据标记的位置，如图 10-47 所示。

（7）通过插入"形状"命令来绘制两个箭头，并利用文本框工具添加相应的说明文字，完成图表的制作，如图 10-48 所示。

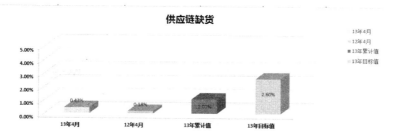

图 10-47　显示图例及数据标记

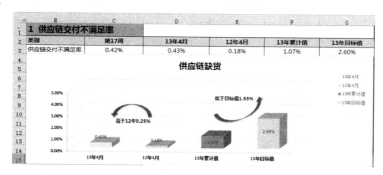

图 10-48　完成图表

10.2.2　饼图应用实例

饼图通常只有一个数据系列,将一个圆划分为若干个扇形,每个扇形代表数据系列中的一项数据值,扇形的大小表示相应数据项占该数据系列总和的比例值。饼图通常用来描述构成比例方面的信息。下面我们通过两个实例来分别介绍三维饼图和复合饼图的制作方法。

实例 1:制作不同型号的产品销量占比图表

本实例根据消毒柜的不同型号的销量所占整体销量的比例,制作一个三维饼图。

步骤如下:

(1)打开本章的源文件"图表应用.xlsx",切换到饼图工作表,选择 B1:B8 和 D1:D8 区域,然后通过插入菜单,插入一个三维饼图图表,如图 10-49 所示。

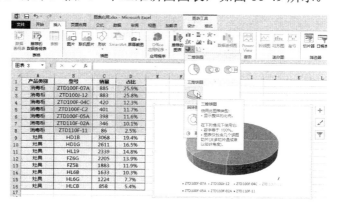

图 10-49　插入三维饼图

（2）适当调整图表大小，然后为其添加标题，并设置标题的字体格式，如图 10-50 所示。

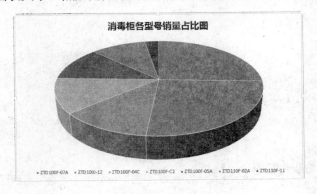

图 10-50　添加标题

（3）为了突出显示某一型号的销量，可以将该型号进行分离出来，本例将销量最多的型号单独分离出来，双击最大的区域，确保只选中了该区域，然后在"设置数据点格式"的面板中，设置系列选项，将点爆炸型设置为 15%，如图 10-51 所示。

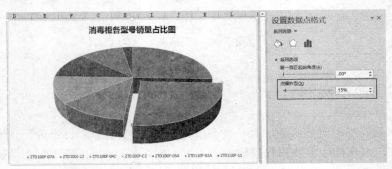

图 10-51　分离部分饼区域

（4）右击该区域，选择"添加数据标签"|"添加数据标注"命令，为该区域添加数据标注，如图 10-52 所示。

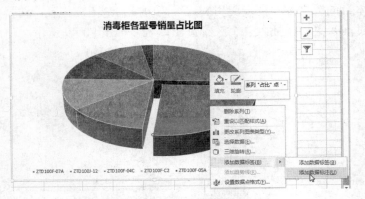

图 10-52　添加数据标注

（5）最后选中整个图表区域，在"格式"菜单中为其填充一个渐变的背景色，完成图表的制作，如图 10-53 所示。

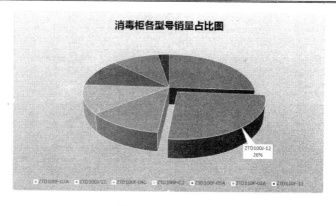

图 10-53　完成图表

实例 2：复合饼图的应用

当要制作的数据较多，或者数据之间差别非常明显时，要区别各个扇区就会有一定的难度。比如有 6 个数据，其中有 3 个的百分比小于 5%。这就比较适合用复合饼图。下面我们举例来说明。

（1）选择图 10-54 中的 B9:B16 和 D9:D16 区域，通过插入菜单，插入一个复合饼图。

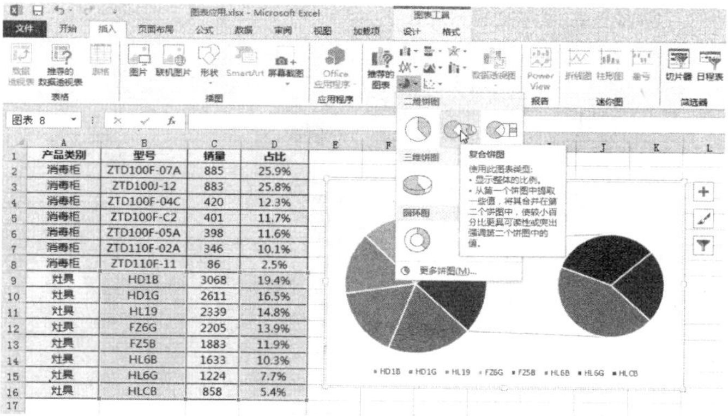

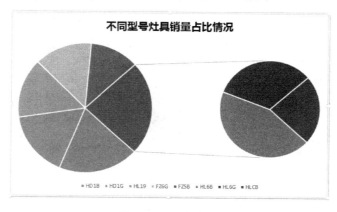

图 10-54　插入复合饼图

（2）为饼图添加标题并设置其字体格式，如图 10-55 所示。

不同型号灶具销量占比情况

图 10-55　添加标题

（3）通过图表右上角的"+"号按钮，为图表添加数据标签，如图 10-56 所示。

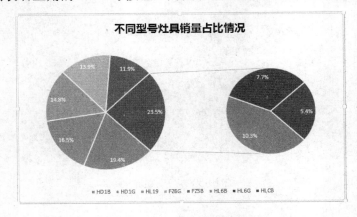

图 10-56　添加数据标签

（4）如果需要调整扇区所在的位置，可以通过双击鼠标选择要改变位置的扇区，然后在右侧的"设置数据点格式"面板中选择所在的绘图区，如图 10-57 所示。

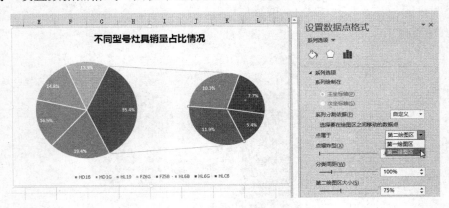

图 10-57　设置扇区显示的位置

（5）如果需要调整第二个绘图区的大小，则可以通过更改第二绘图区大小的值进行设置，也可以用鼠标直接拖动滑杆改变其大小，如图 10-58 所示。

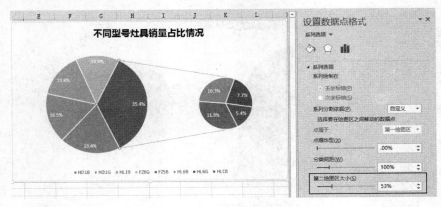

图 10-58　改变第二绘图区大小

有关饼图的相关知识，我们就介绍到这里，有兴趣的朋友可以继续深入学习，限于篇幅，这里不再赘述。

10.2.3　折线图应用实例

折线图以点状图形为数据点，并由左向右，用直线将各点连接成为折线形状，折线的起伏可以反映出数据的变化趋势。折线图用一条或多条折线来绘制一组或多组数据。通过观察可以判断每一组数据的峰值和谷值，以及折线变化的方向、速率和周期等特征。对于多条折线，还可以观察各折线的变化趋势是否相近或相异，并说明一些问题，得出结论。

下面我们来绘制一个简单的折线图。步骤如下：

（1）打开素材文件，切换至折线图工作表，选择其中的 **A2:G5** 区域，然后通过插入菜单，插入一个带数据标记的折线图，如图 10-59 所示。

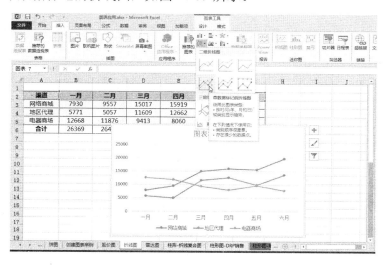

图 10-59　插入折线图

（2）修改标题，并将图例在右侧显示，如图 10-60 所示。

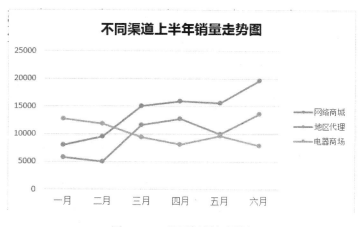

图 10-60　设置标题与图例

（3）接下来为折线图中网络商城渠道添加一个趋势线，先选择该折线，然后通过单击"+"号按钮，勾选"趋势线"选项即可为其添加趋势线，如图 10-61 所示。

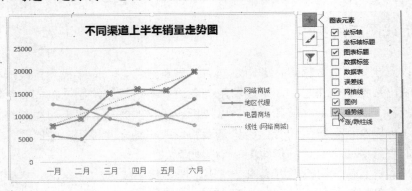

图 10-61　添加趋势线

（4）最后选中图表，通过设置图表区格式，为其设置一个渐变填充，完成图表的制作，如图 10-62 所示。

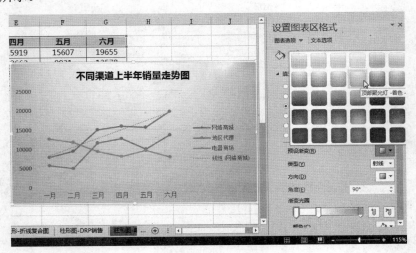

图 10-62　填充图表

10.2.4　散点图应用实例

XY 散点图的每一个数据点都是由两个分别对应于 xy 坐标轴的变量构成。每一组数据构成一个数据系列。XY 散点图的数据点一般呈簇状不规则分布，可以用线段将数据点连接在一起，也可仅用数据点说明数据的变化趋势、离散程度以及不同系列数据间的相关性。

下面我们通过一组求圆面积和周长的数据来制作 XY 散点图。步骤如下：

（1）打开素材文件"图表应用.xlsx"，切换至 XY 散点图工作表，然后选择区域 A1:C6，通过插入菜单，插入一个带平滑线和数据标记的散点图，如图 10-63 所示。

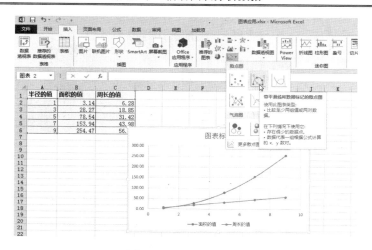

图 10-63　插入散点图

（2）输入图表标题，并设置相应的字体格式，如图 10-64 所示。

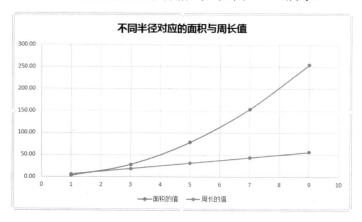

图 10-64　设置标题

（3）下面我们通过单击"+"号按钮取消主轴主要垂直网格线的显示，显示主轴次要水平网格线，如图 10-65 所示。

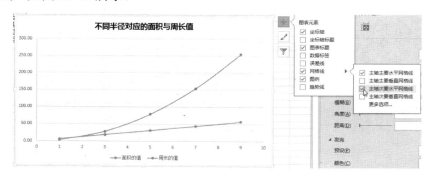

图 10-65　设置网格线显示

（4）最后将图例显示位置改变至右上角，并显示出数据标签，如图 10-66 所示。

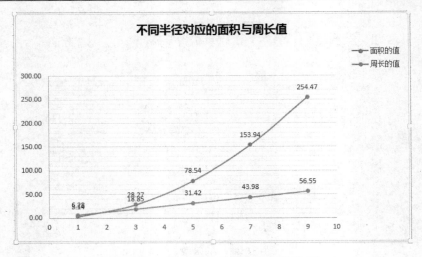

图 10-66　显示数据标签并移动图例位置

10.2.5　雷达图应用实例

雷达图通常由一组坐标轴和三个同心圆构成，每个坐标轴代表一个指标，各轴由图表中心向外辐射，同一系列的数据点绘制在坐标轴上，并以折线相连，形似雷达，因而得名。雷达图可以对多个数据系列的聚合值进行比较。

下面我们简要介绍一下雷达图的制作方法。步骤如下：

（1）选择要制作雷达图的区域，然后通过插入菜单，插入一个填充雷达图，如图 10-67 所示。

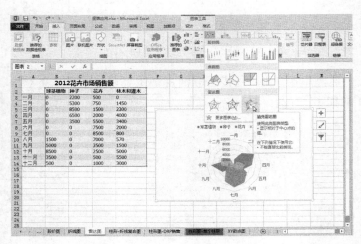

图 10-67　插入雷达图

（2）输入标题，并设置相应的字体格式，然后设置将图例靠右显示，如图 10-68 所示。一个简单的雷达图就制作完成了。

图表制作完成之后，还可以进一步设置相应的格式和选项，这里就不再展开讲述了。

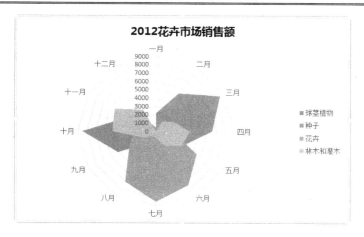

图 10-68　设置标题及图例位置

10.2.6　气泡图应用实例

气泡图是一种 XY 散点图。它以三个数值为一组对数据进行比较，而且可以三维效果显示。气泡的大小，即数据标记表示第三个变量的值。

下面以某产品在京津沪三地区的销售统计为例，来简要介绍气泡图的用法。步骤如下：

（1）打开"图表应用.xlsx"，选择气泡图工作表，然后选择数据区域 B4:D6，通过插入菜单插入一个三维气泡图，如图 10-69 所示。

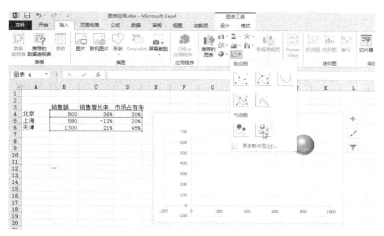

图 10-69　三维气泡图

（2）修改标题并设置标题的字体格式，然后执行"设计"菜单中的"切换行/列"命令来切换系列，如图 10-70 所示。

（3）选中气泡，然后在右侧设置数据系列格式面板中选中"依数据点着色"复选框，可以为不同的气泡设置不同的颜色，如图 10-71 所示。

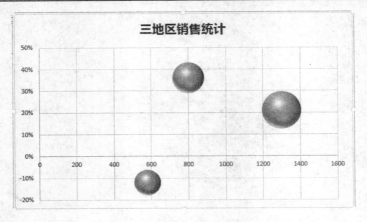

图 10-70　设置标题并切换行/列

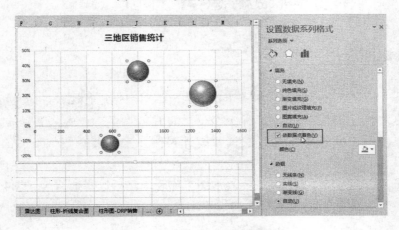

图 10-71　设置数据系列

（4）如果觉得气泡太大或者太小，则可以将气泡进行缩放处理，在系列选项中可以通过大小表示，将气泡根据面积或者宽度进行缩放，如图 10-72 所示。

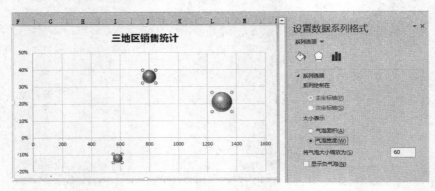

图 10-72　设置气泡大小

（5）最后，我们为气泡图加上误差线，通过单击"+"号按钮，选择"误差线"选项即可，如图 10-73 所示。

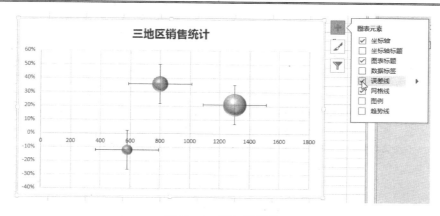

图 10-73　添加误差线

小知识：误差线

误差线用图形的方式显示了数据系列中每个数据标志的潜在误差或不确定度。误差量的表示有以下几种。

1．固定值

固定值误差线的中心与数据系列的数值相同，正负偏差为对称的数值，并且所有数据点的误差量数值均相同。

2．百分比

百分比误差量是一个自定义的百分比与各个数据系列各个数据点数值相乘的数值，百分比误差线的中心与数据系列的数值相同，误差量的大小与各个数据点的数值成正比。

3．标准偏差

标准偏差误差量是一个由公式计算出来的标准偏差与自定义的倍数相乘的数值，标准偏差误差线的中心为各个数据点的平均值，各个数据点的误差量数值均相同。

4．标准误差

标准误差误差量是一个由公式计算出来的误差的数值，标准偏差误差线的中心与数据系列的数值相同，各个数据点的误差量数值均相同。

5．自定义

自定义误差量的每一个数据点都可以对应一个自定义的数值，自定义误差线的中心与数据系列的数值相同。

10.2.7　股价图应用实例

股价图图表类型通常用于显示股票价格，但是也可以用于科学数据，如表示温度的变化等。股价图包括 4 种子图表类型，即"盘高-盘低-收盘"图、"开盘-盘高-盘低-收盘"

图、"成交量-盘高-盘低-收盘"图、"成交量-开盘-盘高-盘低-收盘"图。

下面我们来制作一下"开盘-盘高-盘低-收盘"图。步骤如下：

（1）打开"图表应用.xlsx"工作簿文件，然后选择数据区域"A1:E6"，通过插入菜单插入一个"开盘-盘高-盘低-收盘"图，如图 10-74 所示。

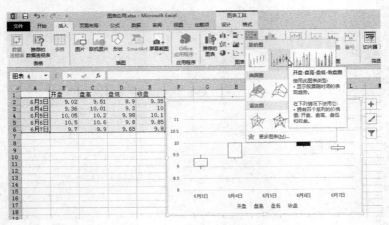

图 10-74　插入图表

（2）设置标题并修改其字体格式，如图 10-75 所示。

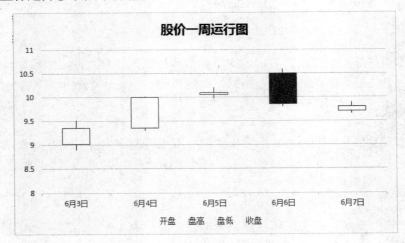

图 10-75　设置标题

（3）下面我们为其添加一个收盘价的趋势线，选中图表，然后执行"设计"菜单中的"添加图表元素"命令，选择"趋势线"|"移动平均"选项，如图 10-76 所示。在弹出的"添加趋势线"对话框中选择"收盘"，如图 10-77 所示。

（4）单击"确定"按钮，完成图表的制作，可以看到图中显示了收盘价的移动平均线，如图 10-78 所示。

🔔注意：表格与图表的各项必须要一一对应，即若要制作"开盘-盘高-盘低-收盘"图，则表格中的字段也必须是"开盘-盘高-盘低-收盘"的顺序，否则图表将会出错。

图 10-76 添加图表元素

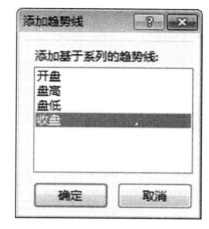

图 10-77 选择系列

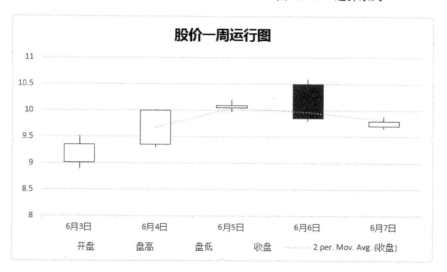

图 10-78 完成图表的效果

10.2.8 复合图表的设计与应用

下面我们通过柱形图与折线图复合图表完成一个 DRP 结构变化图的制作，效果如图 10-79 所示。

步骤如下：

（1）选择要制作图表的数据区域，然后通过插入图表的柱形图命令，插入一个柱形图，如图 10-80 所示。

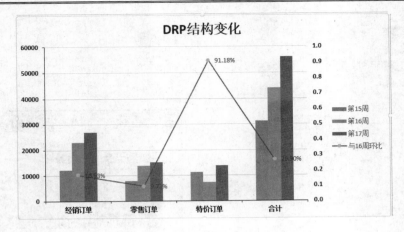

图 10-79 图表效果

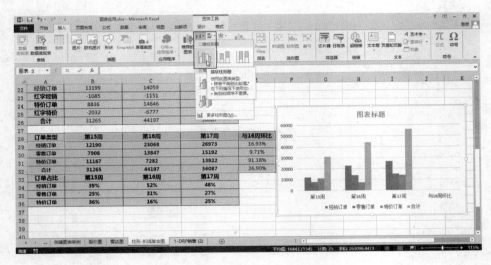

图 10-80 插入柱形图

（2）单击"数据"菜单中的"切换行列"命令，将图表进行系列的切换，如图 10-81 所示。

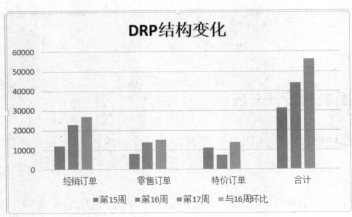

图 10-81 切换行/列后效果

（3）执行"设计"菜单中的"更改图表类型"命令，将"与16周环比"一列改为"带数据标记的折线图"，并勾选右侧的次坐标轴复选框，以实现单独为其应用坐标轴，如图10-82所示。单击"确定"按钮后，效果如图10-83所示。

图 10-82　更改图表类型

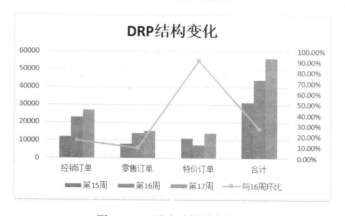

图 10-83　更改后的图表效果

（4）选中折线，单击图表右上角的"+"号按钮，选择数据标签，将数据在数据点位置显示，如图10-84所示。

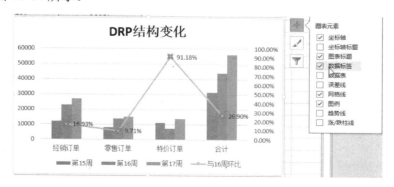

图 10-84　显示数据标签

（5）双击纵向坐标轴，在右侧面板中切换至坐标轴选项组，选择刻度线标记主要类型为"外部"，如图 10-85 所示。

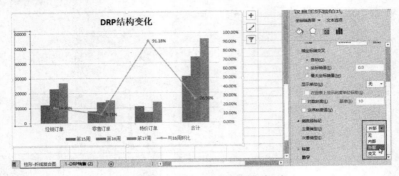

图 10-85　设置坐标线刻度类型

（6）切换至填充线条选项，设置坐标线的颜色为黑色，如图 10-86 所示，并用同样的方法设置横向坐标轴，效果如图 10-87 所示。

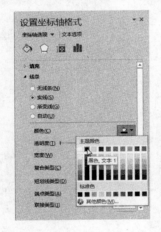

图 10-86　设置坐标轴颜色

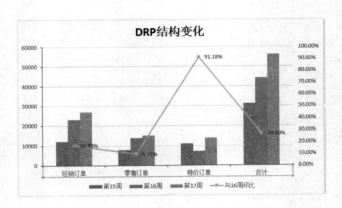

图 10-87　设置坐标轴后的效果

（7）选中图表右侧的折线的坐标，在坐标轴选项的数字标签下将其类别设置为"数字"，小数位数为"1"，如图 10-88 所示。

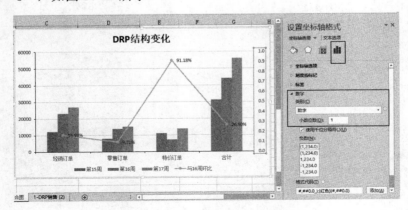

图 10-88　设置坐标轴数值类型

（8）选中图例，在图例选项中设置图例的位置为"靠右"，如图 10-89 所示。

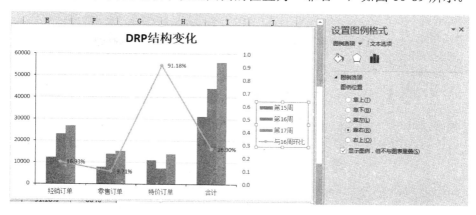

图 10-89　设置图例选项

（9）选中折线，在填充线条选项中，可以更改其"颜色"、"宽度"等选项，如图 10-90 所示。

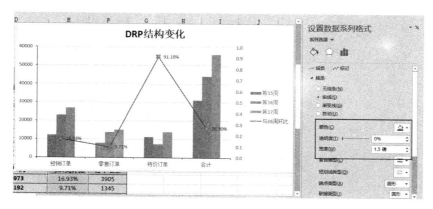

图 10-90　更改折线的颜色和宽度

（10）选中某一系列柱状，可以在右侧的"设置数据系列格式"面板中更改其颜色，这里选择更改了第 17 周的数据系列，效果如图 10-91 所示。至此完成本图表的制作。

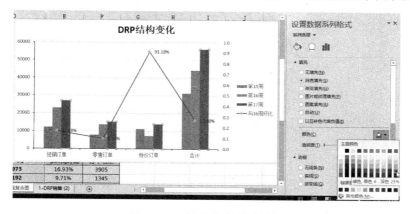

图 10-91　更改数据系列颜色

△提示：也可以直接通过插入菜单中的组合图命令进行组合图表的创建。

10.3　通过分类汇总建立图表

这里需要说明一点，并不是所有的表格都会生成有意义的图表，但是对于一张表格可能在经过筛选、排序、分类汇总或者建立数据透视表之后就能够达到制作图表的目的。下面我们通过一个例子来简要说明一下，如果将一个数据表进行分类汇总，然后再建立图表。

步骤如下：

（1）打开本章素材文件"图表应用.xlsx"，切换至"结合分类汇总建图表"工作表，然后将光标定位至工作表中，选择"数据"菜单的"分类汇总"命令，打开"分类汇总"对话框，选择"分类字段"为"产品线"、"汇总方式"为"求和"、"选定汇总项"为"销量"，如图 10-92 所示。

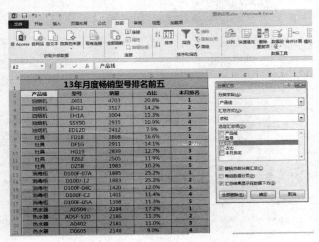

图 10-92　设置分类汇总

（2）单击"确定"按钮之后，完成分类汇总，如图 10-93 所示。

产品线	型号	销量	占比	本月排名
13年月度畅销型号排名前五				
产品线	型号	销量	占比	本月排名
油烟机	JX01	4703	20.8%	1
油烟机	EH12	3517	14.2%	2
油烟机	EH1A	3004	11.3%	3
油烟机	SSY90	2935	10.9%	4
油烟机	ED12D	2412	7.9%	5
油烟机 汇总		16571		
灶具	FD1B	3868	16.6%	1
灶具	DF1G	2911	14.1%	2
灶具	HG19	2839	12.7%	3
灶具	FZ62	2505	11.9%	4
灶具	DZ5B	1983	10.2%	5
灶具 汇总		14106		
消毒柜	D100F-07A	1885	25.2%	1
消毒柜	D100J-12	1883	25.2%	2
消毒柜	D100F-04C	1420	12.0%	3
消毒柜	D100F-C2	1401	11.4%	4
消毒柜	D100F-05A	1398	11.3%	5
消毒柜 汇总		7987		
热水器	A0504	2284	17.2%	1

图 10-93　完成分类汇总

（3）为了数据选择的方便，我们通过单击汇总结果左侧的"–"号，折叠汇总结果，如图 10-94 所示。

		13年月度畅销型号排名前五			
		产品线	型号	销量	占比	本月排名
8	油烟机 汇总		16571		
14	灶具 汇总		14106		
20	消毒柜 汇总		7987		
26	热水器 汇总		10931		
27	总计		49595		

图 10-94　折叠汇总结果

（4）接下来，选择"产品线"和"销量"两列的数据区域，不包括"总计"，通过插入菜单插入一个三维柱形图，如图 10-95 所示。

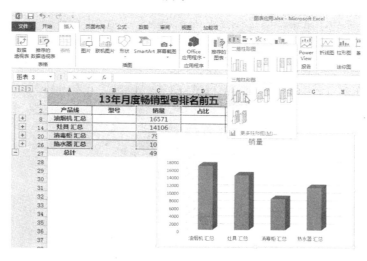

图 10-95　插入三维柱形图

（5）最后通过前面讲述的方法，对柱形的颜色，坐标轴、标题等进行设置，完成图表，如图 10-96 所示。

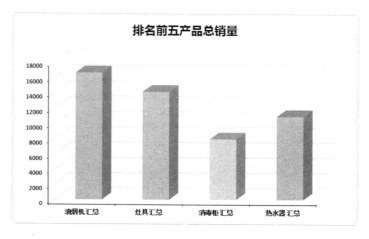

图 10-96　完成图表

10.4　插入迷你图表

除了正常的图表之外，Excel 2013 还提供了一个迷你图表的功能，这是 Excel 2010 版本推出的一个新的功能，迷你图表是创建在工作表单元格中的一个微型图表，可以提供数据的直观表示，但是它没有各类坐标、数据标志、网格线等元素，而且只有折线图、柱形图和盈亏图三个类型。

10.4.1　插入迷你图

插入迷你图表的方法也非常简单，只要将光标放在要插入迷你图表的位置，然后单击"插入"菜单"迷你图"组中的合适图形，如"折线图"，如图 10-97 所示。在打开的"创建迷你图"对话框中，设置正确的数据范围，单击"确定"即可，如图 10-98 所示。

图 10-97　选择迷你图类型

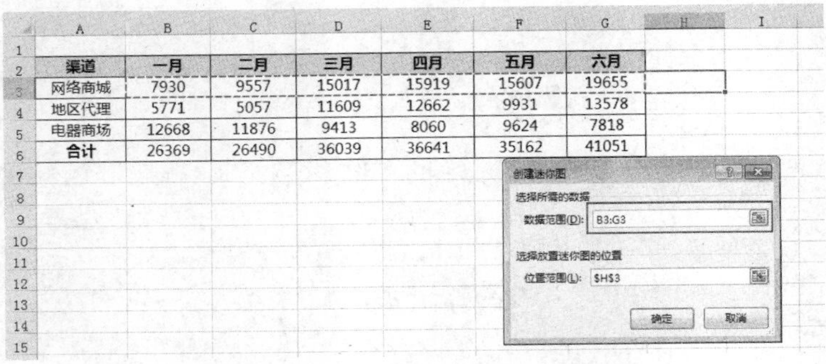

图 10-98　设置数据范围

插入迷你图表之后，还可以像填充数据一样，对其他的数据区域进行图表的填充，如图 10-99 所示。

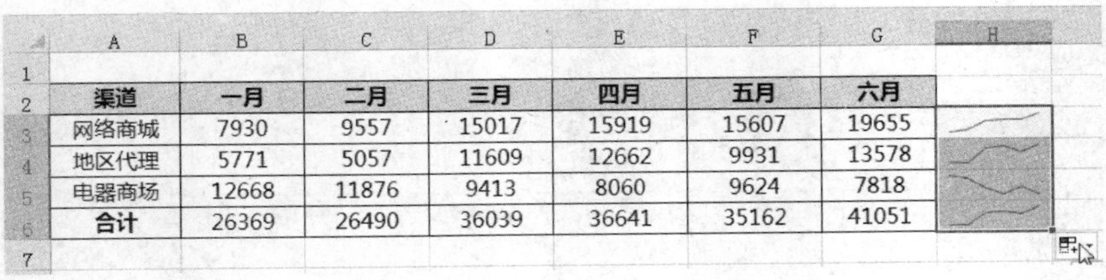

图 10-99　迷你图表的填充

10.4.2　设计迷你图表格式

迷你图表插入之后，还可以对其进行简单的格式设置，如设置显示高点、低点、首点或尾点，更改图表的样式、设置迷你图颜色等，可以通过"设计"菜单完成，如图 10-100所示。读者朋友可以进行相应的练习。这里就不再做详细的介绍。

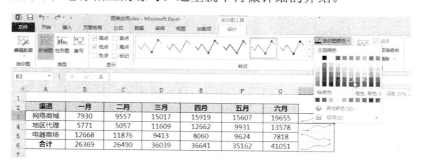

图 10-100　更改图表颜色

第 11 章　综合案例应用

内容导读

经过前面一系列章节的学习，我们已经对 Excel 的数据分析与处理功能有了一定的认识，作为本书的最后一章，主要是通过一系列的实例来对前面所学的内容做一个整体的回顾，并使读者朋友进一步掌握 Excel 在不同领域的应用。本章将主要从人力资源、教育、财务、市场分析领域来举例讲解。

通过本章的学习，您将掌握以下内容：

- ❑ Excel 在人力资源领域的应用
- ❑ Excel 在财务领域的应用
- ❑ Excel 在教学领域的应用
- ❑ Excel 在市场分析领域的应用

11.1　Excel 在人力资源领域的应用实例

Excel 在人力资源领域有着广泛的应用基础，下面我们通过几个简单的例子来对这一领域的应用做一个大致的了解。

11.1.1　利用不同函数计算工龄

很多公司会根据不同的工龄来发放不同的工龄工资，这就需要对工龄进行计算，下面我们可以通过以下几种函数来实现对工龄的计算。

1. 利用YEAR函数

如图 11-1 所示的计算工龄的表格，已知入职时间，下面我们来学习如何通过 YEAR 函数来计算出工龄。

将光标定位在 D3 单元格，输入下面的公式：

```
=YEAR(TODAY())-YEAR(C3)-IF(TODAY()<DATE(YEAR(TODAY()),MONTH(C3),DAY(C3)),1,0)
```

按回车键确认后，拖动填充柄向下复制公式即可，如图 11-2 所示。

	A	B	C	D
1	员工工龄一览表			
2	工号	姓名	入职时间	工龄
3	GH0001	萧宇	2008/2/3	
4	GH0002	通瑶蓓	2006/2/4	
5	GH0003	阎毓璐	2007/12/5	
6	GH0004	章哲翰	2008/12/6	
7	GH0005	宗香荔	2010/2/7	
8	GH0006	杭宏利	2011/2/8	
9	GH0007	诸葛娥梦	2008/2/9	
10	GH0008	于翠茜	2005/2/10	
11	GH0009	井腾全	2009/2/11	
12	GH0010	屈婉芳	2008/9/12	
13	GH0011	暴行	2008/10/13	
14	GH0012	郦东鸣	2009/2/14	
15	GH0013	雷国子	2011/2/15	
16	GH0014	山鸣克	2012/2/16	
17	GH0015	弘瑗	2008/11/17	
18	GH0016	杭志	2007/6/18	
19	GH0017	雍岩毅	2010/2/19	
20	GH0018	巴娅萍	2009/2/20	
21	GH0019	聂婉洁	2011/2/21	
22	GH0020	童斌全	2007/1/22	
23	GH0021	曾君娣	2009/2/23	
24				

Sheet1　Sheet2

图 11-1　计算前表格

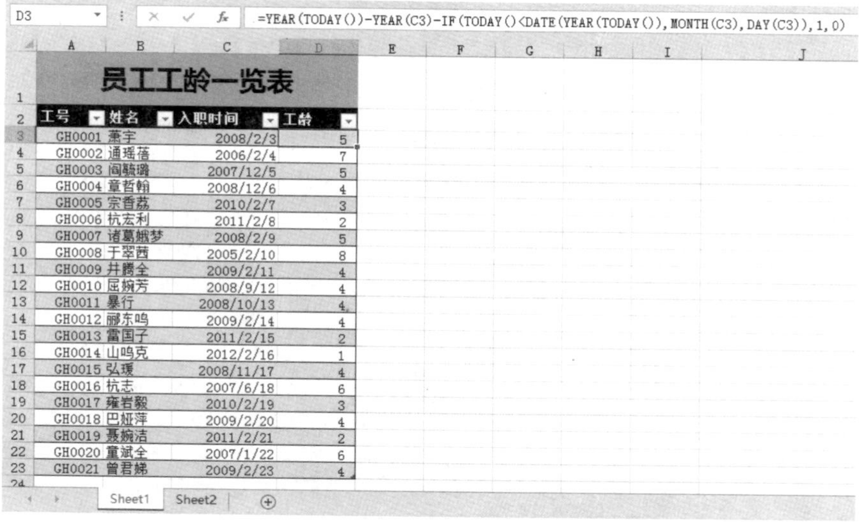

工号	姓名	入职时间	工龄
GH0001	萧宇	2008/2/3	5
GH0002	通瑶蓓	2006/2/4	7
GH0003	阎骕璐	2007/12/5	5
GH0004	章哲翰	2008/12/6	4
GH0005	宗香荔	2010/2/7	3
GH0006	杭宏利	2011/2/8	2
GH0007	诸葛娥梦	2008/2/9	5
GH0008	于翠茜	2005/2/10	8
GH0009	井腾全	2009/2/11	4
GH0010	屈婉芳	2008/9/12	4
GH0011	暴行	2008/10/13	4
GH0012	郦东鸣	2009/2/14	4
GH0013	雷国子	2011/2/15	2
GH0014	山鸣克	2012/2/16	1
GH0015	弘瑗	2008/11/17	4
GH0016	杭志	2007/6/18	6
GH0017	雍岩毅	2010/2/19	3
GH0018	巴娅萍	2009/2/20	4
GH0019	聂婉洁	2011/2/21	2
GH0020	童斌全	2007/1/22	6
GH0021	曾君娣	2009/2/23	4

图 11-2　利用 YEAR 函数计算工龄

2. 利用YEARFRAC函数

在 D3 单元格输入公式“=INT(YEARFRAC(C3,TODAY(),1))”，按回车键确认后即可求出第一个员工的工龄，然后向下复制公式即可，如图 11-3 所示。

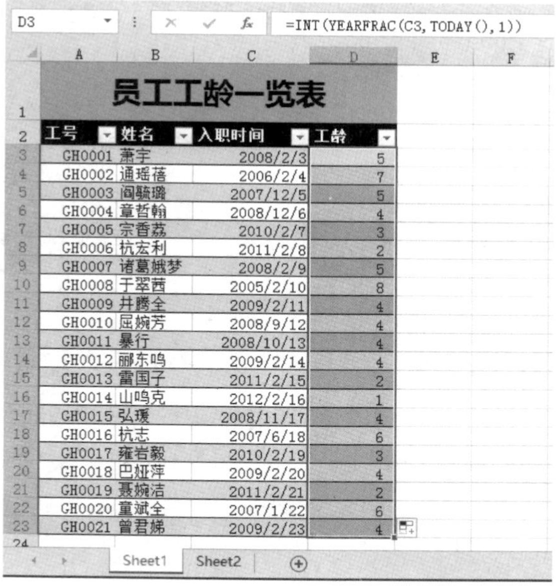

工号	姓名	入职时间	工龄
GH0001	萧宇	2008/2/3	5
GH0002	通瑶蓓	2006/2/4	7
GH0003	阎骕璐	2007/12/5	5
GH0004	章哲翰	2008/12/6	4
GH0005	宗香荔	2010/2/7	3
GH0006	杭宏利	2011/2/8	2
GH0007	诸葛娥梦	2008/2/9	5
GH0008	于翠茜	2005/2/10	8
GH0009	井腾全	2009/2/11	4
GH0010	屈婉芳	2008/9/12	4
GH0011	暴行	2008/10/13	4
GH0012	郦东鸣	2009/2/14	4
GH0013	雷国子	2011/2/15	2
GH0014	山鸣克	2012/2/16	1
GH0015	弘瑗	2008/11/17	4
GH0016	杭志	2007/6/18	6
GH0017	雍岩毅	2010/2/19	3
GH0018	巴娅萍	2009/2/20	4
GH0019	聂婉洁	2011/2/21	2
GH0020	童斌全	2007/1/22	6
GH0021	曾君娣	2009/2/23	4

图 11-3　利用 YEARFRAC 函数计算工龄

3. 利用DATEDIF函数

在 D3 单元格输入公式“=DATEDIF(C3,TODAY(),"Y")”，得到第一个员工的工龄后，再向下复制公式，如图 11-4 所示。

图 11-4　利用 DATEDIF 函数计算工龄

下面我们来了解一下 YEARFRAC 函数和 DATEDIF 函数的用法。

（1）YEARFRAC 函数

该函数返回 start_date 和 end_date 之间的天数占全年天数的百分比。

语法格式如下：

```
YEARFRAC(start_date, end_date, [basis])
```

其中，start_date 为必需，代表开始日期；end_date 为必需，代表终止日期；basis 为可选，要使用的日计数基准类型。

（2）DATEDIF 函数

这是一个 Excel 隐藏的函数，在帮助和插入公式里面找不到该函数。其作用是返回两个日期之间的年/月/日间隔数。

语法格式如下：

```
DATEDIF(start_date,end_date,unit)
```

其中，start_date 为一个日期，它代表时间段内的第一个日期或起始日期；end_date 为一个日期，它代表时间段内的最后一个日期或结束日期；unit 为所需信息的返回类型。

11.1.2　筛选员工出勤情况

下面我们来对如图 11-5 所示的出勤情况表做一些统计筛选的工作，图的右侧 I1:I14 是三个筛选条件，想分别筛选出请假次数和迟到次数均大于 2 次的员工，从未请假、迟到和矿工的员工，以及请假次数、迟到次数或矿工次数有一个达到 3 次以上的员工。实现方法分别如下。

（1）将光标放在表格任意位置，然后切换至"数据"菜单项，单击"排序和筛选"组中的"高级"按钮，打开如图 11-6 所示的"高级筛选"对话框，选择"将筛选结果复制到其他位置"，然后分别设置列表区域、条件区域和复制到的位置。

　　其中列表区域通常会自动生成，条件区域选择 I1:N2，即第一个条件区域，复制到 A22 单元格。

　　（2）单击"确定"按钮，得到筛选结果，如图 11-7 所示。

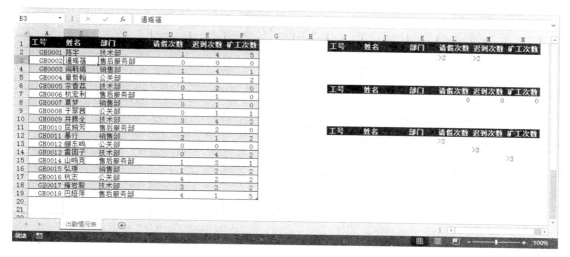

图 11-5　出勤情况表

图 11-6　设置高级筛选

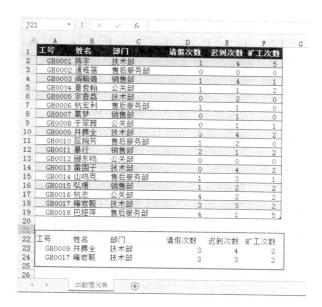

图 11-7　筛选结果

　　（3）再次打开"高级筛选"对话框，分别改变条件区域和复制到的单元格为 I6:N7 和 A27，如图 11-8 所示。

　　（4）单击"确定"按钮，得到筛选结果，如图 11-9 所示。

　　（5）再次打开"高级筛选"对话框，按照前面的方法，筛选出第三个条件区域的员工记录，存放结果的位置为"A32"，如图 11-10 所示。

（6）单击"确定"按钮，得到筛选结果，如图 11-11 所示。

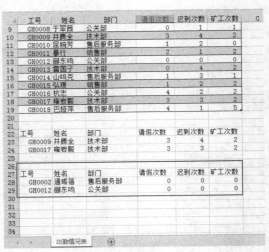

图 11-9　筛选结果

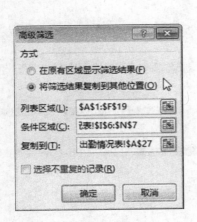

图 11-8　设置筛选条件

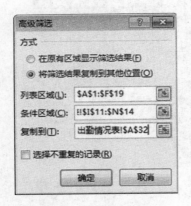

图 11-10　设置筛选条件

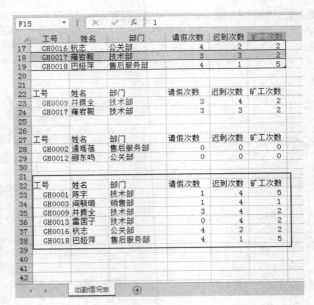

图 11-11　筛选结果

11.1.3　设计员工信息录入表

本例我们将制作一个员工信息录入表，该表可以包括工号、姓名、身份证号、性别、出生日期、民族、籍贯、政治面貌等字段，为了实现信息准确、高效的输入，我们需要对表格做以下几点要求：

- ❏ 整个表格可以在增加记录时自动增加一行，同时加上边框。
- ❏ 工号字段可以通过自定义数字格式，将前缀统一。

❑ 身份证号定义为文本格式，并利用数据验证功能限制输入长度为 15、18 个字符。

❑ 性别与出生日期，则可以通过身份证号码信息自动完成提取。

❑ 政治面貌与学历，利用数据验证功能指定输入的范围。

具体步骤如下：

（1）新建一个工作簿文件，然后输入标题及表格字段信息，并将列字段套用表格格式，设置表包含标题，生成表格如图 11-12 所示。

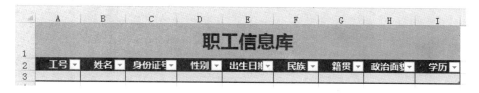

图 11-12　套用表格

（2）设置工号字段，选择 A 列，打开设置单元格格式对话框。假设工号格式为 GH0000，那么可以在自定义类型中输入!G!H0000，然后单击"确定"按钮，如图 11-13 所示。

图 11-13　自定义单元格格式

（3）我们在工号中输入 1，可以看到内容自动变成了 GH0001，如图 11-14 所示。

图 11-14　输入工号

（4）接下来设置身份证号字段，选中 C 列，将该列定义为文本格式，然后打开"数据验证"对话框，设置验证条件为"自定义"，然后在下面输入公式"=OR(LEN(C1)=15,

LEN(C1)=18)", 如图 11-15 所示。还可以进行输入信息以及出错警告的设置，完成后单击"确定"按钮。

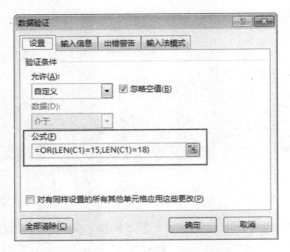

图 11-15　定义身份证验证信息

（5）接下来设置性别字段，主要是利用公式以及身份证包含的性别信息显示性别，从而省去了输入的麻烦，在 D3 单元格输入公式"=IF(C3<> " ",IF(MOD(MID(C3,15,3),2), " 男 "," 女 ")," ")"，然后按回车键确认即可，如图 11-16 所示。

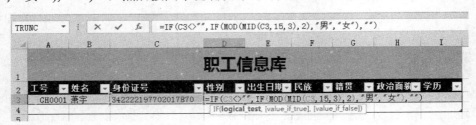

图 11-16　提取性别信息

（6）接下来提取出生日期信息，将光标放在 E3 单元格，输入公式"=IF(C3<>"",TEXT((LEN(C3)=15)*19&MID(C3,7,6+(LEN(C3)=18)*2),"#-00-00")+0,"")"，然后按回车键，如果显示的是数字信息，则可以重新将单元格格式定义为日期格式，效果如图 11-17 所示。

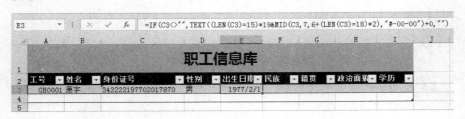

图 11-17　提取出生日期

（7）下面通过数据验证设置政治面貌允许填写的内容。选择 H 列，打开"数据验证"对话框，设置有效性序列为"群众,团员,共产党员,民主党,无党派人士"，如图 11-18 所示。

确定后，在输入政治面貌信息时则只能输入定义的内容，并且还提供了一个下拉菜单供选择，如图 11-19 所示。

图 11-18　设置政治面貌允许的内容

图 11-19　选择政治面貌

（8）用同样的方法设置 I 列，在来源位置处输入"初中,高中,中专,大专,本科,硕士研究生,博士研究生"。

（9）保存工作簿，输入员工信息即可，如图 11-20 所示。

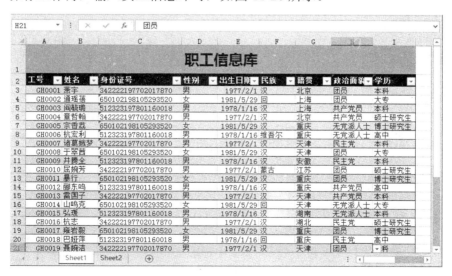

图 11-20　输入员工信息

🔔说明：本例中所用的几个函数的功能分别如下：

OR：如果任一参数值为 TRUE，即返回 TRUE，只有所有参数值为 FALSE 时，返回 FALSE；

IF：判断是否满足某个条件，如果满足返回一个值，如果不满足返回另一个值；

MOD：返回两数相除的余数；

MID：从文本字符串中指定的起始位置起返回指定长度的字符；

TEXT：将数字转换成文本；

LEN：返回文本字符串中的字符个数。

11.1.4　制作员工工资表

本例我们将通过一个工资表，主要讲解个税的计算及工资的计算方法。如图 11-21 所示为个税表，图 11-22 所示为制作完成的工资表。

	A	B	C	D	E
1	级数	全月应纳税所得额（含税级距）	上限	税率	速算扣除数
2	1	不超过1,500元	0	3%	0
3	2	超过1,500元至4,500元的部分	1500	10%	105
4	3	超过4,500元至9,000元的部分	4500	20%	555
5	4	超过9,000元至35,000元的部分	9000	25%	1005
6	5	超过35,000元至55,000元的部分	35000	30%	2755
7	6	超过55,000元至80,000元的部分	55000	35%	5505
8	7	超过80,000元的部分	80000	45%	13505

图 11-21　个税表

	A	B	C	D	E	F	G	H	I	J	K	L	M
1	工号	姓名	部门	基本工资	职务补贴	奖金	应发工资	代缴保险	应纳税所得额	个税税率	速算扣除数	应纳税额	实发工资
2	1	陈明真	外科门诊	5000.00	730.00	400.00	6130.00	500.00	2130.00	10%	105.00	108.00	5522.00
3	2	赵丽	外科门诊	5000.00	580.00	360.00	5940.00	500.00	1940.00	10%	105.00	89.00	5351.00
4	3	陈书华	外科门诊	5500.00	610.00	480.00	6590.00	500.00	2590.00	10%	105.00	154.00	5936.00
5	4	曾亦可	外科门诊	5500.00	510.00	500.00	6510.00	500.00	2510.00	10%	105.00	146.00	5864.00
6	5	徐腾飞	外科门诊	5800.00	700.00	360.00	6860.00	500.00	2860.00	10%	105.00	181.00	6179.00
7	6	张玉	内科门诊	8000.00	680.00	320.00	9000.00	500.00	5000.00	20%	555.00	445.00	8055.00
8	7	张班	内科门诊	7800.00	530.00	350.00	8680.00	500.00	4680.00	20%	555.00	381.00	7799.00
9	8	郭佩	内科门诊	6800.00	520.00	370.00	7690.00	500.00	3690.00	10%	105.00	264.00	6926.00
10	9	胡文华	内科门诊	9000.00	710.00	410.00	10120.00	500.00	6120.00	20%	555.00	669.00	8951.00
11	10	王国华	内科门诊	7900.00	670.00	300.00	8870.00	500.00	4870.00	20%	555.00	419.00	7951.00
12	11	徐飞	内科门诊	5500.00	540.00	430.00	6470.00	500.00	2470.00	10%	105.00	142.00	5828.00
13	12	赵同为	儿科门诊	5800.00	700.00	450.00	6950.00	500.00	2950.00	10%	105.00	190.00	6260.00
14	13	李开国	儿科门诊	8000.00	630.00	340.00	8970.00	500.00	4970.00	20%	555.00	439.00	8031.00
15	14	李为民	儿科门诊	7800.00	640.00	310.00	8750.00	500.00	4750.00	20%	555.00	395.00	7855.00
16	15	陈一丹	儿科门诊	6800.00	500.00	360.00	7660.00	500.00	3660.00	10%	105.00	261.00	6899.00
17	16	曾一凡	儿科门诊	12000.00	650.00	350.00	13000.00	500.00	9000.00	25%	1005.00	1245.00	11255.00
18	17	葛荣雪	儿科门诊	8000.00	680.00	360.00	9040.00	500.00	5040.00	20%	555.00	453.00	8087.00

图 11-22　制作完成的工资表

步骤如下：

（1）建立表格，输入原始数据，如图 11-23 所示。

（2）计算应发工资，在 G2 单元格输入公式 "=SUM(D2:F2)"，然后向下复制公式，得到员工的应发工资数，如图 11-24 所示。

图 11-23　输入原始数据

图 11-24　计算应发工资

（3）计算应纳税所得额，在 I2 单元格输入公式"=G2-H2-3500"，按回车键确认后，向下复制公式即可得到所有员工的应纳税所得额，如图 11-25 所示。

图 11-25　计算应纳税所得额

（4）计算个税税率，在 J2 单元格输入公式“=IF(I2<=0,0,VLOOKUP(I2,个税表!$C$2:$E$8,2,TRUE))”，按回车键确认后，向下复制公式，可得到所有员工对应的个税税率，如图 11-26 所示。

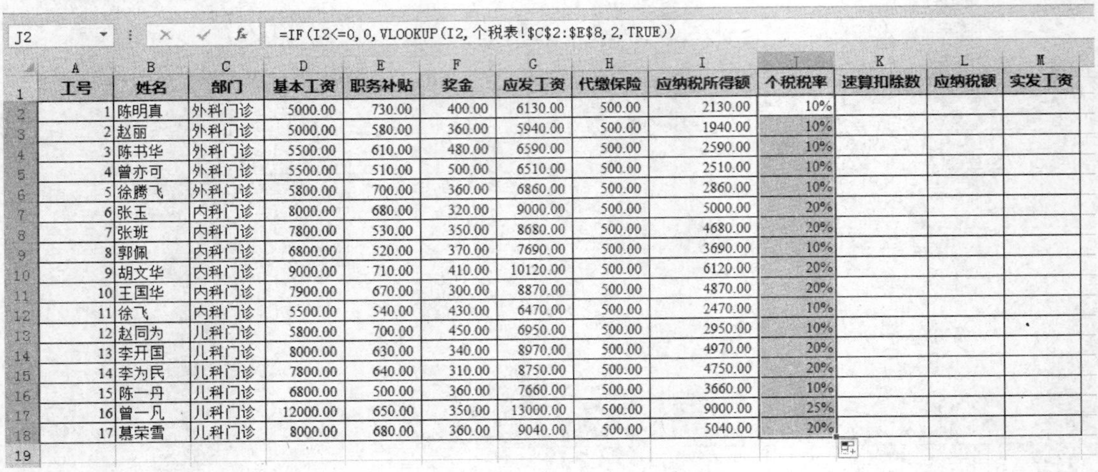

J2 =IF(I2<=0,0,VLOOKUP(I2,个税表!$C$2:$E$8,2,TRUE))

工号	姓名	部门	基本工资	职务补贴	奖金	应发工资	代缴保险	应纳税所得额	个税税率	速算扣除数	应纳税额	实发工资
1	陈明真	外科门诊	5000.00	730.00	400.00	6130.00	500.00	2130.00	10%			
2	赵丽	外科门诊	5000.00	580.00	360.00	5940.00	500.00	1940.00	10%			
3	陈书华	外科门诊	5500.00	610.00	480.00	6590.00	500.00	2590.00	10%			
4	曾亦可	外科门诊	5500.00	510.00	500.00	6510.00	500.00	2510.00	10%			
5	徐腾飞	外科门诊	5800.00	700.00	360.00	6860.00	500.00	2860.00	10%			
6	张玉	内科门诊	8000.00	680.00	320.00	9000.00	500.00	5000.00	20%			
7	张班	内科门诊	7800.00	530.00	350.00	8680.00	500.00	4680.00	20%			
8	郭佩	内科门诊	6800.00	520.00	370.00	7690.00	500.00	3690.00	10%			
9	胡文华	内科门诊	9000.00	710.00	410.00	10120.00	500.00	6120.00	20%			
10	王国华	内科门诊	7900.00	670.00	300.00	8870.00	500.00	4870.00	20%			
11	徐飞	内科门诊	5500.00	540.00	430.00	6470.00	500.00	2470.00	10%			
12	赵同为	儿科门诊	5800.00	700.00	450.00	6950.00	500.00	2950.00	10%			
13	李开国	儿科门诊	8000.00	630.00	340.00	8970.00	500.00	4970.00	20%			
14	李为民	儿科门诊	7800.00	640.00	310.00	8750.00	500.00	4750.00	20%			
15	陈一丹	儿科门诊	6800.00	500.00	360.00	7660.00	500.00	3660.00	10%			
16	曾一凡	儿科门诊	12000.00	650.00	350.00	13000.00	500.00	9000.00	25%			
17	慕荣雪	儿科门诊	8000.00	680.00	360.00	9040.00	500.00	5040.00	20%			

图 11-26　计算个税税率

（5）计算速算扣除数，在 K2 单元格输入公式“=IF(I2<=0,0,VLOOKUP(I2,个税表!$C$2:$E$8,3,TRUE))”，确认后向下复制公式可得到所有员工的速算扣除数，如图 11-27 所示。

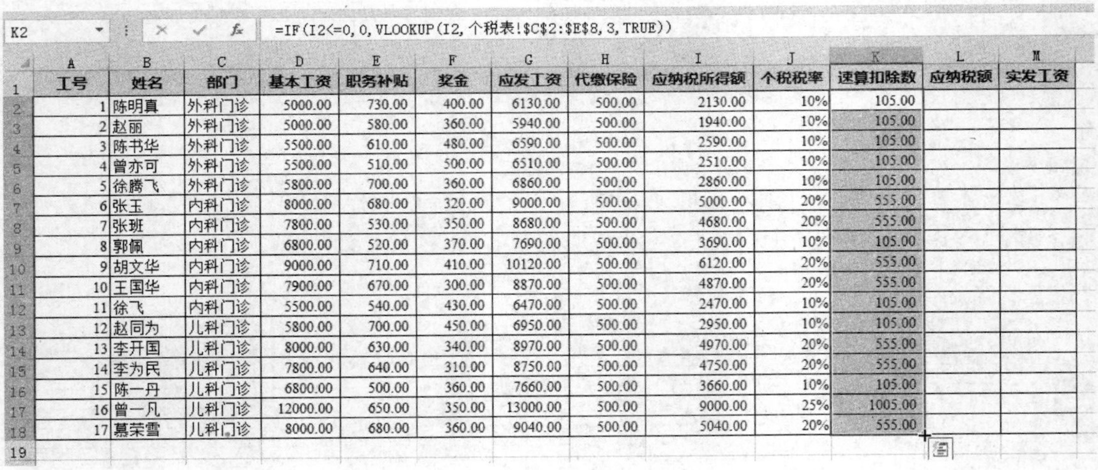

K2 =IF(I2<=0,0,VLOOKUP(I2,个税表!$C$2:$E$8,3,TRUE))

工号	姓名	部门	基本工资	职务补贴	奖金	应发工资	代缴保险	应纳税所得额	个税税率	速算扣除数	应纳税额	实发工资
1	陈明真	外科门诊	5000.00	730.00	400.00	6130.00	500.00	2130.00	10%	105.00		
2	赵丽	外科门诊	5000.00	580.00	360.00	5940.00	500.00	1940.00	10%	105.00		
3	陈书华	外科门诊	5500.00	610.00	480.00	6590.00	500.00	2590.00	10%	105.00		
4	曾亦可	外科门诊	5500.00	510.00	500.00	6510.00	500.00	2510.00	10%	105.00		
5	徐腾飞	外科门诊	5800.00	700.00	360.00	6860.00	500.00	2860.00	10%	105.00		
6	张玉	内科门诊	8000.00	680.00	320.00	9000.00	500.00	5000.00	20%	555.00		
7	张班	内科门诊	7800.00	530.00	350.00	8680.00	500.00	4680.00	20%	555.00		
8	郭佩	内科门诊	6800.00	520.00	370.00	7690.00	500.00	3690.00	10%	105.00		
9	胡文华	内科门诊	9000.00	710.00	410.00	10120.00	500.00	6120.00	20%	555.00		
10	王国华	内科门诊	7900.00	670.00	300.00	8870.00	500.00	4870.00	20%	555.00		
11	徐飞	内科门诊	5500.00	540.00	430.00	6470.00	500.00	2470.00	10%	105.00		
12	赵同为	儿科门诊	5800.00	700.00	450.00	6950.00	500.00	2950.00	10%	105.00		
13	李开国	儿科门诊	8000.00	630.00	340.00	8970.00	500.00	4970.00	20%	555.00		
14	李为民	儿科门诊	7800.00	640.00	310.00	8750.00	500.00	4750.00	20%	555.00		
15	陈一丹	儿科门诊	6800.00	500.00	360.00	7660.00	500.00	3660.00	10%	105.00		
16	曾一凡	儿科门诊	12000.00	650.00	350.00	13000.00	500.00	9000.00	25%	1005.00		
17	慕荣雪	儿科门诊	8000.00	680.00	360.00	9040.00	500.00	5040.00	20%	555.00		

图 11-27　计算速算扣除数

（6）计算应纳税额，在单元格 L2 中输入公式“=I2*J2-K2”，按回车键后向下复制公式，可以得到每位员工的应纳税额，如图 11-28 所示。

（7）计算实发工资，在 M2 单元格中输入公式“=G2-H2-L2”，回车后向下复制公式可以得到所有员工的实发工资额，如图 11-29 所示。

L2 | =I2*J2-K2

图 11-28　计算应纳税额

M2 | =G2-H2-L2

图 11-29　计算实发工资

本例中用到了 VLOOKUP 函数，该函数可以搜索某个单元格区域的第一列，然后返回该区域相同行上任何单元格中的值。

语法格式如下：

```
VLOOKUP(lookup_value, table_array, col_index_num, [range_lookup])
```

其中，

- lookup_value：要在表格或区域的第一列中搜索的值，是必需的。参数可以是值或引用。如果为 lookup_value 参数提供的值小于 table_array 参数第一列中的最小值，则 VLOOKUP 将返回错误值 #N/A。
- table_array：包含数据的单元格区域，是必需的。可以使用对区域或区域名称的引用。 table_array 第一列中的值是由 lookup_value 搜索的值。这些值可以是文本、数字或逻辑值。文本不区分大小写。
- col_index_num：table_array 参数中必须返回的匹配值的列号。col_index_num 参数为 1 时，返回 table_array 第一列中的值；col_index_num 为 2 时，返回 table_array 第二列中的值，依此类推。

如果 col_index_num 参数小于 1，则 VLOOKUP 返回错误值#REF!；如果大于 table_array 的列数，则 VLOOKUP 返回错误值 #REF!。

❑ range_lookup：一个逻辑值，可选，指定希望 VLOOKUP 查找精确匹配值还是近似匹配值；如果 range_lookup 为 TRUE 或被省略，则返回精确匹配值或近似匹配值。如果找不到精确匹配值，则返回小于 lookup_value 的最大值。

11.1.5 利用 VLOOKUP 函数制作员工工资条

工资条的制作要求是每一位员工都要拿到带有标题行的单个记录条，而为了方便裁剪，制作时则通常需要在两条记录之间留一个空行。下面我们就在前面工资表的基础上进行工资条的制作。

步骤如下：

（1）新建一个工资条的工作表，并复制工资表的第一行，如图 11-30 所示。

图 11-30 建立工作表并复制标题行

（2）在 A2 处输入第一个员工的工号，然后在 B2 单元格输入公式"=VLOOKUP($A2,工资表!$A$2:$M$18,COLUMN(),FALSE)"，提取出员工的姓名，如图 11-31 所示。

图 11-31 提取第一个员工的姓名

🔔说明：该公式含义是，在工资表的数据区域 A2:M18 第 1 列中查找工资条工作表单元格 A2 的值，然后返回由 COLUMN 函数控制的当前列号决定的列中的值。

（3）向右复制公式，得到第一个员工工资条，如图 11-32 所示。

图 11-32 第一个员工的工资数据

（4）选择 A1:M3 单元格区域，拖动鼠标向下复制，得到所有员工的工资条，如图 11-33 所示。

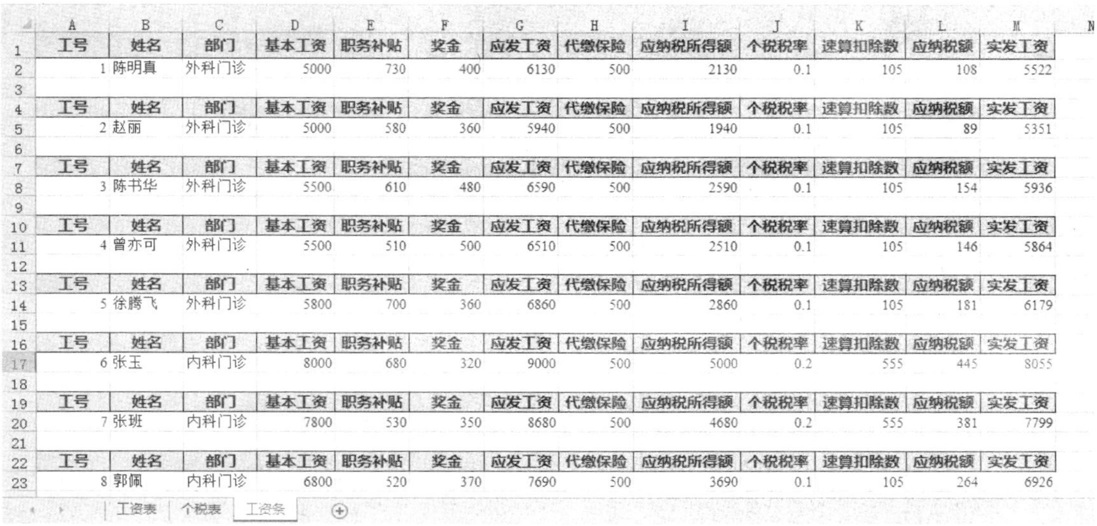

图 11-33　所有员工的工资条

11.1.6　制作员工信息查询表

当面临大量数据，希望快速从中找到某一记录的详细信息时，则可以通过制作一个查询表来实现。下面我们以制作一个员工的信息查询表为例来学习查询表的制作方法。

（1）打开本章提供的素材文件"员工信息查询表.xlsx"，如图 11-34 所示。

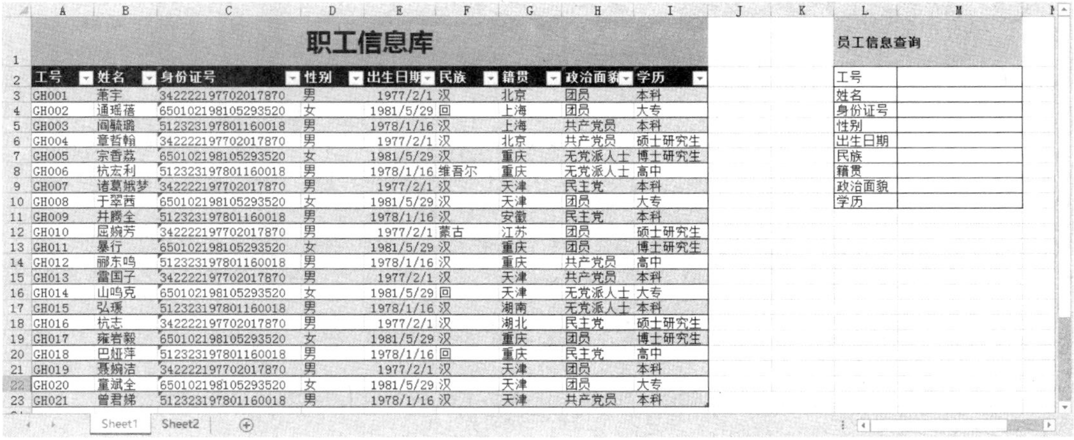

图 11-34　原始表格

（2）将光标定位在 M3 单元格中，输入公式"=IF($M$2="","",IFERROR(VLOOKUP($M$2,$A$3:$I$23,ROW()-1,FALSE),"未找到"))"，此时公式返回值为空，因为单元格 M2 中没有输入任何数据，如图 11-35 所示。

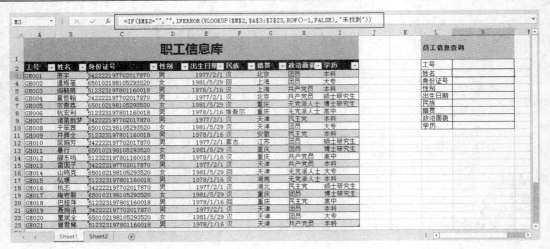

图 11-35 输入公式

说明：该公式首先判断 M2 中是否输入了内容，如果没有输入，则公式所在的单元格就留空，否则使用 VLOOKUP 函数在区域 A3:I23 中查找单格 M2 对应的姓名，姓名位于区域的第 2 列，为了将此公式向上复制时仍有效，公式中利用了 ROW 函数得到当前行号再减 1，就是应该从区域 A2:I23 中提取所在的列号，如果没有从区域中找到所需的值，则显示"未找到"，这里使用 IFERROR 函数进行排错。

（3）拖动 M3 填充柄，向下复制公式，完成查询表的制作。当输入一个正确的工号时，就会显示出该员工的所有信息，如图 11-36 所示。

图 11-36 查询员工信息

（4）当输入的工号不正确，则会显示未找到的提示内容，如图 11-37 所示。

本例中使用了 IFERROR 函数，该函数的功能是：如果公式的计算结果错误，则返回您指定的值；否则返回公式的结果。使用 IFERROR 函数可捕获和处理公式中的错误。

语法格式如下：

```
IFERROR(value, value_if_error)
```

其中，value 是检查是否存在错误的参数；value_if_error 是公式的计算结果错误时返回的值。计算以下错误类型：#N/A、#VALUE!、#REF!、#DIV/0!、#NUM!、 #NAME? 或 #NULL!。

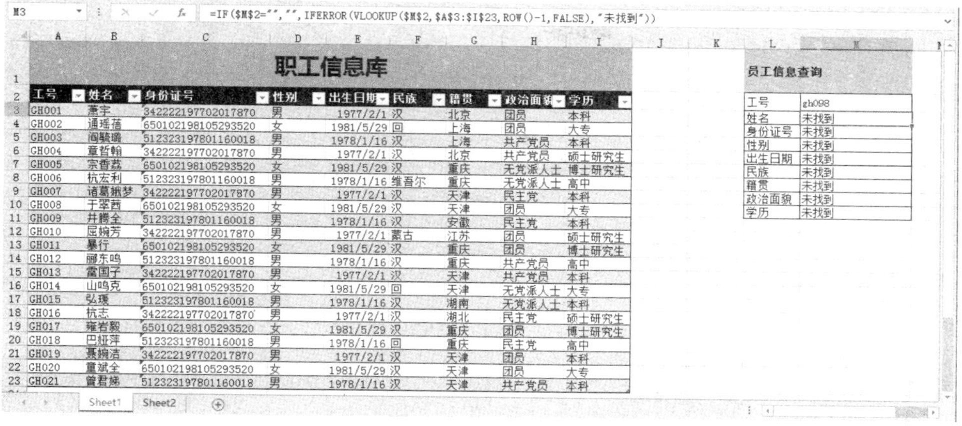

图 11-37 输入错误时的提示

💬 **说明**：如果 value 或 value_if_error 是空单元格，则 IFERROR 将其视为空字符串值（""）。如果 Value 是数组公式，则 IFERROR 为 value 中指定区域的每个单元格返回一个结果数组。

11.2 Excel 在财务领域的应用实例

Excel 在财务领域也有着广泛的应用，而且还专门提供了财务领域的一些函数供相关工作人员使用。下面我们就通过一些实例来了解一下 Excel 在财务方面的应用。

11.2.1 计算存款加利息数

本例我们根据存款的利息、每年存入额度和存款的年限来计算最终的存款加利息数量，假设我们每年存款 5 万元，期初余额为 0 元，计算不同的存款利率和存款年限情况下的到期总额，方法如下：

（1）打开本章素材文件"财务应用.xlsx"，切换至"计算存款加利息数"工作表，如图 11-38 所示。

	存款利率	每年存款	存款年限	到期总额
1				
2	7%	50000	5	
3	8%	50000	7	
4	9%	50000	8	
5	10%	50000	10	
6	15%	50000	15	

图 11-38 打开工作表

（2）在 G2 单元格输入公式“=FV(D2,F2,-E2,0)”，然后向下拖动复制公式即可，如图 11-39 所示。

G2 =FV(D2,F2,-E2,0)

	D	E	F	G	H
1	存款利率	每年存款	存款年限	到期总额	
2	7%	50000	5	¥287,536.95	
3	8%	50000	7	¥446,140.17	
4	9%	50000	8	¥551,423.69	
5	10%	50000	10	¥796,871.23	
6	15%	50000	15	¥2,379,020.54	
7					

图 11-39　利用 FV 函数计算结果

本例中的 FV 函数功能是基于固定利率及等额分期付款方式，返回某项投资的未来值。语法格式如下：

```
FV(rate,nper,pmt,[pv],[type])
```

其中，rate 为各期利率；nper 为年金的付款总期数；pmt 为各期所应支付的金额，其数值在整个年金期间保持不变。通常，pmt 包括本金和利息，但不包括其他费用或税款。如果省略 pmt，则必须包括 pv 参数；pv 为现值，或一系列未来付款的当前值的累积和。如果省略 pv，则假设其值为 0（零），并且必须包括 pmt 参数；type 为数字 0 或 1，用以指定各期的付款时间是在期初还是期末。如果省略 type，则假设其值为 0。

11.2.2　计算最合适的投资项目

假如某公司在一段时间内有 6 个项目能够达成合作意向，但由于人力财力等原因，只能投资一个项目，图 11-40 中列出了 6 个项目的投资回报率与投资年限，现在需要计算收益额为 50 万的前提下，哪个项目的投资金额最少，其投资额为多少？

	A	B	C	D	E	F
1	项目	投资回报率	投资年限		最合适的项目	投资金额
2	项目1	10.0%	3			
3	项目2	12.0%	5			
4	项目3	11.5%	6			
5	项目4	13.0%	7			
6	项目5	12.8%	6			
7	项目6	15.0%	10			
8						

图 11-40　计算前的投资项目表格

实现方法如下：

（1）在 E2 单元格输入公式“=INDEX(A2:A7,MATCH(MAX(PV(B2:B7,C2:C7,0,500000)),PV(B2:B7,C2:C7,0,500000),0))”，然后按 Ctrl+Shift+Enter 组合键，即可得到最合适的项目。

（2）在 F2 单元格输入公式“=MAX(PV(B2:B7,C2:C7,0,500000))”，即可求出需要投资的金额，如图 11-41 所示。也就是说，要想在 10 年的时间挣 50 万，需要至少投资 375657.40 元。

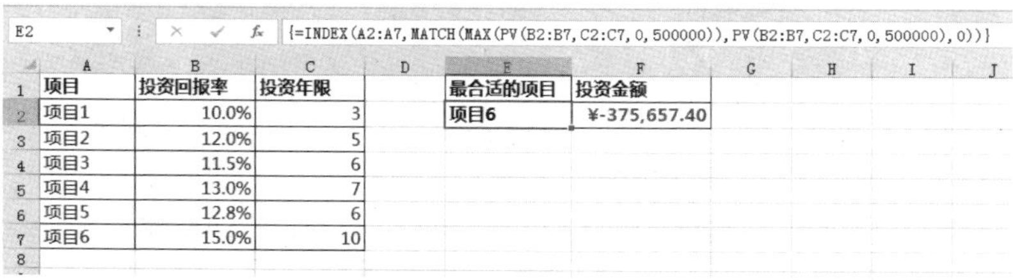

E2　{=INDEX(A2:A7,MATCH(MAX(PV(B2:B7,C2:C7,0,500000)),PV(B2:B7,C2:C7,0,500000),0))}

	A	B	C	D	E	F
1	项目	投资回报率	投资年限		最合适的项目	投资金额
2	项目1	10.0%	3		项目6	¥-375,657.40
3	项目2	12.0%	5			
4	项目3	11.5%	6			
5	项目4	13.0%	7			
6	项目5	12.8%	6			
7	项目6	15.0%	10			

图 11-41　计算结果

本例使用的主要函数有：

1. PV

其功能是返回投资的现值。现值为一系列未来付款的当前值的累积和。例如，借入方的借入款即为贷出方贷款的现值。

语法格式如下：

```
PV(rate, nper, pmt, [fv], [type])
```

其中，rate 为各期利率；nper 为年金的付款总期数；pmt 为各期所应支付的金额，其数值在整个年金期间保持不变；fv 为未来值，或在最后一次支付后希望得到的现金余额，如果省略 fv，则假设其值为 0；type 为数字 0 或 1，用以指定各期的付款时间是在期初还是期末。

2. index

在给定的单元格区域中，返回特定行列交叉处单元格的值或引用。index 有两种形式：数组形式和引用形式。

语法格式如下：

```
INDEX(array, row_num, [column_num])
```

其中，array 为单元格区域或数组常量；row_num 为选择数组中的某行，函数从该行返回数值。如果省略 row_num，则必须有 column_num；column_num 为可选。选择数组中的某列，函数从该列返回数值。如果省略 column_num，则必须有 row_num。

3. MATCH

MATCH 函数可在单元格区域中搜索指定项，然后返回该项在单元格区域中的相对位置。例如，如果区域 A1:A3 包含值 5、25 和 38，则公式“=MATCH(25,A1:A3,0)”会返回数字 2，因为值 25 是单元格区域中的第二项。

语法格式如下：

```
MATCH(lookup_value, lookup_array, [match_type])
```

其中，lookup_value 为要在 lookup_array 中匹配的值。例如，当您在电话簿中查找某人的电话号码时，您将其姓名作为查找值，但是电话号码是您需要的值；lookup_value 参数可以为值或对数字、文本或逻辑值的单元格引用；lookup_array 为要搜索的单元格区域；match_type 为可选。数字-1、0 或 1。match_type 参数指定 Excel 如何将 lookup_value 与

lookup_array 中的值匹配。此参数的默认值是 1。

11.2.3 计算增长率

假设某个项目投资 50 万，投资期为 5 年，收益金额为 100 万，如何计算出年增长率呢？

打开素材文件中的计算增长率工作表，如图 11-42 所示。

	A	B	C	D
1	投资金额	投资项目时间（年）	收益金额	年增长率
2	500000	5	1000000	
3				

图 11-42　计算增长率工作表

在 D2 单元格输入公式"=RATE(B2,0,-A2,C2)"，按回车键确认即可得到年增长率，如图 11-43 所示。

D2	▼	:	✕ ✓ fx	=RATE(B2,0,-A2,C2)	
	A	B	C	D	E
1	投资金额	投资项目时间（年）	收益金额	年增长率	
2	500000	5	1000000	15%	
3					
4					

图 11-43　计算结果

本例使用的函数为 RATE。其功能为返回年金的各期利率。

语法格式如下：

```
RATE(nper, pmt, pv, [fv], [type], [guess])
```

其中，nper 为年金的付款总期数；pmt 为各期所应支付的金额，其数值在整个年金期间保持不变。通常，pmt 包括本金和利息，但不包括其他费用或税款。如果省略 pmt，则必须包含 fv 参数；pv 为现值，即一系列未来付款现在所值的总金额；fv 为未来值，或在最后一次付款后希望得到的现金余额。如果省略 fv，则假设其值为 0（例如，一笔贷款的未来值即为 0）。type 为数字 0 或 1，用以指定各期的付款时间是在期初还是期末；guess 为预期利率。如果省略预期利率，则假设该值为 10%。

11.2.4 计算需偿还的本金

假如公司贷款 100 万元，年利息为 7.5，贷款周期为 5 年，按月支付。计算在第一年到第二年需要支付多少本金。

打开素材文件"财务应用.xlsx"中的计算需偿还的本金工作表，如图 11-44 所示。

	A	B	C	D
1	贷款	年利息	贷款时期（年）	第一年和第二年的本金
2	1,000,000	7.50%	5	
3				
4				

图 11-44　计算需偿还的本金工作表

在 D2 单元格输入公式"=CUMPRINC(B2/12,C2*12,A2,1,24,0)"，按回车键即可得到计算结果，如图 11-45 所示。

图 11-45　计算结果

本例中使用了函数 CUMPRINC，其功能是返回一笔贷款在给定的 start_period 到 end_period 期间累计偿还的本金数额。

语法格式如下：

```
CUMPRINC(rate, nper, pv, start_period, end_period, type)
```

其中，rate 为利率；nper 为总付款期数；pv 为现值；start_period 为计算中的首期，付款期数从 1 开始计数；end_period 为计算中的末期；type 为付款时间类型。数字 0 或零，代表期末付款；数字 1，代表期初付款。

11.2.5　计算某段时间的利息

比如，某公司贷款 20 万，年利息为 8%，贷款时间为 5 年，按月支付。需要计算第一年到第二年总共需要支付多少利息。

打开素材文件"财务应用.xlsx"中的"计算某段时间的利息"工作表，如图 11-46 所示。

	A	B	C	D
1	贷款	年利息	贷款时期（年）	第一年和第二年的利息
2	200,000	8.00%	5	
3				

图 11-46　计算某段时间的利息工作表

在 D2 单元格输入公式"=CUMIPMT(B2/12,C2*12,A2,1,24,0)"，按回车键即可完成计算，如图 11-47 所示。

D2		:	×	✓	fx	=CUMIPMT(B2/12,C2*12,A2,1,24,0)	
	A	B	C		D		E
1	贷款	年利息	贷款时期（年）		第一年和第二年的利息		
2	200,000	8.00%	5		-26,737.96		

图 11-47　计算结果

本例中使用了 CUMIPMT 函数，其功能是返回一笔贷款在给定的 start_period 到 end_period 期间累计偿还的利息数额。

语法格式如下：

```
CUMIPMT(rate, nper, pv, start_period, end_period, type)
```

各参数与 CUMPRINC 函数参数意义相同。

11.2.6 计算资产折旧值

下面我们通过固定余额递减法、双倍余额递减法、年限总和折旧法三种方法来计算资产折旧值。

1. 固定余额递减法

假如公司购置了价值 20 万的资产，8 年后报废，残值为 1 万元。如何计算每年的折旧值。

首先我们打开素材文件中对应的工作表，如图 11-48 所示。

图 11-48　计算资产折旧值工作表

在 F2 单元格内输入公式 "=DB(A$2,B$2,C$2,ROW(A1),12)"，按回车键确认后，向下复制公式即可，如图 11-49 所示。

图 11-49　计算结果

本例使用了 DB 函数，其功能是使用固定余额递减法，计算一笔资产在给定期间内的折旧值。

语法格式如下：

```
DB(cost, salvage, life, period, [month])
```

其中，cost 为资产原值；salvage 为资产在折旧期末的价值（有时也称为资产残值）；life 为资产的折旧期数（有时也称作资产的使用寿命）；period 为需要计算折旧值的期间。period

必须使用与 life 相同的单位；month 为第一年的月份数，如省略，则假设为 12。

2. 双倍余额递减法

某公司 5 年前购入价值 50 万的资产，至今该资产价值仅有 1 万元，现分别计算资产在第一年的折旧值，第 2 个月的折旧值以及今年的折旧值。

首先打开素材中对应的工作表文件，如图 11-50 所示。

	A	B	C	D	E	F
1	资产原值	资产残值	使用寿命		时间段	资产折旧值
2	500,000	10,000	5		第1年折旧值	
3					第2月折旧值	
4					第5年折旧值	
5						

图 11-50　双倍余额递减法计算资产折旧值工作表

然后在 F2、F3、F4 单元格，分别输入下面的公式，得出计算结果，如图 11-51 所示。
=DDB(A$2,B$2,C$2,1,2)
=DDB(A$2,B$2,C$2*12,2,2)
=DDB(A$2,B$2,C$2,5,2)

图 11-51　计算结果

本例使用了 DDB 函数，其功能是使用双倍余额递减法，计算一笔资产在给定期间内的折旧值。

语法格式如下：

```
DDB(cost, salvage, life, period, [factor])
```

其中，cost 为资产原值；salvage 为资产在折旧期末的价值（有时也称为资产残值），此值可以是 0；life 为资产的折旧期数（有时也称作资产的使用寿命）；period 为需要计算折旧值的期间，period 必须使用与 life 相同的单位；factor 为可选，余额递减速率。如果 factor 被省略，则假设为 2（双倍余额递减法）。

3. 年限总和折旧法

某公司购入价值 20 万的资产，8 年后报废，残值为 5000 元，需要求出每年的折旧值。
首先打开素材文件中对应的工作表，如图 11-52 所示。

	A	B	C	D	E	F
1	资产原值	资产残值	使用寿命		折旧时间	折旧值
2	200,000	5,000	8		第一年	
3					第二年	
4					第三年	
5					第四年	
6					第五年	
7					第六年	
8					第七年	
9					第八年	
10						

图 11-52　年限总和折旧法计算折旧值

在 F2 单元格输入公式 "=SYD(A$2,B$2,C$2,ROW(A1))"，按回车键后得到第一年的折旧值，然后向下复制公式即可得到每一年的折旧值，如图 11-53 所示。

F2		× ✓ fx	=SYD(A$2,B$2,C$2,ROW(A1))	

	A	B	C	D	E	F	G
1	资产原值	资产残值	使用寿命		折旧时间	折旧值	
2	200,000	5,000	8		第一年	￥43,333.33	
3					第二年	￥37,916.67	
4					第三年	￥32,500.00	
5					第四年	￥27,083.33	
6					第五年	￥21,666.67	
7					第六年	￥16,250.00	
8					第七年	￥10,833.33	
9					第八年	￥5,416.67	
10							
11							

图 11-53　计算结果

本例使用了 SYD 函数，其功能是返回某项资产按年限总和折旧法计算的指定期间的折旧值。

语法格式如下：

```
SYD(cost, salvage, life, per)
```

其中，cost 为表示资产原值；salvage 为表示资产在折旧期末的价值（有时也称为资产残值）；life 为表示资产的折旧期数（有时也称作资产的使用寿命）；per 表示期间，其单位与 life 相同。

11.2.7　多因素下的盈亏平衡销量

影响产品盈亏平均销量的因素有很多，有时仅考虑产品单位售价因素对盈亏平衡销量的影响程度，将无法准确预测产品的销量。此时，我们可以通过多因素来分析产品的盈亏平衡销量。多因素下的盈亏平衡销售主要考虑产品预计销量、单位可变成本与单位售价三个因素对盈亏平均销量的影响程度。

本例假设新产品的固定成本为 8000 元，单位可变成本为 2.5 元，初始单位售价为 8 元，预计销量为 15000。下面运用模拟运算表，根据预计销量、单位成本与单位收入 3 因素来分析盈亏平均销量。

步骤如下：

（1）构建基础表格，输入基础数据，如图 11-54 所示。

（2）计算单位成本。在 B7 单元格输入公式 "=B2/B5+B3"，如图 11-55 所示。

	A	B
1	基础数据	
2	固定成本	8000
3	单位可变成本	2.5
4	单位售价	8
5	预计销量	15000
6		
7	单位成本	
8	单位收入	
9	单位利润	
10		

图 11-54　构建基础表格

B7		× ✓ fx	=B2/B5+B3	

	A	B	C
1	基础数据		
2	固定成本	8000	
3	单位可变成本	2.5	
4	单位售价	8	
5	预计销量	15000	
6			
7	单位成本	3.03	
8	单位收入		
9	单位利润		
10			

图 11-55　计算单位成本

（3）在 B8 单元格输入"=B4"，得出单位收入，如图 11-56 所示。

（4）在 B9 单元格输入公式"=B8-B7"，计算单位利润，如图 11-57 所示。

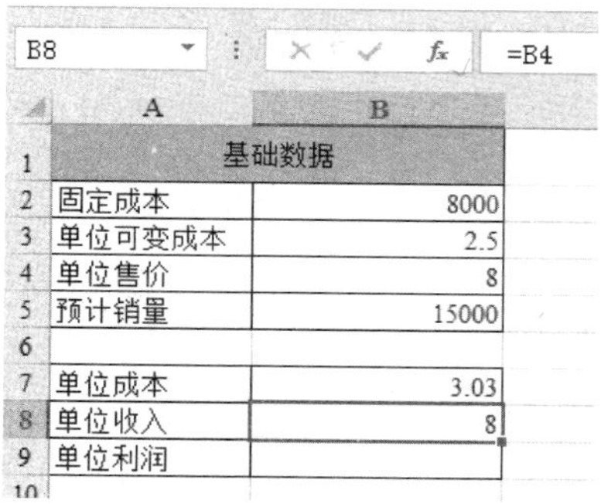

图 11-56　计算单位收入

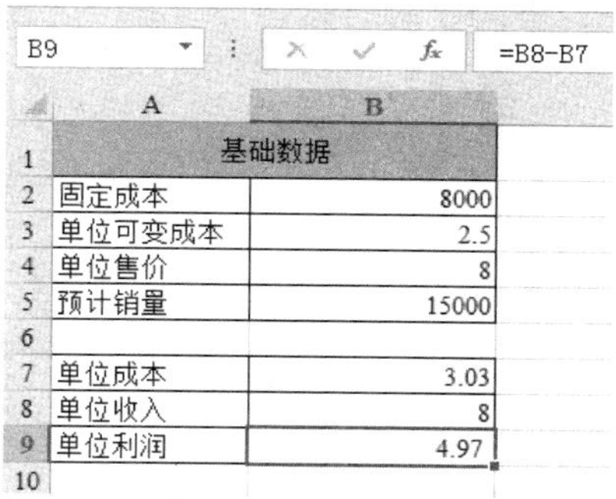

图 11-57　计算单位利润

（5）接下来，构建模拟运算表，如图 11-58 所示。

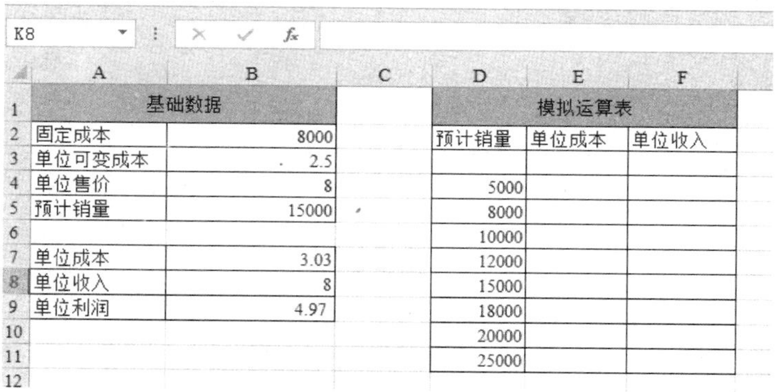

图 11-58　构建模拟运算表

（6）分别在 D3、E3、F3 单元格输入"=B5"、"=B7"、"=B8"，如图 11-59 所示。

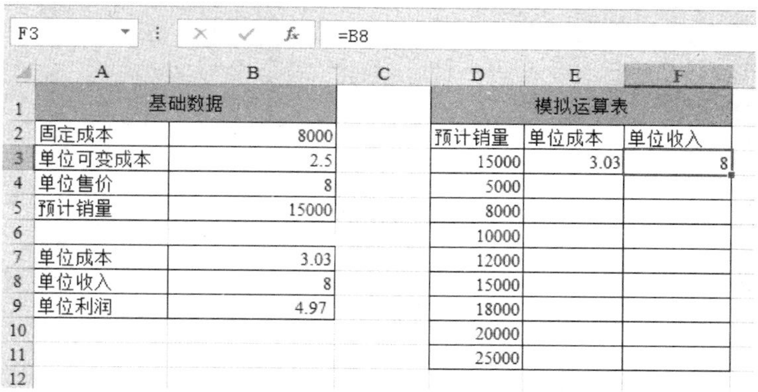

图 11-59　输入相关公式

（7）执行模拟运算表，在打开的模拟运算表对话框中，设置引用列的单元格为 B5，如图 11-60 所示。

图 11-60　设置引用列的单元格

（8）单击"确定"按钮，即可得到如图 11-61 所示的运算结果。

	基础数据			模拟运算表		
	A	B	C	D	E	F
1	基础数据			模拟运算表		
2	固定成本	8000		预计销量	单位成本	单位收入
3	单位可变成本	2.5		15000	3.03	8
4	单位售价	8		5000	4.10	8
5	预计销量	15000		8000	3.5	8
6				10000	3.3	8
7	单位成本	3.03		12000	3.16666667	8
8	单位收入	8		15000	3.03333333	8
9	单位利润	4.97		18000	2.94444444	8
10				20000	2.9	8
11				25000	2.82	8
12						

图 11-61　模拟运算结果

（9）设置单位成本小数位数为 2 位，得到如图 11-62 所示的结果，从运算表的结果可以看出，销量越大，单位成本越低。

	A	B	C	D	E	F	G
1	基础数据			模拟运算表			
2	固定成本	8000		预计销量	单位成本	单位收入	
3	单位可变成本	2.5		15000	3.03	8	
4	单位售价	8		5000	4.10	8	
5	预计销量	15000		8000	3.50	8	
6				10000	3.30	8	
7	单位成本	3.03		12000	3.17	8	
8	单位收入	8		15000	3.03	8	
9	单位利润	4.97		18000	2.94	8	
10				20000	2.90	8	
11				25000	2.82	8	
12							

图 11-62　设置小数位数

11.2.8　比较法分析利润表

比较法分析利润表是对本期与上期的资金增减金额、增减百分比及比例排序进行比较，主要分析本期数相对于上期数的增减差异与比率情况，从而了解企业在一定会计期间内的主营业收入、营业利润与净利润的具体情况。

本例通过简单的利润表进行分析，方法如下：

（1）构建利润表。或打开本章素材文件"分析利润表.xlsx"的原始利润表工作表，如图 11-63 所示。

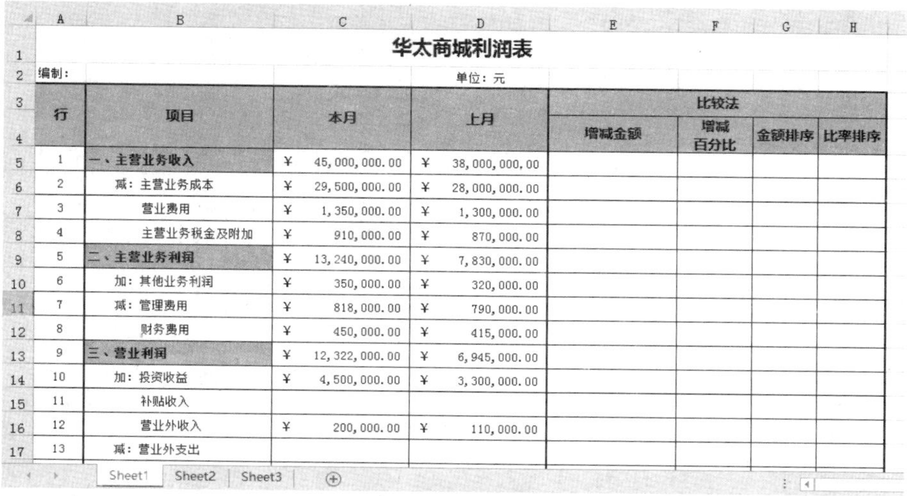

图 11-63　构建原始表

（2）计算增减金额，在 E5 单元格输入公式"=C5-D5"，计算出本月相对上月的主营业务收入增减金额，并向下复制公式得到所有金额的增减情况，如图 11-64 所示。

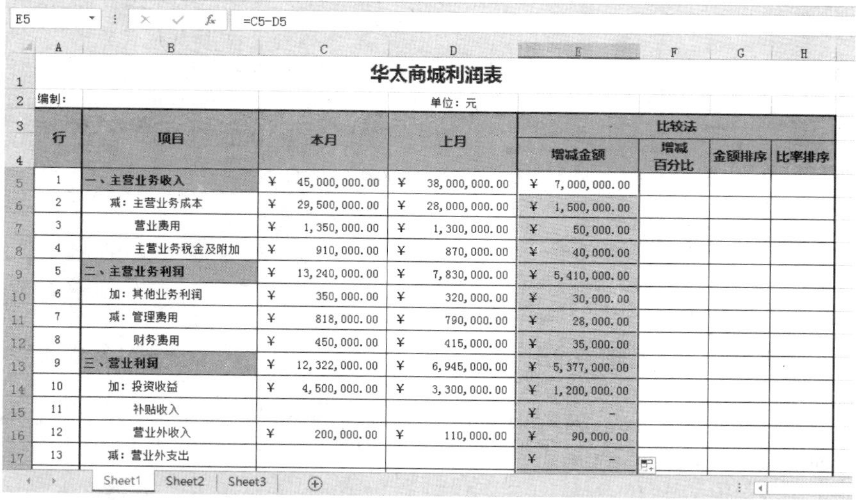

图 11-64　计算增减金额

（3）计算增减百分比，在 F5 单元格输入公式"=IF(D5=0,0,E5/D5)"，计算出主营业务收入的增减百分比，设置显示为百分比形式，并向下复制公式得到其他金额的增减百分比，如图 11-65 所示。

F5 | =IF(D5=0,0,E5/D5)

华太商城利润表

编制：　　　　　　　　　　　　　　单位：元

行	项目	本月	上月	比较法		金额排序	比率排序
				增减金额	增减百分比		
1	一、主营业务收入	¥ 45,000,000.00	¥ 38,000,000.00	¥ 7,000,000.00	18.42%		
2	减：主营业务成本	¥ 29,500,000.00	¥ 28,000,000.00	¥ 1,500,000.00	5.36%		
3	营业费用	¥ 1,350,000.00	¥ 1,300,000.00	¥ 50,000.00	3.85%		
4	主营业务税金及附加	¥ 910,000.00	¥ 870,000.00	¥ 40,000.00	4.60%		
5	二、主营业务利润	¥ 13,240,000.00	¥ 7,830,000.00	¥ 5,410,000.00	69.09%		
6	加：其他业务利润	¥ 350,000.00	¥ 320,000.00	¥ 30,000.00	9.38%		
7	减：管理费用	¥ 818,000.00	¥ 790,000.00	¥ 28,000.00	3.54%		
8	财务费用	¥ 450,000.00	¥ 415,000.00	¥ 35,000.00	8.43%		
9	三、营业利润	¥ 12,322,000.00	¥ 6,945,000.00	¥ 5,377,000.00	77.42%		
10	加：投资收益	¥ 4,500,000.00	¥ 3,300,000.00	¥ 1,200,000.00	36.36%		
11	补贴收入			¥ －	0.00%		
12	营业外收入	¥ 200,000.00	¥ 110,000.00	¥ 90,000.00	81.82%		
13	减：营业外支出			¥ －	0.00%		

Sheet1　Sheet2　Sheet3

图 11-65　计算增加百分比

（4）制作比较法辅助列表，如图 11-66 所示。

（5）在 J5 单元格输入公式"=B5"，引用项目名称，并用同样的方法引用其他项目名称，如图 11-67 所示。

图 11-66　构建辅助表格

图 11-67　引用项目名称

（6）在 K5 单元格输入公式"=ABS(E5)"，引用主营业务收入项目金额，使用同样的方法引用其他金额，如图 11-68 所示。

（7）在 L5 单元格输入公式"=ABS(F5)"，引用增减百分比，并设置为百分比显示形式，然后使用同样的方法引用其他项目的百分比，完成辅助列表的制作，如图 11-69 所示。

（8）接下来我们来计算金额排序，在 G5 单元格输入公式"=IF(E5=0,"",RANK.EQ(ABS(E5),$K$5:$K$17))"，得出主营业务收入的排名，并使用同样的方法计算其他金额的排名，如图 11-70 所示。

K5　　=ABS(E5)

本月	上月	比较法				比较法项目清单		
		增减金额	增减百分比	金额排序	比率排序	项目	金额	百分比
¥ 45,000,000.00	¥ 38,000,000.00	¥ 7,000,000.00	18.42%			一、主营业务收入	7000000.00	
¥ 29,500,000.00	¥ 28,000,000.00	¥ 1,500,000.00	5.36%			减：主营业务成本	1500000.00	
¥ 1,350,000.00	¥ 1,300,000.00	¥ 50,000.00	3.85%			营业费用	50000.00	
¥ 910,000.00	¥ 870,000.00	¥ 40,000.00	4.60%			主营业务税金及附加	40000.00	
¥ 13,240,000.00	¥ 7,830,000.00	¥ 5,410,000.00	69.09%			加：其他业务利润	30000.00	
¥ 350,000.00	¥ 320,000.00	¥ 30,000.00	9.38%			减：管理费用	28000.00	
¥ 818,000.00	¥ 790,000.00	¥ 28,000.00	3.54%			财务费用	35000.00	
¥ 450,000.00	¥ 415,000.00	¥ 35,000.00	8.43%			加：投资收益	1200000.00	
¥ 12,322,000.00	¥ 6,945,000.00	¥ 5,377,000.00	77.42%			补贴收入	0.00	
¥ 4,500,000.00	¥ 3,300,000.00	¥ 1,200,000.00	36.36%			营业外收入	90000.00	
		¥ —				减：营业外支出	0.00	
¥ 200,000.00	¥ 110,000.00	¥ 90,000.00	81.82%			加：以前年度损益调整	0.00	
		¥	0.00%			减：所得税	50000.00	
		¥	0.00%					
¥ 17,022,000.00	¥ 10,355,000.00	¥ 6,667,000.00	64.38%					

图 11-68　引用项目金额

L5　　=ABS(F5)

本月	上月	比较法				比较法项目清单		
		增减金额	增减百分比	金额排序	比率排序	项目	金额	百分比
¥ 45,000,000.00	¥ 38,000,000.00	¥ 7,000,000.00	18.42%			一、主营业务收入	7000000.00	18.42%
¥ 29,500,000.00	¥ 28,000,000.00	¥ 1,500,000.00	5.36%			减：主营业务成本	1500000.00	5.36%
¥ 1,350,000.00	¥ 1,300,000.00	¥ 50,000.00	3.85%			营业费用	50000.00	3.85%
¥ 910,000.00	¥ 870,000.00	¥ 40,000.00	4.60%			主营业务税金及附加	40000.00	4.60%
¥ 13,240,000.00	¥ 7,830,000.00	¥ 5,410,000.00	69.09%			加：其他业务利润	30000.00	9.38%
¥ 350,000.00	¥ 320,000.00	¥ 30,000.00	9.38%			减：管理费用	28000.00	3.54%
¥ 818,000.00	¥ 790,000.00	¥ 28,000.00	3.54%			财务费用	35000.00	8.43%
¥ 450,000.00	¥ 415,000.00	¥ 35,000.00	8.43%			加：投资收益	1200000.00	36.36%
¥ 12,322,000.00	¥ 6,945,000.00	¥ 5,377,000.00	77.42%			补贴收入	0.00	0.00%
¥ 4,500,000.00	¥ 3,300,000.00	¥ 1,200,000.00	36.36%			营业外收入	90000.00	81.82%
		¥ —				减：营业外支出	0.00	0.00%
¥ 200,000.00	¥ 110,000.00	¥ 90,000.00	81.82%			加：以前年度损益调整	0.00	0.00%
		¥	0.00%			减：所得税	50000.00	16.13%
¥ 17,022,000.00	¥ 10,355,000.00	¥ 6,667,000.00	64.38%					

图 11-69　引用增减百分比

C5　　=IF(E5=0,"",RANK.EQ(ABS(E5),$K$5:$K$17))

华太商城利润表
单位：元

本月	上月	比较法			
		增减金额	增减百分比	金额排序	比率排序
¥ 45,000,000.00	¥ 38,000,000.00	¥ 7,000,000.00	18.42%	1	
¥ 29,500,000.00	¥ 28,000,000.00	¥ 1,500,000.00	5.36%	2	
¥ 1,350,000.00	¥ 1,300,000.00	¥ 50,000.00	3.85%	5	
¥ 910,000.00	¥ 870,000.00	¥ 40,000.00	4.60%	7	
¥ 13,240,000.00	¥ 7,830,000.00	¥ 5,410,000.00	69.09%		
¥ 350,000.00	¥ 320,000.00	¥ 30,000.00	9.38%	9	
¥ 818,000.00	¥ 790,000.00	¥ 28,000.00	3.54%	10	
¥ 450,000.00	¥ 415,000.00	¥ 35,000.00	8.43%	8	
¥ 12,322,000.00	¥ 6,945,000.00	¥ 5,377,000.00	77.42%		
¥ 4,500,000.00	¥ 3,300,000.00	¥ 1,200,000.00	36.36%	3	
		¥ —	0.00%		
¥ 200,000.00	¥ 110,000.00	¥ 90,000.00	81.82%	4	
		¥	0.00%		

图 11-70　计算金额排名

（9）最后计算比率排序，在 H5 单元格输入公式“=IF(F5=0,"",RANK.EQ(ABS(F5),$L$5:$L$17))”，得到主营业务收入的比率排序，并用同样的方法得到其他金额的比率排序，完成利润分析表的制作，如图 11-71 所示。

H5 =IF(F5=0,"",RANK.EQ(ABS(F5),$L$5:$L$17))

华太商城利润表

单位：元

本月	上月	比较法			
		增减金额	增减百分比	金额排序	比率排序
¥ 45,000,000.00	¥ 38,000,000.00	¥ 7,000,000.00	18.42%	1	3
¥ 29,500,000.00	¥ 28,000,000.00	¥ 1,500,000.00	5.36%	2	7
¥ 1,350,000.00	¥ 1,300,000.00	¥ 50,000.00	3.85%	5	9
¥ 910,000.00	¥ 870,000.00	¥ 40,000.00	4.60%	7	8
¥ 13,240,000.00	¥ 7,830,000.00	¥ 5,410,000.00	69.09%		
¥ 350,000.00	¥ 320,000.00	¥ 30,000.00	9.38%	9	5
¥ 818,000.00	¥ 790,000.00	¥ 28,000.00	3.54%	10	10
¥ 450,000.00	¥ 415,000.00	¥ 35,000.00	8.43%	8	6
¥ 12,322,000.00	¥ 6,945,000.00	¥ 5,377,000.00	77.42%		
¥ 4,500,000.00	¥ 3,300,000.00	¥ 1,200,000.00	36.36%	3	2
		¥ -	0.00%		
¥ 200,000.00	¥ 110,000.00	¥ 90,000.00	81.82%	4	1
		¥ -	0.00%		

Sheet1 Sheet2 Sheet3

图 11-71 完成表格

11.2.9 构建现金日记账

现金日记账是记录公司日常经营中的现金流入流出的统计表格，通过现金日记账可以随时查看公司现金的收支情况，本例我们将给大家演示如何构建一个简洁的现金日记账表。效果如图 11-72 所示。

现金日记账

日期	摘要	类别	收入	支出	余额
	期初余额				100000
5月6日	营业收入款	营业款	50000		150000
5月6日	报销餐费	管理费用		500	149500
5月6日	报销交通费	管理费用		300	149200
5月7日	营业收入款	营业款	45000		194200
5月7日	某员工还款	个人还款	600		194800
5月7日	结原料款	供应商结账		8000	186800
5月7日	收帐	应收帐款	10000		196800
5月8日	营业收入款	营业款	20000		216800
5月8日	结原料款	供应商结账		1500	215300
5月8日	银行存款	存款		100000	115300
5月9日	营业收入款	营业款	30000		145300
5月9日	收帐	应收帐款	78000		223300
5月9日	结原料款	供应商结账		5800	217500
5月9日	报销交通费	管理费用		600	216900
5月10日	营业收入款	营业款	40000		256900
5月10日	银行存款	存款		20000	236900
5月10日	结原料款	供应商结账		80000	156900
5月11日	营业收入款	营业款	12000		168900
5月11日	广告宣传	管理费用		9000	159900
	合 计		285600	225700	159900

现金日记账汇总数据

类别	金额
营业款	185000
个人还款	600
应收帐款	88000
管理费用	10400
供应商结账	95300
存款	120000

Sheet1 Sheet2

图 11-72 现金日记账

步骤如下：

（1）构建原始表格，即输入每天的收支情况，也可直接打开本章素材文件"现金日记账.xlsx"原始表，如图 11-73 所示。

图 11-73　构建表格

（2）在 F4 单元格输入公式"=F3+D4-E4"，计算出每天的余额情况，如图 11-74 所示。

图 11-74　计算每天余额

（3）在 D23 单元格输入公式"=SUM(D3:D22)"，求出所有收入总和，然后向右复制求出所有支出总和，如图 11-75 所示。

D23 | =SUM(D3:D22)

	A	B	C	D	E	F	
13	5月8日	银行存款	存款		100000	115300	
14	5月9日	营业收入款	营业款	30000		145300	
15	5月9日	收帐	应收帐款	78000		223300	
16	5月9日	结原料款	供应商结账		5800	217500	
17	5月9日	报销交通费	管理费用		600	216900	
18	5月10日	营业收入款	营业款	40000		256900	
19	5月10日	银行存款	存款		20000	236900	
20	5月10日	结原料款	供应商结账		80000	156900	
21	5月11日	营业收入款	营业款	12000		168900	
22	5月11日	广告宣传	管理费用		9000	159900	
23		合　计		285600	225700		

图 11-75　计算收支总和

（4）在 F23 单元格输入公式"=D23-E23+F3"，计算出余额，如图 11-76 所示。

F23 | =D23-E23+F3

	A	B	C	D	E	F	
13	5月8日	银行存款	存款		100000	115300	
14	5月9日	营业收入款	营业款	30000		145300	
15	5月9日	收帐	应收帐款	78000		223300	
16	5月9日	结原料款	供应商结账		5800	217500	
17	5月9日	报销交通费	管理费用		600	216900	
18	5月10日	营业收入款	营业款	40000		256900	
19	5月10日	银行存款	存款		20000	236900	
20	5月10日	结原料款	供应商结账		80000	156900	
21	5月11日	营业收入款	营业款	12000		168900	
22	5月11日	广告宣传	管理费用		9000	159900	
23		合　计		285600	225700	159900	

图 11-76　计算余额

（5）构建汇总数据表，在 H3 单元格输入公式"=C4"，引用对应的类别项，然后使用同样的方法引用其他的类别，如图 11-77 所示。

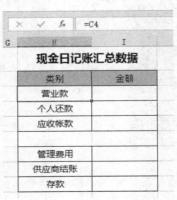

图 11-77　汇总数据表

（6）在 I3 单元格输入公式"=SUMIF($C$4:$C$22,H3,$D$4:$D$22)"，计算出营业款

总金额，并使用同样的方法求出其他总金额，完成表格的制作，如图 11-78 所示。

I3　=SUMIF($C$4:$C$22,H3,$D$4:$D$22)

现金日记账					
日期	摘要	类别	收入	支出	余额
	期初余额				100000
5月6日	营业收入款	营业款	50000		150000
5月6日	报销餐费	管理费用		500	149500
5月6日	报销交通费	管理费用		300	149200
5月7日	营业收入款	营业款	45000		194200
5月7日	某员工还款	个人还款	600		194800
5月7日	结原料款	供应商结账		8000	186800
5月7日	收帐	应收帐款	10000		196800

现金日记账汇总数据	
类别	金额
营业款	185000
个人还款	600
应收帐款	88000
管理费用	10400
供应商结账	95300
存款	120000

图 11-78　完成表格

11.2.10　预测销售成本率

在制订销售计划之前，用户需要根据销售的历史数据科学地预测销售成本率，本例是在已知当年销售额、成本额、成本率以及成本利润的情况下，求解当利润达到 1500 万时的成本率。最终效果如图 1-79 所示。

销售成本率预测表						
	连锁1店	连锁2店	连锁3店	连锁4店	连锁5店	合计
销售额	¥3,901,300.00	¥3,820,473.00	¥2,317,937.00	¥3,689,687.00	¥3,546,175.00	¥17,275,572.00
成本额	¥1,755,585.00	¥1,719,212.85	¥950,354.17	¥1,549,668.54	¥1,595,778.75	¥7,570,599.31
成本率	13.17%					
毛利润	¥15,000,000.00					

图 11-79　最终结果

步骤如下：

（1）构建预测表，输入销售额等数据，如图 11-80 所示。

销售成本率预测表						
	连锁1店	连锁2店	连锁3店	连锁4店	连锁5店	合计
销售额	¥3,901,300.00	¥3,820,473.00	¥2,317,937.00	¥3,689,687.00	¥3,546,175.00	
成本额						
成本率	26.50%					
毛利润						

图 11-80　构建数据表

（2）计算成本额，在 B4 单元格输入公式“=B3*0.45”，并使用同样的方式计算出其他连锁店的成本额，如图 11-81 所示。

图 11-81　计算成本额

（3）求出销售额和成本额的合计金额，在 G3 单元格输入公式"=SUM(B3:F3)"，求出销售总额，然后向下复制公式求出成本总额，如图 11-82 所示。

图 11-82　计算销售及成本总额

（4）计算毛利润，在 B6 单元格输入公式"=G3-G3*B5"，得出毛利润结果，如图 11-83 所示。

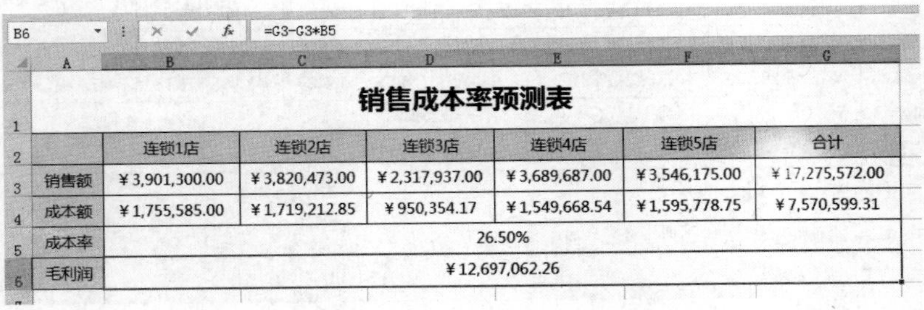

图 11-83　计算毛利润

（5）预测销售成本率，执行单变量求解命令，在打开的"单变量求解"对话框中，设置目标单元格为 B6，目标值为 1500 万，可变单元格为 B5，如图 11-84 所示。

图 11-84　设置单变量求解选项

（6）单击"确定"按钮开始求解，结果如图 11-85 所示。可以看到毛利润达到 1500 万时，成本率为 13.17%，单击"确定"按钮，完成求解。

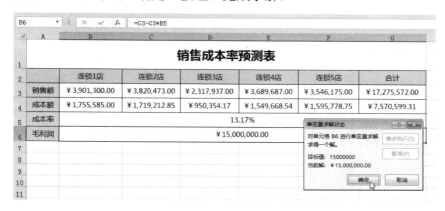

图 11-85　求解完成

11.3　Excel 在教学领域的应用实例

Excel 在教学领域可以说是老师们的好帮手，不过涉及的函数相对都比较简单，而且也很容易就能实现想要的功能。下面我们就来通过几个例子看看 Excel 在教学领域的应用。

11.3.1　汇总一定范围内的成绩

对于图 11-86 所示的成绩表，如果我们想知道语文成绩在 70～90 之间的平均成绩，则可以利用 AVERAGEIFS 函数实现，方法如下：

	姓名	班级	语文	英语	数学	物理	化学	政治	生物	历史
2	温莲素	高一(1)	69	88	74	91	72	95	85	74
3	柴娥秋	高一(1)	89	100	68	86	82	86	91	99
4	向飞文	高一(1)	100	78	79	82	71	97	87	70
5	冉成哲	高一(1)	92	64	74	84	63	79	70	69
6	万宁	高一(1)	61	87	84	70	81	92	89	82
7	杨纯滢	高一(1)	90	94	90	77	60	67	92	93
8	牧娟婕	高一(1)	88	90	99	61	62	96	83	68
9	廖军策	高一(1)	71	79	95	73	84	61	92	70
10	冉宁宁	高一(1)	99	79	83	75	97	86	87	61
11	忆志海	高一(1)	92	59	90	66	79	99	64	78
12	童霄雪	高一(1)	64	71	64	83	98	74	66	84
13	宾翔	高一(1)	88	61	77	78	64	97	89	99
14	彭裕辉	高一(1)	86	75	59	98	94	65	95	93
15	夏侯福彬	高一(1)	95	79	64	74	92	87	75	62
16	路明刚	高一(1)	70	77	81	89	98	90	68	63
17	石博博	高一(1)	59	92	68	77	65	66	75	87
18	濮天达	高一(1)	100	97	74	69	71	81	73	90
19	姜茗欣	高一(1)	76	65	66	98	80	97	73	88
20	长孙融姣	高一(1)	74	91	69	70	74	74	74	86
21	薛德思	高一(1)	65	96	91	79	82	62	67	73
22	骆策光	高一(1)	90	89	62	77	63	96	77	87
23	易欢红	高一(1)	98	96	87	87	96	81	77	78
24	鞠鸣子	高一(1)	65	83	95	98	88	96	94	73
25	薛启	高一(1)	75	92	100	63	78	76	86	64
26	戚湫育	高一(1)	85	65	82	92	59	70	66	72

图 11-86　成绩表

在 L2 单元格输入公式 "=AVERAGEIFS(C2:C46,C2:C46,">70",C2:C46,"<=90")"，按回车键即可，如图 11-87 所示。

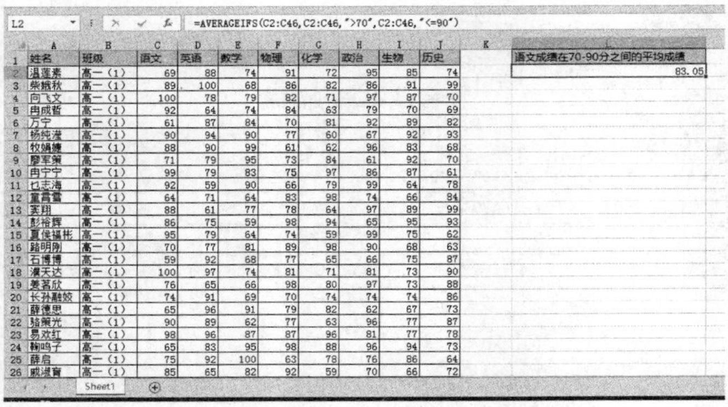

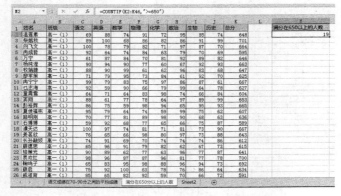

图 11-87　计算结果

本例中使用了 AVERAGEIFS 函数，该函数可以返回满足多个条件的所有单元格的平均值。

语法格式如下：

```
AVERAGEIFS(average_range, criteria_range1, criteria1, [criteria_range2, criteria2], ...)
```

其中，average_range：是要计算平均值的一个或多个单元格，其中包含数字或包含数字的名称、数组或引用；criteria_range1、criteria_range2 等：criteria_range1 是必需的，后续 criteria_range2 是可选的。在其中计算关联条件的 1～127 个区域；criteria1、criteria2 等：criteria1 是必需的，后续 criteria2 是可选的。形式为数字、表达式、单元格引用或文本的 1～127 个条件，用来定义将计算平均值的单元格。例如，条件可以表示为 88、"88"、">88"、或 A4。

11.3.2　计算成绩在 650 分以上的人数

有时，我们希望知道多少分以上的人数有几个，比如计算 650 以上的人数，则可以利用 COUNTIF 函数求出。在 M2 单元格输入公式 "=COUNTIF(K2:K46,">=650")"，就可以得出计算结果。其中 K2:K46 是总分区域的范围，如图 11-88 所示。

图 11-88　求满分在 650 以上的人数

本例中的 COUNTIF 函数会统计某个区域内符合您指定的单个条件的单元格数量。语法格式如下：

```
COUNTIF(range, criteria)
```

其中，range 是要计数的一个或多个单元格，包括数字或包含数字的名称、数组或引用。空值和文本值将被忽略；criteria 是定义要进行计数的单元格的数字、表达式、单元格引用或文本字符串。例如，条件可以表示为 50、">80"、A4、"thanks" 或"88"。

11.3.3　计算全班平均成绩

要实现这一功能非常简单，只需要利用求平均值函数 AVERAGE 就行了。对于下面的表格，我们可以把光标放在 C47 单元格内，然后输入公式"=AVERAGE(C2:C46)"，就可以得到语文的平均成绩，然后拖动鼠标向右复制公式即可，如图 11-89 所示。

	A	B	C	D	E	F	G	H	I	J	K
1	姓名	班级	语文	英语	数学	物理	化学	政治	生物	历史	总分
27	苍冠广	高一（1）	99	92	69	61	97	68	89	86	661
28	关菊飘	高一（1）	100	63	62	74	67	97	68	73	604
29	吕行振	高一（1）	92	87	92	93	66	84	84	98	696
30	郑冠元	高一（1）	69	76	92	64	99	74	61	98	633
31	罗清若	高一（1）	65	61	99	91	70	62	69	65	582
32	高建士	高一（1）	68	87	82	86	64	99	59	63	608
33	傅亚姝	高一（1）	90	79	100	85	100	72	59	97	682
34	蓟娣梦	高一（1）	100	96	83	59	81	94	84	83	680
35	于保祥	高一（1）	86	96	64	76	86	.97	93	71	669
36	安苑	高一（1）	79	64	67	74	84	83	61	60	572
37	计斌朋	高一（1）	70	71	62	76	70	72	87	90	598
38	武娥霞	高一（1）	94	71	88	92	91	75	78	72	661
39	惠功胜	高一（1）	75	90	82	84	93	79	80	96	679
40	赫连溆筠	高一（1）	61	76	91	78	86	96	63	69	620
41	宋芸静	高一（1）	85	62	61	76	98	69	94	60	612
42	饶和鹏	高一（1）	81	65	92	100	61	98	74	99	670
43	詹会启	高一（1）	84	62	76	67	83	80	87	88	627
44	史馨	高一（1）	86	93	89	68	98	72	80	99	685
45	井风士	高一（1）	91	96	65	83	69	92	70	89	655
46	纪竹聪	高一（1）	63	85	94	62	98	59	66	70	597
47	平均成绩		81.76	80.58	79.67	79.07	79.58	82.31	77.80	79.76	640.51
48											

图 11-89　求全班的平均值

11.3.4　计算排名

教学中经常会遇到根据分数进行排名的，以得到每个人在全班的名次，这里可以利用 RANK 函数或者 RANK.EQ 函数来实现。

如图 11-90 所示的成绩表，我们希望根据总分的多少来排名次，只要在 L2 单元格输入公式"=RANK.EQ(K2,K\$2:K\$46)"，就可以计算出该学生的排名，然后双击填充柄将公式向下填充即可。

L2 =RANK.EQ(K2,K$2:K$46)

	A	B	C	D	E	F	G	H	I	J	K	L
1	姓名	班级	语文	英语	数学	物理	化学	政治	生物	历史	总分	名次
2	温莲素	高一（1）	69	88	74	91	72	95	85	74	648	20
3	柴娥秋	高一（1）	89	100	68	86	82	86	91	99	701	1
4	向飞文	高一（1）	100	78	79	82	71	97	87	70	664	14
5	冉成哲	高一（1）	92	64	74	84	63	79	70	69	595	41
6	万宁	高一（1）	61	87	84	70	81	92	89	82	646	22
7	杨纯滢	高一（1）	90	94	90	77	60	67	92	93	663	15
8	牧娟婕	高一（1）	88	90	99	61	62	96	83	68	647	21
9	廖军策	高一（1）	71	79	95	73	84	61	92	70	625	30
10	冉宁宁	高一（1）	99	79	83	75	97	86	87	61	667	11
11	乜志海	高一（1）	92	59	90	66	79	99	64	78	627	28
12	童霄雪	高一（1）	64	71	64	83	98	74	66	84	604	37
13	宾翔	高一（1）	88	61	77	78	64	97	89	99	653	19
14	彭裕辉	高一（1）	86	75	59	98	94	65	95	93	665	13
15	夏侯福彬	高一（1）	95	79	64	74	59	99	75	62	607	36
16	路明刚	高一（1）	70	77	81	89	98	90	68	63	636	25
17	石博博	高一（1）	59	92	68	77	65	66	75	87	589	43
18	濮天达	高一（1）	100	97	74	81	71	81	73	90	667	11
19	姜茗欣	高一（1）	76	65	66	98	80	97	73	88	643	23
20	长孙融姣	高一（1）	74	91	69	70	74	74	74	86	612	33
21	薛德思	高一（1）	65	96	91	79	82	62	67	73	615	32
22	骆策光	高一（1）	90	89	62	77	63	96	77	87	641	24
23	易欢红	高一（1）	98	96	87	87	96	81	77	78	700	2
24	鞠鸣子	高一（1）	65	83	95	98	88	96	94	73	692	4
25	薛启	高一（1）	75	92	100	63	78	76	86	64	634	26
26	戚淑育	高一（1）	85	65	82	92	59	70	66	72	591	42

语文成绩在70-90分之间的平均成绩 | 满分在650分以上的人数 | 名次排序

图 11-90　计算名次

如果希望按 1、2、3 这样的顺序显示，则可以对名次进行升序排序，如图 11-91 所示。

	A	B	C	D	E	F	G	H	I	J	K	L
1	姓名	班级	语文	英语	数学	物理	化学	政治	生物	历史	总分	名次
2	柴娥秋	高一（1）	89	100	68	86	82	86	91	99	701	1
3	易欢红	高一（1）	98	96	87	87	96	81	77	78	700	2
4	吕行振	高一（1）	92	87	92	93	66	84	84	98	696	3
5	鞠鸣子	高一（1）	65	83	95	98	88	96	94	73	692	4
6	史馨	高一（1）	86	93	89	68	98	72	80	99	685	5
7	傅亚姝	高一（1）	90	79	100	85	100	72	59	97	682	6
8	蓟娣梦	高一（1）	100	96	83	59	81	94	84	83	680	7
9	惠功胜	高一（1）	75	90	82	84	93	79	80	96	679	8
10	饶和鹏	高一（1）	81	65	92	100	61	98	74	99	670	9
11	于保祥	高一（1）	86	96	64	76	86	97	93	71	669	10
12	冉宁宁	高一（1）	99	79	83	75	97	86	87	61	667	11
13	濮天达	高一（1）	100	97	74	81	71	81	73	90	667	11
14	彭裕辉	高一（1）	86	75	59	98	94	65	95	93	665	13
15	向飞文	高一（1）	100	78	79	82	71	97	87	70	664	14
16	杨纯滢	高一（1）	90	94	90	77	60	67	92	93	663	15
17	苍冠广	高一（1）	99	92	69	61	97	68	89	86	661	16
18	武娥霞	高一（1）	94	71	88	92	91	75	78	72	661	16
19	井风士	高一（1）	91	96	65	83	69	92	70	89	655	18
20	宾翔	高一（1）	88	61	77	78	64	97	89	99	653	19
21	温莲素	高一（1）	69	88	74	91	72	95	85	74	648	20
22	牧娟婕	高一（1）	88	90	99	61	62	96	83	68	647	21
23	万宁	高一（1）	61	87	84	70	81	92	89	82	646	22
24	姜茗欣	高一（1）	76	65	66	98	80	97	73	88	643	23
25	骆策光	高一（1）	90	89	62	77	63	96	77	87	641	24
26	路明刚	高一（1）	70	77	81	89	98	90	68	63	636	25

语文成绩在70-90分之间的平均成绩 | 满分在650分以上的人数 | 名次排序

图 11-91　按名次升序排列

不过需要指出的是，RANK 函数以及 RAND.EQ 函数是按照美国的方式进行排名次的，比如有两个并列第 2 名时，它会认为没有第 3 名，接着会显示第 4 的名次。这与我们的习惯有所不同，如果希望是在并列第 2 名之后的下一个名次是第 3 名，则可以在 H2 单元格输入公式“{=SUM(IF(K$2:K$46>K2,1/COUNTIF(K$2:K$46,K$2:K$46)))+1}”，然后按下组合键 Ctrl+Shift+Enter，再双击填充柄，向下填充公式即可，如图 11-92 所示。我们可以看到两个排名方式的不同，这种排名次的方式也是我们通常所说的中国式排名。

图 11-92　中国式排名

本例所用的函数为 RANK.EQ，是 RANK 函数的一个升级版本。

语法格式如下：

```
RANK.EQ(number,ref,[order])
```

其中，number 是要找到其排位的数字；ref 为数字列表的数组，对数字列表的引用。ref 中的非数字值会被忽略；order 为可选，是一个指定数字排位方式的数字。

11.3.5　计算及格率

及格率也是老师经常要计算的内容之一，其实现的方法也非常简单，只要计算出 60 分以上的人数，再除以总人数即可。

假如我们要计算图 11-93 中语文成绩的及格率，则可以在 F2 单元格输入公式 "=COUNTIF(C2:C46,">=60")/COUNT(C2:C46)"，然后将单元格数值显示格式改为百分比形式即可。

图 11-93　计算及格率

11.4 Excel 在市场分析领域的应用实例

市场分析也是 Excel 应用的一个重要领域，通过一系列的函数以及数据分析功能，可以有效地对销售额、市场占有率、成本利润等进行分析。下面我们通过几个例子进行简要说明。

11.4.1 计算销售提成

为了刺激员工更好地完成销售任务，公司往往都会根据不同的销售金额给予员工不同的奖金，也就是我们通常所说的销售提成。下面我们就来简单介绍一下如何制作一个销售提成表。

效果如图 11-94 所示。

公司3月份销售提成奖

员工姓名	销售额	提成比例	奖金
赵一东	22435	1%	224
陈芳	22339	1%	223
赵丽	26770	3%	803
刘晓云	57908	8%	4633
吴静	49360	6%	2962
王华	35576	5%	1779
韩萍	26511	3%	795
陈仑	39773	5%	1989
刘华	46378	6%	2783
周长玲	40895	5%	2045

提成标准

销售额	提成比例
0	0%
15000	1%
25000	3%
35000	5%
45000	6%
50000	8%

图 11-94　销售提成表

该表格将提成标准单独列在一个区域，根据不同的销售额给予了不同的提成比例，在主表格中将根据销售额的不同，来判断属于哪个级别，从而计算出应得的奖金。实现方法如下：

（1）新建一个工作簿并保存，然后在 Sheet1 工作表中输入如图 11-95 所示内容，并设置相应的格式。其中，G2:H8 为提成标准。

公司3月份销售提成奖

员工姓名	销售额	提成比例	奖金
赵一东	22435		
陈芳	22339		
赵丽	26770		
刘晓云	57908		
吴静	49360		
王华	35576		
韩萍	26511		
陈仑	39773		
刘华	46378		
周长玲	40895		

提成标准

销售额	提成比例
0	0%
15000	1%
25000	3%
35000	5%
45000	6%
50000	8%

图 11-95　输入数据

（2）将光标定位在 C3 单元格，输入公式"=VLOOKUP(B3,$G$3:$H$8,2)"，计算第一个员工的提成比例，如图 11-96 所示。

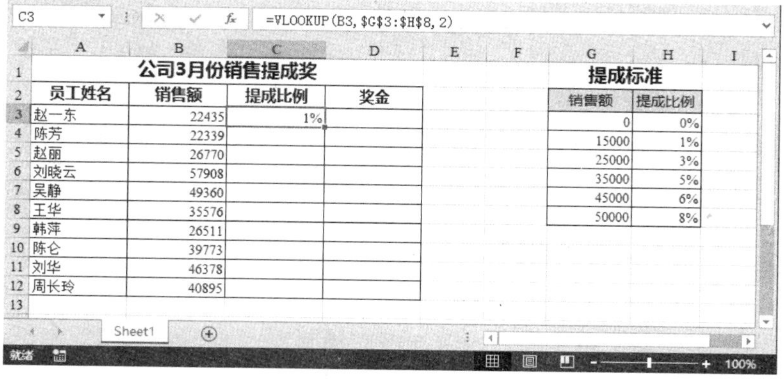

图 11-96　计算第一个员工的提成比例

（3）将光标定位在 D3 单元格，输入公式"=ROUND(B3*C3,0)"，计算第一个员工的奖金额，如图 11-97 所示。

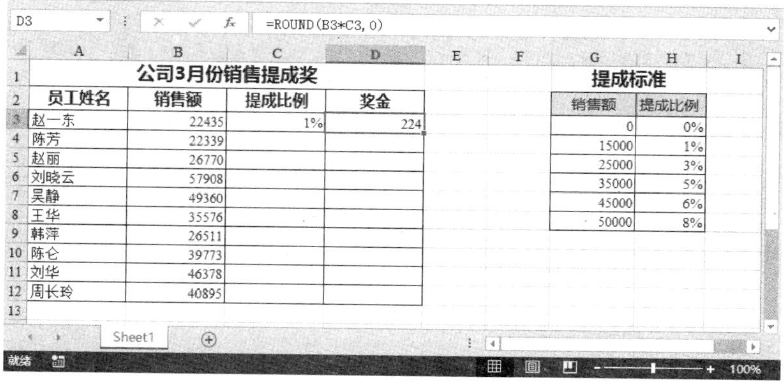

图 11-97　计算第一个员工的奖金

（4）分别双击 C3 单元格和 D3 单元格的填充柄，向下复制公式，完成整个表格的制作，如图 11-98 所示。

图 11-98　完成表格的设计

本例中用到了 ROUND 函数：该函数为四舍五入函数，该函数的使用方法非常简单。语法格式如下：

```
ROUND(number, num_digits)
```

其中，number 是要四舍五入的数字，为必需；num_digits 是为进行四舍五入运算的位数，也是必需的。

例如，如果单元格 A1 包含 25.7925，而且您想要将此数值舍入到两个小数位数，可以使用公式“=ROUND(A1, 2)”，此函数的结果为 25.79。

11.4.2 汇总各卖场的销售额

当产品在不同的卖场上市之后，在统计产品销量时就要包含不同的卖场信息。利用数据透视表可以轻松统计出各个卖场的销售数据，对其进行汇总分析。

本例的原始数据和最终结果如图 11-99 和图 11-100 所示。

	A	B	C	D	E	F	G	H
1				苏宁电器				
2	品名	业务代表	1月	2月	3月	4月	5月	6月
3	微波炉	赵东	784264	585657	564372	618458	654003	571544
4	油烟机	朱云	626467	767704	551295	732934	664028	510828
5	热水器	左海侠	695319	758676	730902	604967	643933	700095
6								
7				国美电器				
8	品名	业务代表	1月	2月	3月	4月	5月	6月
9	微波炉	赵东	603490	754360	696430	689130	605694	581368
10	油烟机	朱云	676446	730817	586346	741591	562072	537128
11	热水器	左海侠	676841	787356	746632	698071	592614	727063
12								
13				五星电器				
14	品名	业务代表	1月	2月	3月	4月	5月	6月
15	微波炉	赵东	532676	730406	736978	501076	689555	514389
16	油烟机	朱云	656780	739623	560909	511872	727817	755516
17	热水器	左海侠	596138	710650	691361	549640	751784	511543
18								

图 11-99 原始数据表

	A	B	C	D	E
1	卖场	(全部)			
2					
3	**销售额**	**列标签**			
4	**行标签**	**热水器**	**微波炉**	**油烟机**	**总计**
5	1月	1968298	1920430	1959693	5848421
6	2月	2256682	2070423	2238144	6565249
7	3月	2168895	1997780	1698550	5865225
8	4月	1852678	1808664	1986397	5647739
9	5月	1988331	1949252	1953917	5891500
10	6月	1938701	1667301	1803472	5409474
11	**总计**	**12173585**	**11413850**	**11640173**	**35227608**
12					

图 11-100 分类汇总结果

步骤如下：

（1）打开原始数据表，然后按下组合键 Alt+D+P，打开"数据透视表和数据透视图向导"对话框，第 1 步需要选择待分析数据的数据源类型，这里选择"多重合并计算数据区域"，如图 11-101 所示。

图 11-101　选择"多重合并计算数据区域"

（2）单击"下一步"按钮，进入步骤 2a 界面，选择所需的页字段数目，这里选择"自定义页字段"，如图 11-102 所示。

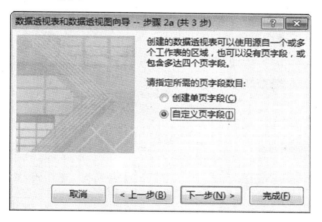

图 11-102　选择自定义页字段

（3）单击"下一步"按钮，进入第 2b 步骤，如图 11-103 所示。我们需要在该界面中将几个数据区域添加到"所有区域"列表框中，还需要手工设置报表筛选字段。

（4）单击"选定区域"右侧的 按钮，然后选择工作表中的区域 A2:H5，单击"添加"按钮，即可将第一个区域添加进来，如图 11-104 所示。

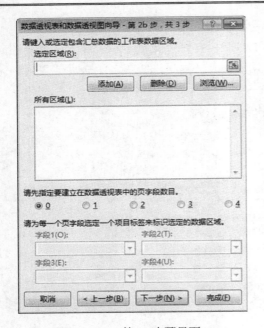

图 11-103　第 2b 步骤界面　　　　　　图 11-104　添加第一个数据区域

（5）重复第 4 步操作，将其余两个区域添加进来，如图 11-105 所示。

（6）接下来我们设置第一个页字段，选择"所有区域"列表中的第一个区域，然后选择"1"单选按钮，接着在"字段 1"下的文本框中输入"苏宁电器"，如图 11-106 所示。

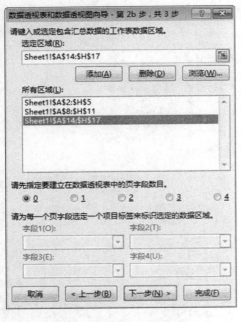
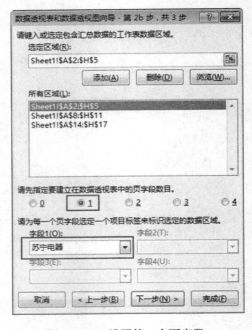

图 11-105　添加其余数据　　　　　　图 11-106　设置第一个页字段

（7）选择第 2 个区域，然后在"字段 1"下的文本框中输入"国美电器"，如图 11-107 所示。用同样的方法设置第三个页字段，如图 11-108 所示。

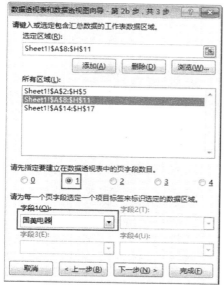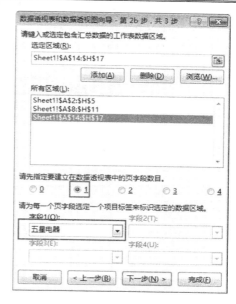

图 11-107　设置第二个页字段　　　　　图 11-108　设置第三个页字段

（8）设置完成后，单击"下一步"按钮，进行向导 3 步骤界面，选择数据透视表的显示位置，这里选择"新工作表"，如图 11-109 所示。

图 11-109　选择透视表的位置

（9）单击"完成"按钮，将在新的工作表中创建数据透视表，并且自动完成了字段的布局，如图 11-110 所示。接下来我们对字段进行重新的命名和布局，以满足需要。

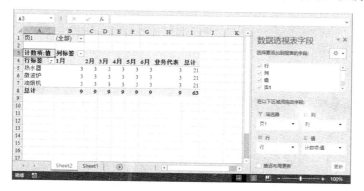

图 11-110　自动生成的数据透视表

（10）利用前面所学的内容，打开"字段设置"对话框，分别将行字段修改为"品名"，列字段修改为"月份"，值修改为"销售额"，页1修改为"卖场"。如图 11-111 所示为修改行字段名称。

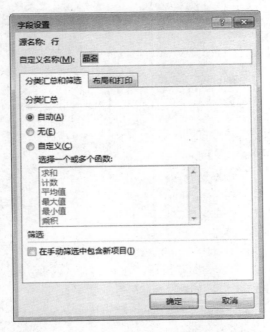

图 11-111　修改行字段名称

（11）交换行区域和列区域中的字段位置，并将值的汇总方式改为求和，得到如图11-112 所示的数据透视表。

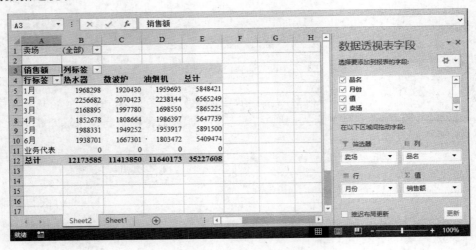

图 11-112　交换行/列后的效果

（12）从图 11-112 中可以看到有一个"业务代表"的行，这一行数据对透视表来讲毫无意义，我们可以通过单击行标签后的筛选按钮，取消其选择将其隐藏，如图 11-113 所示。

（4）单击"确定"按钮，得到最终的结果，如图 11-114 所示。

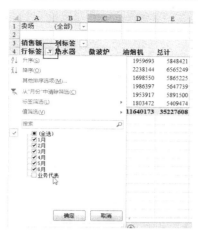

图 11-113　隐藏业务代表行

卖场	(全部)			
销售额	**列标签**			
行标签	**热水器**	**微波炉**	**油烟机**	**总计**
1月	1968298	1920430	1959693	5848421
2月	2256682	2070423	2238144	6565249
3月	2168895	1997780	1698550	5865225
4月	1852678	1808664	1986397	5647739
5月	1988331	1949252	1953917	5891500
6月	1938701	1667301	1803472	5409474
总计	**12173585**	**11413850**	**11640173**	**35227608**

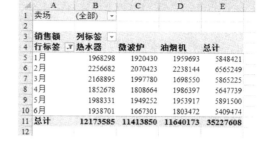

图 11-114　汇总结果

11.4.3　分析产品在各地区的市场占有率

一个产品的市场占有率是市场分析人员经常要做的事情之一，有了市场占有率就可以对产品的销售决策起到一定的帮助作用。下面我们就来看一下具体的步骤。原始表与最终的效果如图 11-115 和图 11-116 所示。

			北京			
产品	**1月**	**2月**	**3月**	**4月**	**5月**	**6月**
油烟机	712928	817423	608178	642570	755935	873980
热水器	769392	670322	893765	806637	607409	612588
微波炉	632190	665554	740244	886771	525719	798212
			上海			
产品	**1月**	**2月**	**3月**	**4月**	**5月**	**6月**
油烟机	545327	726607	648338	847667	552019	712119
热水器	884517	830385	526208	662028	707447	606906
微波炉	516404	572446	858224	824496	543492	555293
			重庆			
产品	**1月**	**2月**	**3月**	**4月**	**5月**	**6月**
油烟机	733101	555552	723081	746978	659168	540150
热水器	736011	719065	666193	670457	571499	663290
微波炉	815426	547118	538199	529042	840012	627060

图 11-115　原始数据表

月份	(全部)							
	列标签							
	北京		**上海**		**重庆**		**销售额汇总**	**市场占有率**
行标签	**销售额**	**市场占有率**	**销售额**	**市场占有率**	**销售额**	**市场占有率**		
热水器	4360113	34.59%	4217491	33.46%	4026515	31.95%	12604119	1
微波炉	4248690	35.36%	3870355	32.21%	3896857	32.43%	12015902	1
油烟机	4411014	35.57%	4032077	32.51%	3958030	31.92%	12401121	1
总计	**13019817**	**35.17%**	**12119923**	**32.74%**	**11881402**	**32.09%**	**37021142**	**10**

图 11-116　市场占有率分析结果

（1）根据上一例的步骤，在原始表格的基础上做出如图 11-117 所示的数据透视表，其中，列字段为城市，行字段为产品，筛选器为月份。

图 11-117　生成数据透视表

（2）在数据区中任意单元格右击鼠标，选择值显示的方式为"行汇总的百分比"，如图 11-118 所示。显示效果如图 11-119 所示。

图 11-118　选择值显示方式

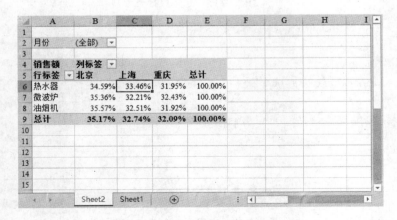

图 11-119　显示值为百分比形式

（3）将"数据透视表字段"窗格中的"值"字段再次拖到"值"列表中，汇总方式设置为求和，如图 11-120 所示。

图 11-120   将值字段再次拖到"值"列表中

（4）将"求和项:值"和"销售额"字段的名称分别改为"销售额"和"市场占有率"，完成数据透视表的制作，如图 11-121 所示。

图 11-121   修改字段名称

11.4.4   预测营业额

根据已知的营业额情况，预测未来的营业额，可以对销售目标的制定起到一定的作用，如图 11-122 所示，已知前 5 个月的营业收入，如果希望预测第 6 个月的营业收入，则可以按下面的方法操作。

将光标定位在 B7 单元格，输入公式"=ROUND(TREND(B2:B6,A2:A6,6),0)"，按回车键后即可得到结果，如图 11-123 所示。

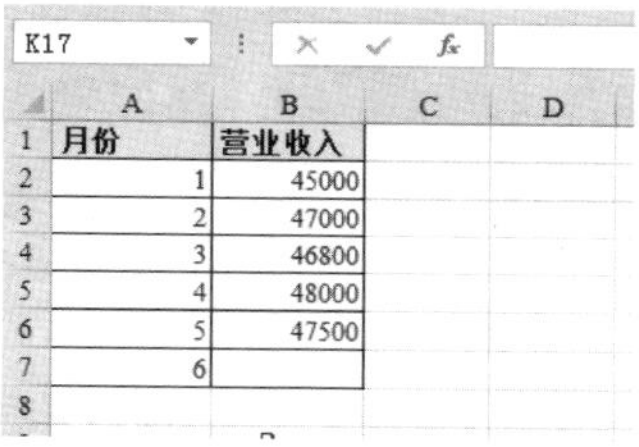

图 11-122   计算前的数据表

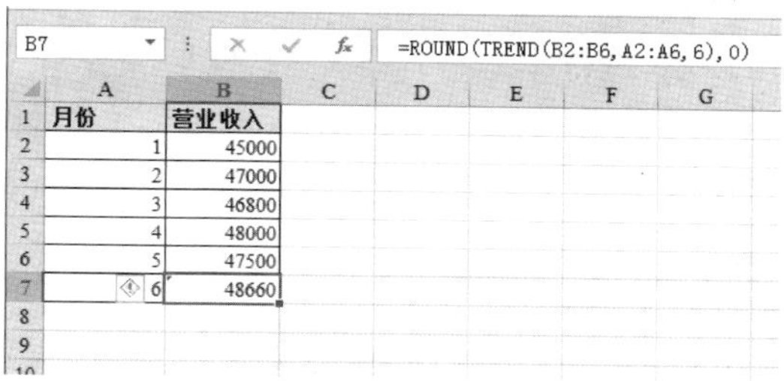

图 11-123   TREND 函数预测结果

除了使用 TREND 函数外，还可以使用 FORECAST 函数来实现，在 B8 单元格中输入公式 "=ROUND(FORECAST(6,B2:B6,A2:A6),0)"，同样可以得到预测值。

可以看到与 TREND 函数计算的结果一样，如图 11-124 所示。

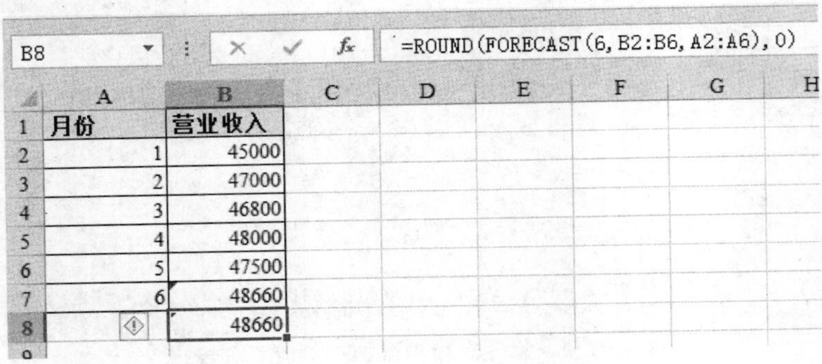

图 11-124　FORECAST 函数预测结果

下面我们来对这两个函数做一个简要的介绍。

1. TREND函数

其功能是返回线性趋势值。找到适合已知数组 known_y's 和 known_x's 的直线（用最小二乘法）。 返回指定数组 new_x's 在直线上对应的 y 值。

语法格式如下：

```
TREND(known_y's, [known_x's], [new_x's], [const])
```

其中，known_y's 为必需。关系表达式 y= mx + b 中已知的 y 值集合。如果数组 known_y's 在单独一列中，则 known_x's 的每一列被视为一个独立的变量。如果数组 known_y's 在单独一行中，则 known_x's 的每一行被视为一个独立的变量；known_x's 为必需。关系表达式 y=mx+b 中已知的可选 x 值集合。数组 known_x's 可以包含一组或多组变量。如果仅使用一个变量，那么只要 known_x's 和 known_y's 具有相同的维数，则它们可以是任何形状的区域。如果用到多个变量，则 known_y's 必须为向量（即必须为一行或一列）。如果省略 known_x's，则假设该数组为 {1,2,3,...}，其大小与 known_y's 相同；new_x's 为必需。需要函数 TREND 返回对应 y 值的新 x 值。New_x's 与 known_x's 一样，对每个自变量必须包括单独的一列（或一行）。因此，如果 known_y's 是单列的，known_x's 和 new_x's 应该有同样的列数。如果 known_y's 是单行的，known_x's 和 new_x's 应该有同样的行数。如果省略 new_x's，将假设它和 known_x's 一样。如果 known_x's 和 new_x's 都省略，将假设它们为数组{1,2,3,...}，大小与 known_y's 相同；const 为可选。一个逻辑值，用于指定是否将常量 b 强制设为 0。如果 const 为 TRUE 或省略，b 将按正常计算。如果 const 为 FALSE，b 将被设为 0，m 将被调整，以使 y= mx。

2. FORECAST函数

其功能是根据现有值计算或预测未来值。预测值为给定 x 值后求得的 y 值。已知值为现有的 x 值和 y 值，并通过线性回归来预测新值。可以使用该函数来预测未来销售、库存需求或消费趋势等。

语法格式如下：

```
FORECAST(x, known_y's, known_x's)
```

公式中的三个参数都是必需的，其中，x 为需要进行值预测的数据点；known_y's 为相关数组或数据区域；known_x's 为独立数组或数据区域。

函数 FORECAST 的计算公式为 a+bx，式中：

$$a = \overline{y} - b\overline{x}$$

且：

$$b = \frac{\sum(x - \overline{x})(y - \overline{y})}{\sum(x - \overline{x})^2}$$

且其中 x 和 y 是样本平均值 AVERAGE(known_x's) 和 AVERAGE(known_y's)。

🔔说明：如果 x 为非数值型，则 FORECAST 返回错误值 #VALUE!。如果 known_y's 和 known_x's 为空或含有不同个数的数据点，函数 FORECAST 返回错误值 #N/A。如果 known_x's 的方差为零，则 FORECAST 返回错误值 #DIV/0!。

11.4.5　分析企业成本利润

本例我们将通过几个函数来实现企业成本利润的分析，其中包括每年的平均利润、月份最大利润、利润大于 100 万的月份个数、各年利润偏度、各年利润峰度等内容。涉及了 Average、MAX、COUNTIF、SKEW、KURT、COVAR 等函数。

本例原始表如图 11-125 所示。

月份 \ 年份	2008年	2009年	2010年	2011年	2012年
企业成本利润表（万元）					
1月	￥111	￥125	￥89	￥146	￥104
2月	￥105	￥103	￥139	￥90	￥107
3月	￥131	￥133	￥117	￥140	￥117
4月	￥135	￥142	￥94	￥141	￥85
5月	￥131	￥100	￥126	￥145	￥130
6月	￥136	￥129	￥122	￥114	￥86
7月	￥138	￥98	￥133	￥124	￥146
8月	￥106	￥112	￥99	￥144	￥146
9月	￥82	￥137	￥117	￥80	￥106
10月	￥112	￥88	￥122	￥106	￥110
11月	￥148	￥122	￥98	￥81	￥106
12月	￥109	￥105	￥99	￥144	￥102
各年平均利润					
各年最大利润					
大于100万元月数					
各年利润偏度					
各年利润峰度					
协方差关系					

图 11-125　原始数据表

要想计算出 15～20 行中的各项数据，可以按以下步骤进行。

（1）计算各年平均利润，将光标定位在 B15 单元格，输入公式"=AVERAGE(B3:B14)"，得到 2008 年的平均利润，然后向右拖动填充柄复制公式即可得到其余年份的平均利润，如图 11-126 所示。

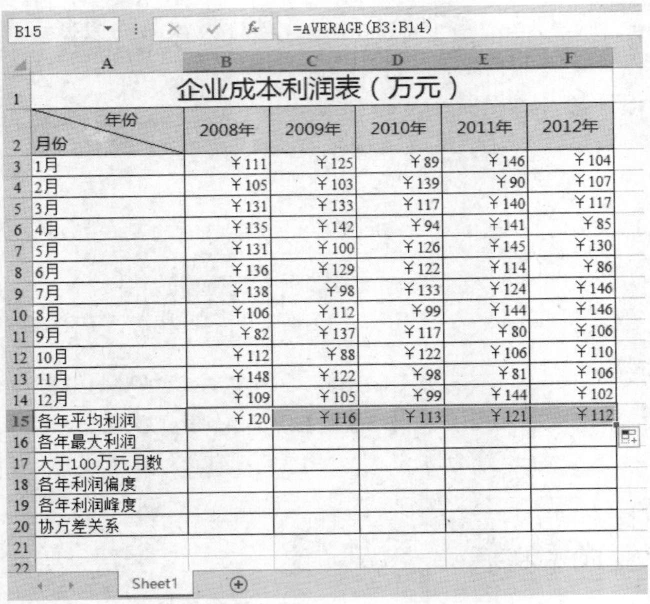

图 11-126　计算各年平均利润

（2）计算各年最大利润，在 B16 单元格输入公式 "=MAX(B3:B14)"，可以求出 2008 年 12 个月中利润最大的一个月的利润值，然后向右复制公式即可，如图 11-127 所示。

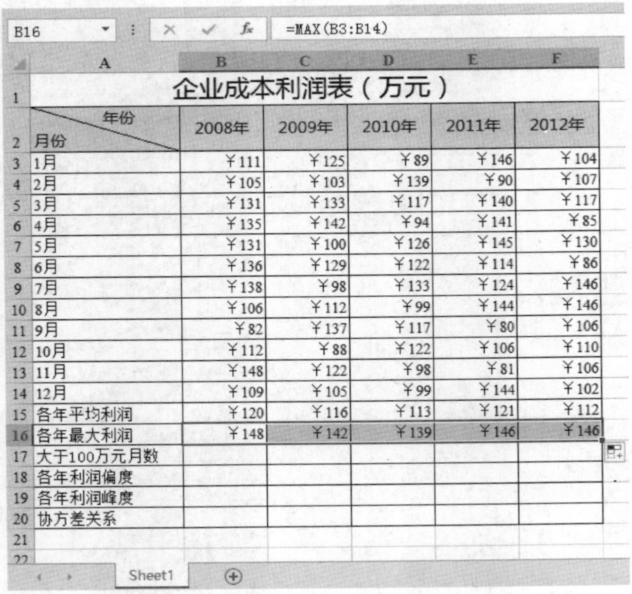

图 11-127　计算各年最大利润

（3）计算大于 100 万元月数，在 B17 单元格输入公式"=COUNTIF(B3:B14，" >100 ")"，

求出 2008 年的月数，然后向右复制公式，如图 11-128 所示。

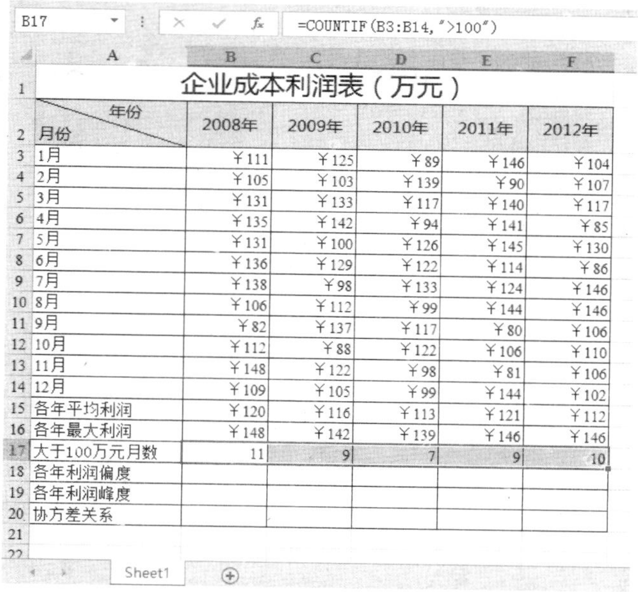

图 11-128　利润大于 100 万元的月数

（4）求各年利润偏度，在 B18 单元格输入公式"=SKEW(B3:B14)"，得出 2008 年的利润偏度，然后向右复制公式即可，如图 11-129 所示。

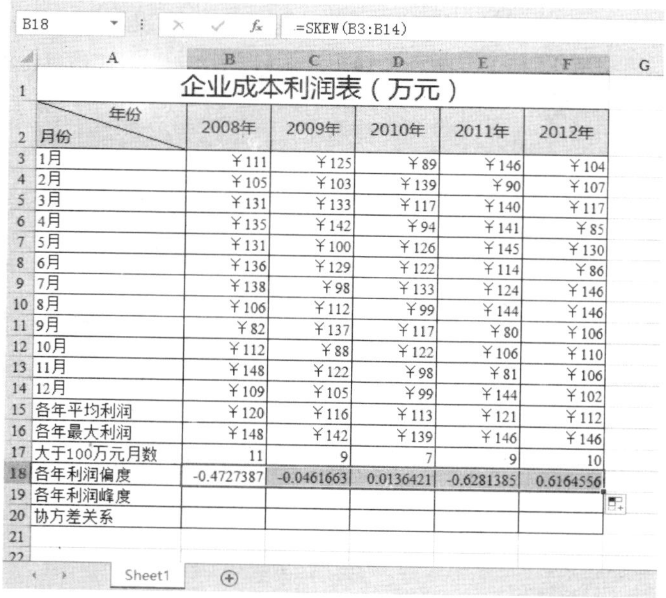

图 11-129　计算各年利润偏度

（5）统计各年利润峰度，在 B19 单元格输入公式"=KURT(B3:B14)"，得出 2008 年的利润峰度，然后向右复制公式统计出其余年份的利润峰度，如图 11-130 所示。

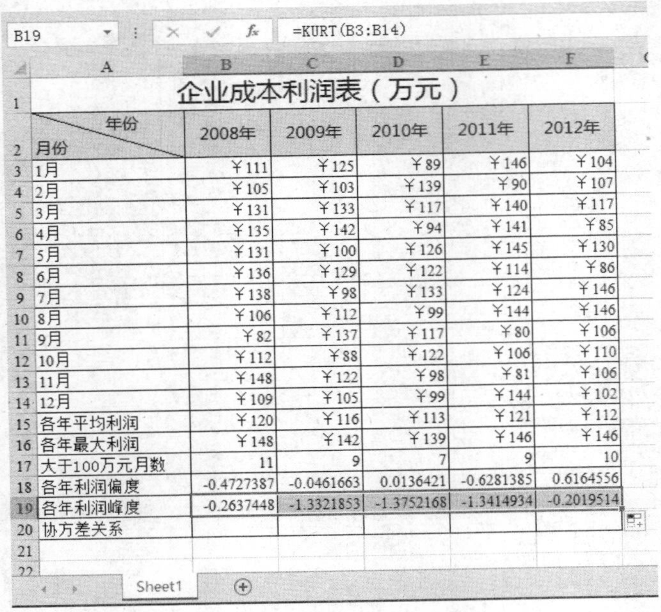

B19 =KURT(B3:B14)

企业成本利润表（万元）					
年份 / 月份	2008年	2009年	2010年	2011年	2012年
1月	￥111	￥125	￥89	￥146	￥104
2月	￥105	￥103	￥139	￥90	￥107
3月	￥131	￥133	￥117	￥140	￥117
4月	￥135	￥142	￥94	￥141	￥85
5月	￥131	￥100	￥126	￥145	￥130
6月	￥136	￥129	￥122	￥114	￥86
7月	￥138	￥98	￥133	￥124	￥146
8月	￥106	￥112	￥99	￥144	￥146
9月	￥82	￥137	￥117	￥80	￥106
10月	￥112	￥88	￥122	￥106	￥110
11月	￥148	￥122	￥98	￥81	￥106
12月	￥109	￥105	￥99	￥144	￥102
各年平均利润	￥120	￥116	￥113	￥121	￥112
各年最大利润	￥148	￥142	￥139	￥146	￥146
大于100万元月数	11	9	7	9	10
各年利润偏度	-0.4727387	-0.0461663	0.0136421	-0.6281385	0.6164556
各年利润峰度	-0.2637448	-1.3321853	-1.3752168	-1.3414934	-0.2019514
协方差关系					

图 11-130　计算各年利润峰度

（6）求协方差关系，在 C20 单元格输入公式“=COVAR(B3:B17,C3:C17)”，然后向右拖动鼠标即可统计相邻两年的利润协方差值，如图 11-131 所示。

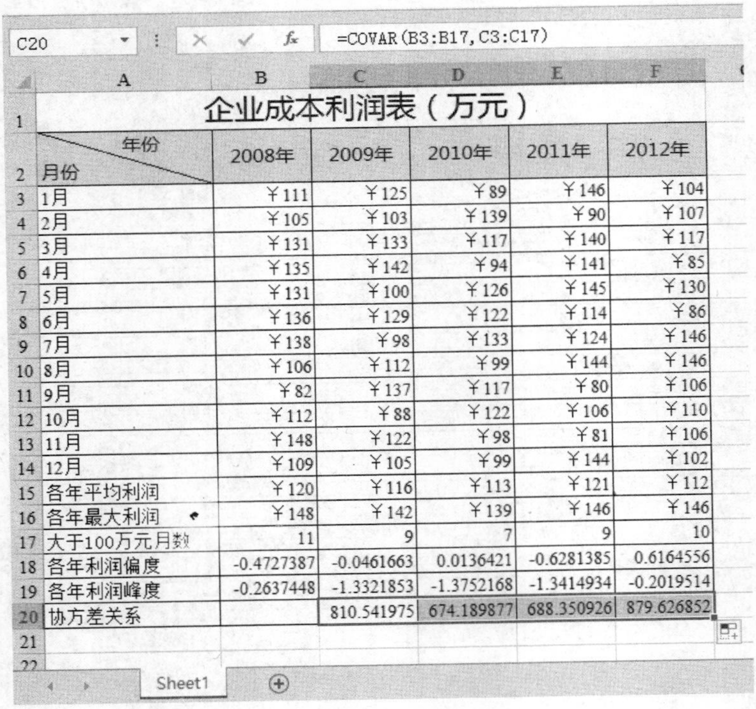

C20 =COVAR(B3:B17,C3:C17)

企业成本利润表（万元）					
年份 / 月份	2008年	2009年	2010年	2011年	2012年
1月	￥111	￥125	￥89	￥146	￥104
2月	￥105	￥103	￥139	￥90	￥107
3月	￥131	￥133	￥117	￥140	￥117
4月	￥135	￥142	￥94	￥141	￥85
5月	￥131	￥100	￥126	￥145	￥130
6月	￥136	￥129	￥122	￥114	￥86
7月	￥138	￥98	￥133	￥124	￥146
8月	￥106	￥112	￥99	￥144	￥146
9月	￥82	￥137	￥117	￥80	￥106
10月	￥112	￥88	￥122	￥106	￥110
11月	￥148	￥122	￥98	￥81	￥106
12月	￥109	￥105	￥99	￥144	￥102
各年平均利润	￥120	￥116	￥113	￥121	￥112
各年最大利润	￥148	￥142	￥139	￥146	￥146
大于100万元月数	11	9	7	9	10
各年利润偏度	-0.4727387	-0.0461663	0.0136421	-0.6281385	0.6164556
各年利润峰度	-0.2637448	-1.3321853	-1.3752168	-1.3414934	-0.2019514
协方差关系		810.541975	674.189877	688.350926	879.626852

图 11-131　统计相邻两年的利润方差值

下面我们来了解一下 SKEW、KURT 和 COVAR 这三个函数。

1. SKEW函数

可以返回分布的偏斜度。偏斜度表明分布相对于平均值的不对称程度。正偏斜度表明分布的不对称尾部趋向于更多正值。负偏斜度表明分布的不对称尾部趋向于更多负值。

语法格式如下:

```
SKEW(number1, [number2], ...)
```

其中,number1, number2, ...: number1 为必需的,后续数字是可选的。用于计算偏斜度的 1～255 个参数。也可以用单一数组或对某个数组的引用来代替用逗号分隔的参数。

偏斜度公式的定义如下:

$$\frac{n}{(n-1)(n-2)}\sum\left(\frac{x_i-\overline{x}}{s}\right)^3$$

🔔说明:
- ❑ 参数可以是数字或者是包含数字的名称、数组或引用。
- ❑ 逻辑值和直接输入到参数列表中代表数字的文本被计算在内。
- ❑ 如果数组或引用参数包含文本、逻辑值或空白单元格,则这些值将被忽略;但包含零值的单元格将计算在内。
- ❑ 如果参数为错误值或为不能转换为数字的文本,将会导致错误。
- ❑ 如果数据点个数少于三,或者样本标准偏差为零,则 SKEW 返回错误值#DIV/0!。

2. KURT函数

可以返回一组数据的峰值。峰值反映与正态分布相比某一分布的相对尖锐度或平坦度。正峰值表示相对尖锐的分布。负峰值表示相对平坦的分布。

语法格式如下:

```
KURT(number1, [number2], ...)
```

其中,number1, number2, ...: number1 为必需的,后续数字是可选的。用于计算峰值的 1～255 个参数。也可以用单一数组或对某个数组的引用来代替用逗号分隔的参数。

峰值公式的定义如下:

$$\left\{\frac{n(n+1)}{(n-1)(n-2)(n-3)}\sum\left(\frac{x_i-\overline{x}}{s}\right)\right\}-\frac{3(n-1)^2}{(n-2)(n-3)}$$

参数说明与 SKEW 类似,如果数据点少于 4 个,或样本标准偏差等于 0,则 KURT 返回错误值 #DIV/0!。

3. COVAR函数

返回协方差,即两个数据集中每对数据点的偏差乘积的平均数。利用协方差确定两个数据集之间的关系。

语法格式如下:

```
COVAR(array1,array2)
```

其中, array1 为必需。整数的第一个单元格区域;array2 为必需。整数的第二个单元格区域。

协方差公式的定义如下：

$$Cov(X,Y) = \frac{\sum (x - \bar{x})(y - \bar{y})}{n}$$

其中，x 和 y 是样本平均值 AVERAGE(array1) 和 AVERAGE(array2)，且 n 是样本大小。

🔔说明：如果 array1 和 array2 所含数据点的个数不等，则函数 COVAR 返回错误值 #N/A。如果 array1 和 array2 当中有一个为空，则函数 COVAR 返回错误值 #DIV/0!。

附录　Excel 函数大全

1. 日期和时间函数

函 数 名 称	函 数 功 能
DATEVALUE	将日期值从字符串转换为序列数
DATE	返回特定日期的年、月、日
DAYS360	按照一年 360 天计算，返回两日期间相差的天数
DAY	返回一个月中第几天的数值
DAYS	返回两个日期之间的天数
EDATE	返回指定月数之前或之后的日期
EOMONTH	返回指定月数之前或之后月份的最后一天的日期
HOUR	返回小时数
ISOWEEKNUM	返回给定日期所在年份的 ISO 周数目
MINUTE	返回分钟
MONTH	返回某日期对应的月份
NETWORKDAYS	返回开始日期和结束日期之间完整的工作日数
NOW	返回当前的日期和时间
SECOND	返回秒数值
TIMEVALUE	将文本形式表示的时间转换为 Excel 序列数
TIME	返回某一特定时间的小数值
TODAY	返回当前日期
WEEKDAY	返回代表一周中第几天的数值
WEEKNUM	返回代表一年中第几周的一个数字
WORKDAY	返回某日期之前或之后相隔指定工作日的某一日期的日期值
YEARFRAC	返回开始日期和结束日期之间的天数占全年天数的百分比
YEAR	返回日期的年份值

2. 财务函数

函 数 名 称	函 数 功 能
ACCRINTM	返回在到期日支付利息的债券的应计利息
ACCRINT	返回定期支付利息的债券应计利息
AMORDEGRC	返回每个记帐期内资产分配的线性折旧
AMORLINC	返回每个结算期间的折旧值
COUPDAYBS	返回从票息期开始到结算日之间的天数
COUPDAYSNC	返回从结算日到下一付息日之间的天数
COUPDAYS	返回包含结算日的票息期的天数
COUPNCD	返回结算日后的下一票息支付日
COUPNUM	返回结算日与到期日之间可支付的票息数
COUPPCD	返回结算日前的上一票息支付日

函 数 名 称	函 数 功 能
CUMIPMT	返回两个付款期之间为贷款累积支付的利息
CUMPRINC	返回两个付款期之间为贷款累积支付的本金数额
DB	使用固定余额递减法计算折旧值
DDB	使用双倍余额递减法或其他指定方法计算折旧值
DISC	返回债券的贴现率
DOLLARDE	将以分数表示的货币值转换为小数
DOLLARFR	将以小数表示的货币值转换为分数
DURATION	返回定期支付利息的债券的年持续时间
EFFECT	返回有效的年利率
FVSCHEDULE	返回在应用一系列复利后,初始本金的终值
FV	基于固定利率及等额分期付款方式返回某项投资的未来值
INTRATE	返回完全投资型债券的利率
IPMT	基于固定利率及等额分期付款方式,返回给定期数内对投资的利息偿还额
IRR	返回一系列现金流的内部报酬率
ISPMT	返回普通贷款的利息偿还
MDURATION	返回假设面值 100 元的债券麦考利修正持续时间
MIRR	返回某一连续期间内现金流的修正内部收益率
NOMINAL	返回名义年利率
NPER	基于固定利率及等额分期付款方式返回某项投资的总期数
NPV	通过使用贴现率以及一系列现金流返回投资的净现值
ODDFPRICE	返回每张票面为 100 元且第一期为奇数的债券的现价
ODDFYIELD	返回第一期为奇数的债券的收益
ODDLPRICE	返回每张票面为 100 元且最后一期为奇数的债券的现价
ODDLYIELD	返回最后一期为奇数的债券的收益
PDURATION	返回投资达到指定的值所需要的期数
PMT	计算在固定利率下贷款的等额分期偿还额
PPMT	基于固定利率及等额分期付款方式,返回投资在某一给定期间内的本金偿还额
PRICEDISC	返回每张票面为 100 元的已贴现债券的现价
PRICEMAT	返回每张票面为 100 元且在到期日支付利息的债券的现价
PRICE	返回每张票面为 100 元且定期支付利息的债券的现价
PV	返回投资的现值
RATE	返回投资或贷款的每期实际利率
RECEIVED	返回完全投资型债券在到期日收回的金额
RRI	返回某项投资增长的等效利率
SLN	返回固定资产的每期线性折旧费
SYD	按年限总和折旧法计算指定期间的折旧值
TBILLEQ	返回国库券的等效收益率
TBILLPRICE	返回面值 100 美元的国库券的价格
TBILLYIELD	返回国库券的收益率
VDB	使用双倍余额递减法或其他指定的方法返回资产折旧值
XIRR	返回现金流计划的内部回报率
XNPV	返回现金流计划的净现值
YIELDDISC	返回折价发行的有价证券的年收益率
YIELDMAT	返回到期付息的有价证券的年收益率
YIELD	返回定期付息的债券的收益率

3. 数学和三角函数

函 数 名 称	函 数 功 能
ABS	返回数字的绝对值
ACOSH	返回参数的反双曲余弦值
ACOS	返回参数反余弦值
ACOT	返回一个数字的反余切值
ACOTH	返回一个数字的反双曲余切值
AGGREGATE	返回一个数据列表或数据库的合计
ARABIC	将罗马数字转换为阿拉伯数字
ASINH	返回参数的反双曲正弦值
ASIN	返回一个弧度的反正弦值
ATAN2	返回给定的 X 及 Y 坐标值的反正切值
ATANH	返回反双曲正切值
ATAN	返回反正切值
BASE	将数字转换成具有给定基数的文本表示形式
CEILING.MATH	将数字向上舍入到最接近的整数或者最接近的指定基数的倍数
COMBIN	返回指定对象集合中提取若干元素的组合数
COMBINA	返回给定数目的项目的组合数
COSH	返回参数的双曲余弦值
COS	返回角度的余弦值
COT	返回一个角度的余切值
COTH	返回一个数字的双曲余切值
CSC	返回一个角度的余切值
CSCH	返回一个角度的双曲余割值
DECIMAL	按给定基数将数字的文本表示形式转换成十进制数
DEGREES	将弧度转换为角度
EVEN	返回沿绝对值增大方向取整后最接近的偶数
EXP	返回 e 的 n 次幂
FACTDOUBLE	返回数字的双倍阶乘
FACT	返回某数的阶乘
FACTDOUBLE	返回数字的双阶乘
FLOOR.MATH	将数字向下舍入到最接近的整数或最接近的指定基数的倍数
GCD	返回参数的最大公约数
INT	返回参数的整数部分
LCM	返回参数的最小公倍数
LN	返回一个数的自然对数
LOG10	返回以 10 为底的对数
LOG	返回一个数的对数
MDETERM	返回一个数组的矩阵行列式的值
MINVERSE	返回数组中存储的矩阵的逆矩阵
MMULT	返回两个数组的矩阵乘积
MOD	返回两数相除的余数
MROUND	返回参数按指定基数舍入后的数值
MULTINOMIAL	返回参数和的阶乘与各参数阶乘乘积的比值
MUNIT	返回指定维度的单位矩阵
ODD	返回沿绝对值增大方向取整后最接近的奇数

函 数 名 称	函 数 功 能
PERMUT	返回从给定对象集合中选取若干对象的排列数
PI	返回圆周率 Pi 的值
POWER	返回给定数字的乘幂
PRODUCT	返回所有参数乘积值
QUOTIENT	返回两数相除的整数部分
RADIANS	将角度转换为弧度
RANDBETWEEN	返回一个大于或等于 0 及小于 1 的随机实数
RAND	返回一个大于等于 0 及小于 1 的随机实数
ROMAN	将阿拉伯数字转换为文本形式的罗马数字
ROUNDDOWN	向下舍入数字
ROUNDUP	向上舍入数字
ROUND	按指定的位数对数值进行四舍五入
SEC	返回角度的正切值
SECH	返回角度的双曲正割值
SERIESSUM	返回幂级数近似值
SIGN	返回数值的符号
SINH	返回参数的双曲正弦值
SIN	返回角度的正弦值
SQRTPI	返回某数与 PI 的乘积的平方根
SQRT	返回正平方根
SUBTOTAL	返回列表或数据库中的分类汇总
SUM	计算单元格区域中所有数值之和
SUMIF	按条件对指定单元格求和
SUMIFS	对一组给定条件指定的单元格求和
SUMPRODUCT	返回数组间对应的元素乘积之和
SUMSQ	返回参数的平方和
SUMX2MY2	返回两数组中对应数值的平方差之和
SUMX2PY2	返回两数组中对应数值的平方和之和
SUMXMY2	返回两数组中对应数值之差的平方和
TANH	返回参数的双曲正切值
TAN	返回给定角度的正切值
TRUNC	将数字截为整数或保留指定位数的小数

4. 统计函数

函 数 名 称	函 数 功 能
AVEDEV	返回一组数据与其均值的绝对偏差的平均值
AVERAGEA	返回参数列表中数值的平均值
AVERAGEIFS	查找一组给定条件指定的单元格的平均值
AVERAGEIF	返回满足给定条件的单元格的平均值
AVERAGE	返回参数的平均值
BETA.DIST	返回 Beta 累积分布函数
BETA.INV	返回具有给定概率的累积 beta 分布的区间点
BETADIST	计算 β 累积分布函数
BETAINV	计算累积 β 分布函数的反函数值
BINOM.DIST	返回一元二项式分布的概率

函 数 名 称	函 数 功 能
BINOM.INV	返回使累积二项式分布大于或等于临界值的最小值
BINOMDIST	计算一元二项式分布的概率值
CHIDIST	返回 $x2$ 分布的单尾概率
CHIINV	返回 $x2$ 分布单尾概率的反函数值
CHISQ.DIST.RT	返回 $x2$ 分布的右尾概率
CHISQ.DIST	返回 $x2$ 分布的左尾概率
CHISQ.INV.RT	返回具有给定概率的右尾 $x2$ 分布的区间点
CHISQ.INV	返回具有给定概率的左尾 $x2$ 分布的区间点
CHISQ.TEST	返回独立性检验值
CHITEST	返回 $x2$ 分布单尾概率的反函数值
CONFIDENCE.NORM	返回总体平均值的置信区间
CONFIDENCE.T	使用学生的 T 分布返回总体平均值的置信区间
CONFIDENCE	计算总体平均值的置信区间
CORREL	返回单元格区域之间的相关系数
COUNTA	返回参数列表中非空值的单元格个数
COUNTBLANK	计算指定单元格区域中空白单元格个数
COUNTIF	计算区域中满足给定条件的单元格的个数
COUNTIFS	统计一组给定条件所指定的单元格数
COUNT	返回区域中包含数字的单元格个数
COVARIANCE.P	返回总体协方差
COVARIANCE.S	返回样本协方差
COVAR	返回协方差
DEVSO	返回数据点与各自样本平均值偏差的平方和
EXPON.DIST	返回指数分布
EXPONDIST	计算 x 的对数累积分布反函数的值
F.DIST.RT	返回两组数据的（右尾）F 概率分布
F.DIST	返回 F 概率分布
F.INV.RT	返回（右尾）F 概率分布的反函数
F.INV	返回 F 概率分布的反函数
F.TEST	返回 F 检验的结果
FINV	返回 F 概率分布的反函数值
FISHERINV	返回 Fisher 逆变换值
FISHER	返回 Fisher 变换值
FORECAST	通过一条线性回归拟合线返回一个预测值
FREOUENCY	以一列垂直数组返回一组数据的频率分布
GAMMA	返回伽马函数值
GAMMA.DIST	返回伽马分布
GAMMA.INV	返回伽马累积分布的反函数
GAMMADIST	计算伽马分布
GAMMAINV	计算伽马累积分布的反函数值
GAMMALN	计算伽马函数的自然对数
GAUSS	返回比标准正态累积分布小 0.5 的值
GEOMEAN	返回正数数组或区域的几何平均值
GROWTH	根据现有的数据计算或预测指数增长值
HARMEAN	返回数据集合的调和平均值
HYPGEOM.DIST	返回超几何分布
HYPGEOMDIST	计算超几何分布

函 数 名 称	函 数 功 能
INTERCEPT	计算线性回归直线的截距
KURT	返回数据集的峰值
LARGE	求一组数值中第 k 个最大值
LINEST	计算线性回归直线的参数
LOGEST	计算指数回归曲线的参数
LOGINV	计算 x 的对数累积分布反函数的值
LOGNORM.DIST	返回 x 的对数分布函数
LOGNORM.INV	返回 x 的对数累积分布函数的反函数
LOGNORMDIST	计算 x 的对数累积分布
MAXA	返回参数列表中的最大值
MAX	返回一组值中的最大值
MEDIAN	返回给定数值的中值
MINA	返回参数列表中的最小值
MIN	返回参数中最小值
MODE.MULT	返回一组数据或数据区域中出现频率最高或重复出现的数值的垂直数组
MODE.SNGL	返回在某一数组或数据区域中出现频率最多的数值
NEGBINOM.DIST	返回负二项式分布
NORM.DIST	返回指定平均值和标准偏差的正态分布函数
NORM.INV	返回指定平均值和标准偏差的正态累积分布函数的反函数
NORM.S.DIST	返回标准正态分布函数
NORM.S.INV	返回标准正态累积分布函数的反函数
NORMDIST	计算指定平均值和标准偏差的正态分布函数
NORMINV	计算指定平均值和标准偏差的正态累积分布函数的反函数
NORMSDIST	计算标准正态累积分布函数
NORMSINV	计算标准正态累积分布函数的反函数
PEARSON	返回 Pearson（皮尔生）积矩法相关系数 r
PERCENTILE.EXC	返回区域中数值的第 k 个百分点的值（不含 0 与 1）
PERCENTILE.INC	返回区域中数值的第 k 个百分点的值（含 0 与 1）
PERCENTRANK.EXC	返回某个数值在一个数据集中的百分比排位（不含 0 与 1）
PERCENTRANK.INC	返回某个数值在一个数据集中的百分比排位（含 0 与 1）
PERMUT	返回从给定元素数目的集合中选取若干元素的排列数
PHI	返回标准正态分布的密度函数值
POISSON.DIST	返回泊松分布
POISSON	计算泊松分布
PROB	计算区域中的数值落在指定区间内的概率
QUARTILE.EXC	基于 0 到 1 之间（不包括 0 和 1）的百分点值返回数据集的四分位数
QUARTILE.INC	基于 0 到 1 之间（包括 0 和 1）的百分点值返回数据集的四分位数
QUARTILE	返回数据集的四分位数
RANK.AVG	返回一个数字在数字列表中的排位
RANK.EQ	返回一个数字在数字列表中的排位
RANK	返回一组数字的排列顺序
RSQ	返回给定数据点的 Pearson（皮尔生）积矩法相关系数的平方
SKEW	返回分布的不对称度
SLOPE	计算线性回归直线的斜率
SMALL	求一组数值中第 k 个最小值
STANDARDIZE	通过平均值和标准方差返回正态分布概率值
STDEV.P	计算基于以参数形式给出的整个样本总体的标准偏差

续表

函 数 名 称	函 数 功 能
STDEV.S	基于样本估算标准偏差（忽略样本中的逻辑值和文本）
STDEVA	估算基于样本的标准偏差
STDEVPA	返回以参数形式给出的整个样本总体的标准偏差，包含文本和逻辑值
STDEVP	返回以参数形式给出的整个样本总体的标准偏差
STDEV	估算基于样本的标准偏差
STEYX	计算预测值的标准误差
T.DIST.2T	返回学生的双尾 t 分布
T.DIST.RT	返回学生的右尾 t 分布
T.DIST	返回左尾学生 t 分布
T.INV.2T	返回双尾学生 t 分布
T.INV	返回学生的 t 分布的左尾区间点
T.TEST	返回与学生 t 检验相关的概率
TREND	计算一条线性回归拟合线的值
TRIMMEAN	返回数据集的内部平均值
VAR.P	计算基于整个样本总体的方差
VAR.S	估算基于样本的方差（忽略样本中的逻辑值和文本）
VARA	计算基于给定样本的方差
VARPA	计算基于整个样本总体的方差
VARP	计算基于整个样本总体的方差
VAR	计算基于给定样本的方差
WEIBULL.DIST	返回韦伯分布
Z.TEST	返回 z 检验的单尾 P 值

5. 查找与引用函数

函 数 名 称	函 数 功 能
ADDRESS	创建一个以文本方式对工作簿中某一单元格的引用
AREAS	返回引用中涉及的区域个数
CHOOSE	返回指定数值参数列表中的数值
COLUMNS	返回数组或引用的列数
COLUMN	返回引用的列标
FORMULATEXT	作为字符串返回单元格中的公式
GETPIVOTDATA	提取存储在数据透视表中的数据
HLOOKUP	在数据表的首行查找指定的数值，并在数据表中指定行的同一列中返回一个数值
HYPERLINK	创建一个快捷方式，打开存储在网络服务器、Intranet 或 Internet 中的文件
INDEX	返回指定单元格或单元格数组的值（数组形式）
INDEX	返回指定行与列交叉处的单元格引用（引用形式）
INDIRECT	返回由文本字符串指定的引用
LOOKUP	从单行或单列数组中查找一个值，条件是向后兼容性
MATCH	返回符合特定值特定顺序的项在数组中的相对位置
OFFSET	以指定引用为参照系，通过给定偏移量得到新的引用
ROWS	返回数组或引用的行数
ROW	返回引用的行号
RTD	从支持 COM 自动化的程序中检索实时数据
TRANSPOSE	转置单元格区域
VLOOKUP	在数据表的首列查找指定的值，并返回数据表当前行中指定列的值

6. 数据库函数

函 数 名 称	函 数 功 能
DAVERAGE	计算满足给定条件的列表或数据库的列中数值的平均值
DCOUNT	计算数据库中包含数字的单元格的数量
DCOUNTA	对满足指定的数据库中记录字段的非空单元格进行记数
DGET	从数据库中提取符合指定条件且唯一存在的记录
DMAX	返回最大数字
DMIN	返回最小数字
DPRODUCT	与满足指定条件的数据库中记录字段的值相乘
DSTDEV	返回基于样本总体标准偏差
DSTDEVP	返回总体标准偏差
DSUM	返回记录字段（列）的数字之和
DVAR	根据所选数据库条目中的样本估算数据的方差
DVARP	以数据库选定项作为样本总体，计算数据的总体方差

7. 文本函数

函 数 名 称	函 数 功 能
ASC	将双字节字符转换为单字节字符
BAHTTEXT	将数字转换为泰语文本
CHAR	返回由代码数字指定的字符
CLEAN	删除文本中所有非打印字符
CODE	返回文本字符串中第一个字符的数字代码
CONCATENATE	将几个文本项合并为一个文本项
DOLLAR	按照货币格式及给定的小数位数，将数字转换成文本
EXACT	比较两个字符串是否完全相同
FINDB	查找字符串字节起始位置（区分大小写）
FIND	查找字符串字符起始位置（区分大小写）
FIXED	将数字按指定的小数位数显示，并以文本形式返回
LEFTB	返回字符串最左边指定数目的字符
LEFT	从一个文本字符串的第一个字符开始返回指定个数的字符
LENB	返回文本中所包含的字符数
LEN	返回文本字符串中的字符个数
LOWER	将文本转换为小写
MID	从文本字符串中指定的起始位置起返回指定长度的字符
MIDB	自文字的指定起始位置开始提取指定长度的字符串
NUMBERVALUE	按独立于区域设置的方式将文本转换为数字
PROPER	将文本值的每个字的首字母大写
REPLACEB	用其他文本字符串替换某文本字符串的一部分
REPLACE	将一个字符串中的部分字符用另一个字符串替换
REPT	按给定次数重复文本
RIGHTB	返回字符串最右侧指定数目的字符
RIGHT	从一个文本字符串的最后一个字符开始返回指定个数的字符
RMB	将数字转换为¥（人民币）货币格式的文本
SEARCHB	返回特定字符或文字串从左到右第一个被找到的字符数值
SEARCH	返回一个指定字符或文本字符串在字符串中第一次出现的位置
SUBSTITUTE	将字符串中部分字符串以新字符串替换

续表

函 数 名 称	函 数 功 能
T	检测给定值是否为文本，如果是则按原样返回，否则返回双引号
TEXT	根据指定的数值格式将数字转换为文本
TRIM	删除文本中的空格
UNICHAR	返回由给定数值引用的 Unicode 字符
UNICODE	返回对应于文本的第一个字符的数字
UPPER	将文本转换为大写形式
VALUE	将一个代表数值的文字字符串转换成数值
WIDECHAR	将单字节字符转换为双字节字符

8. 逻辑函数

函 数 名 称	函 数 功 能
AND	判定指定的多个条件是否全部成立
FALSE	返回逻辑值 FALSE
IF	根据指定的条件返回不同的结果
IFERROR	捕获和处理公式中的错误
IFNA	如果表达式解析为#N/A，则返回指定的值，否则返回表达式的结果
NOT	对其参数的逻辑求反
OR	判定指定的任一条件为真，即返回真
TRUE	返回逻辑值 TRUE
XOR	返回所有参数的逻辑"异或"值

9. 信息函数

函 数 名 称	函 数 功 能
CELL	返回引用单元格信息
ERROR.TYPE	返回与错误值对应的数字
INFO	返回与当前操作环境有关的信息
ISBLANK	检查是否引用了空单元格
ISERROR	检查一个值是否为错误
ISERR	判断#N/A 以外的错误值
ISEVEN	判断值是否为偶数
ISFORMULA	检查引用是否指向包含公式的单元格
ISLOGICAL	检查一个值是否为逻辑值
ISNA	检测一个值是否为"#N/A"
ISNONTEXT	非文本判断
ISNUMBER	判断值是否为数字
ISODD	奇数判断
ISREF	引用值判断
ISTEXT	文本判断
NA	返回错误值
N	返回转换为数字后的值
PHONETIC	获取代表拼音信息的字符串
SHEET	返回引用的工作表的工作表编号
SHEET	返回引用中的工作表数目
TYPE	以整数形式返回参数的数据类型

10. 工程函数

函 数 名 称	函 数 功 能
BESSELI	返回修正的贝塞尔函数 IN（X）
BESSELJ	返回贝塞尔函数 Jn（x）
BESSELK	返回修正的贝塞尔函数 Kn（x）
BESSELY	返回贝塞尔函数 Yn（x）
BIN2DEC	将二进制数转换为十进制数
BIN2HEX	将二进制数转换为十六进制数
BIN2OCT	将二进制数转换为八进制数
BITAND	返回两个数字的按位"与"值
BITLSHIFT	返回按 Shift_amount 位左移的值数字
BITOR	返回两个数字的按位"或"值
BITRSHIFT	返回按 Shift_amount 位右移的值数字
BITXOR	返回两个数字的按位"异或"值
COMPLEX	将实系数和虚系数转换为复数
CONVERT	将数字从一种度量系统转换为另一种度量系统
DEC2BIN	将十进制数转换为二进制数
DEC2HEX	将十进制数转换为十六进制数
DEC2OCT	将十进制数转换为八进制数
DELTA	检验两个值是否相等
ERF.PRECISE	返回误差函数
ERFC.PRECISE	返回补余误差函数
ERFC	返回补余误差函数
ERF	返回误差函数
GESTEP	检验数字是否大于阈值
HEX2BIN	将十六进制数转换为二进制数
HEX2DEC	将十六进制数转换为十进制数
HEX2OCT	将十六进制数转换为八进制数
IMABS	返回复数的绝对值（模数）
IMAGINARY	返回复数的虚系数
IMARGUMENT	返回以弧度表示的角
IMCONJUGATE	返回复数的共轭复数
IMCOS	返回复数的余弦
IMCOSH	返回复数的双曲余弦值
IMCOT	返回复数的余切值
IMCSC	返回复数的余割值
IMCSCH	返回复数的双曲余割值
IMDIV	返回两个复数的商
IMEXP	返回复数的指数
IMLN	返回复数的自然对数
IMLN	返回复数的自然对数
IMLOG10	返回复数的以 10 为底的对数
IMLOG2	返回复数的以 2 为底的对数
IMPOWER	返回复数的整数幂
IMPRODUCT	返回 1 至 255 个复数的乘积
IMREAL	返回复数的实部系数

函 数 名 称	函 数 功 能
IMSEC	返回复数的正割值
IMSECH	返回复数的双曲正割值
IMSIN	返回复数的正弦
IMSINH	返回复数的双曲正弦值
IMSQRT	返回复数的平方根
IMSUB	返回两个复数的差
IMSUM	返回多个复数的和
IMTAN	返回复数的正切值
OCT2BIN	将八进制数转换为二进制数
OCT2DEC	将八进制数转换为十进制数
OCT2HEX	将八进制数转换为十六进制数

11. 多维数据集函数

函 数 名 称	函 数 功 能
CUBEKPIMEMBER	返回关键绩效指标属性并在单元格中显示 KPI 名称
CUBEMEMBER	从多维数据集返回成员或元组
CUBEMEMBERPROPERTY	返回多维数据集中成员属性的值
CUBERANKEDMEMBER	返回集合中的第 n 个成员或排名成员
CUBESET	定义成员或元组的计算集
CUBESETCOUNTC	计算集合中的项目数
CUBEVALUE	从多维数据集返回聚合值